Girls

Boys

World

Accessories

Cosplay

Girls

Boys

World

Accessories

Cosplay

Coser必看のCosplay
手作服×道具製作術

對於想要開始玩Cosplay的你，或已經入迷的你來說，

希望大家看了以後，能夠想到：

「啊！這個紙型應該可以用在這類服裝上……」

「利用這個方法就可以製作這個部分了！」

類似這樣地舉一反三，將書中的內容活用在製作各式衣物上吧！

Contents

Step 1 製作服裝基本功

Step 2 開始挑戰製作衣物

Step 3 讓作業更順暢的工具

Step 4 裝飾的方法

Step 1

製作服裝基本功

可能只在家政課上學過一點點基礎，完全不懂怎麼作衣服的你，請在開始著手製衣之前，先了解以下兩點：「要準備什麼？」&「想製作的衣物該選用什麼樣的材質才好？」

基本工具

製作衣物時有各式各樣的必要用具。
請先確認並備齊所需要的工具。

一定要準備的工具

1. 紙型用紙
用來描繪原寸紙型的又薄又透的半透明紙張，也可以使用描圖紙。

2. 紙鎮
描繪紙型或裁剪布料時，輔助固定的重物。

3. 尺
用於描繪紙型或測量長度時，建議選擇50cm長的方格尺。

4. 針插
可將針集中插在上面，避免散落各處。

5. 手縫針
手縫用針，請依照布料厚度選用不同號數的手縫針。

6. 珠針
用來固定兩片以上的布料。

7. 熨燙台
使用熨斗時一定要放在熨燙台上。選用較大的熨燙台，操作時比較方便。

8. 熨斗
燙平縐褶或是整燙縫份等，處理很多細節時經常會使用到熨斗。

9. 布剪
剪布專用的剪刀。如果把布剪拿去裁剪布料以外的東西，會變得不銳利。

10. 紗剪
剪紗線的小剪刀，建議選用握式的剪刀較為方便。

11. 錐子
整理角度或車縫時輔助送布時都會用到。

12. 拆線器
使用於開釦眼及拆除縫線時。

13. 記號筆
用來作合印記號或打摺位置等記號。

How to Use? 錐子

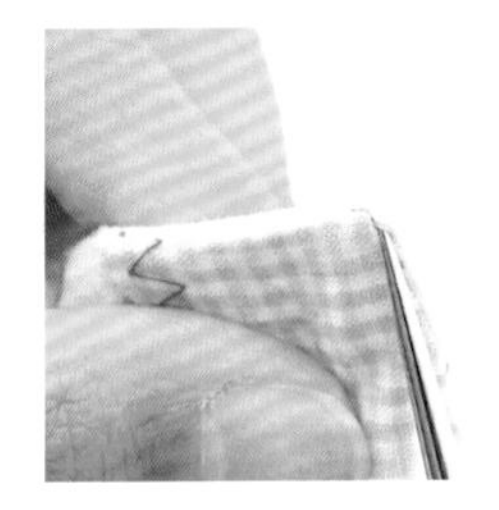

漂亮地翻出角度
錐子尖端抵住轉角處，將轉角處的布料拉出來，翻成漂亮的角度。

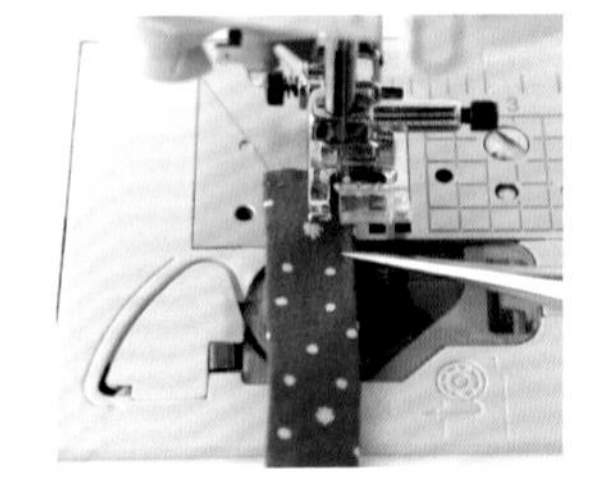

幫助推送布料
錐子尖端抵著布料，配合縫紉機送布齒的速度推送布料。

How to Use? 拆線器

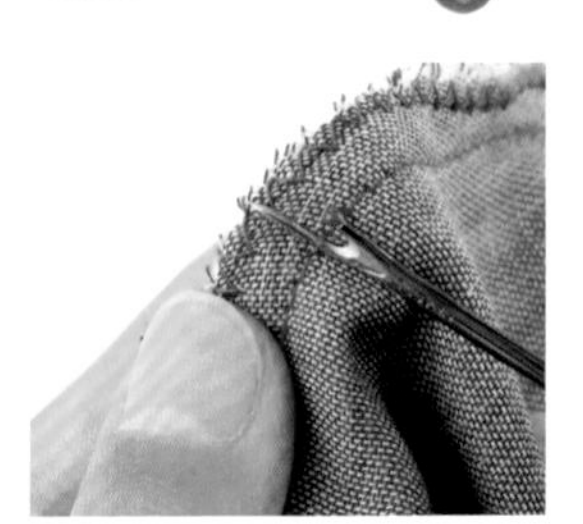

拆線
U字凹槽為刀刃處，將刀刃抵著縫線往上割斷。

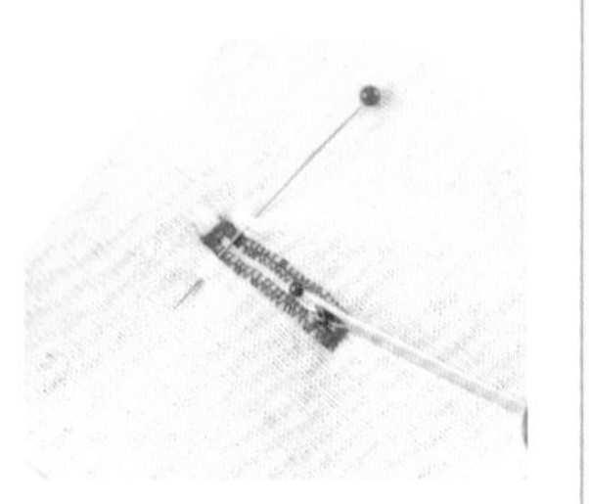

開釦眼
以尖端刺穿布料，利用刀刃處劃破釦眼中間的布料來製作釦眼。

工具提供／Clover

使用紙型的方法

使用附錄的原寸紙型的方法。
從重疊的線條中找到需要的部分，另外加上縫份。

描繪紙型

1. 在要使用的紙型角落作上記號，使其能夠明顯辨別。可以先將紙型燙平，描繪時更便利。

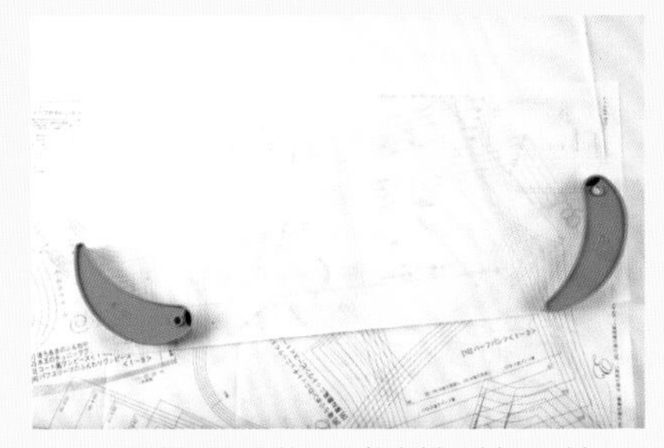

2. 在紙型上平整地疊放上描繪紙型用紙，可放上紙鎮等重物避免移動錯位。

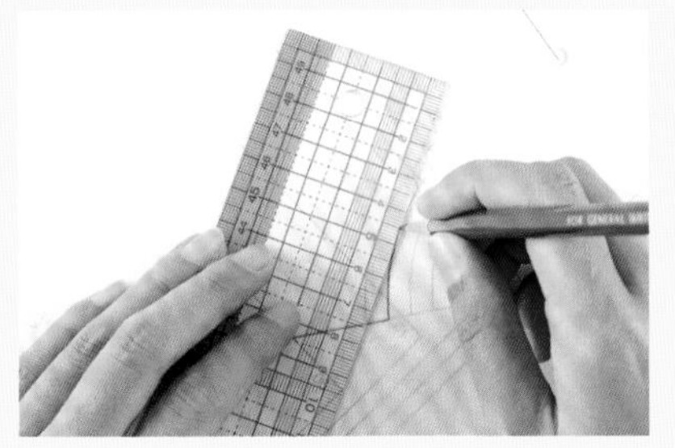

3. 請使用尺描繪紙型。描繪曲線部分時，一邊一點一點地移動尺一邊小心描繪。

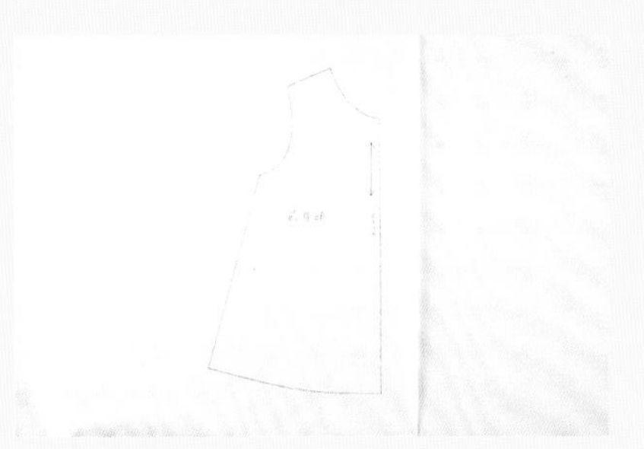

4. 描好之後不要忘記寫上各部位的名稱及布紋記號。

加入縫份

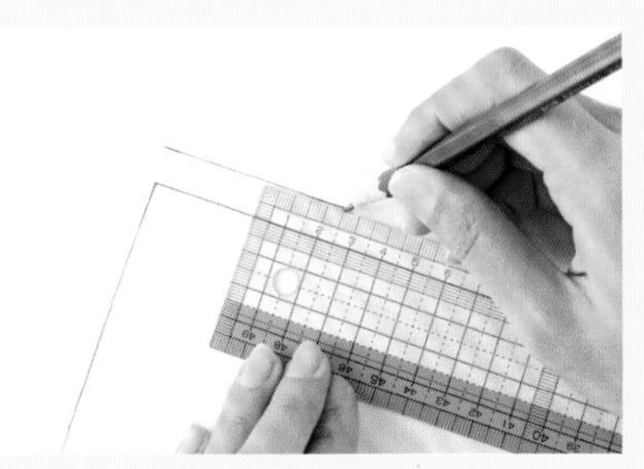

1. 以尺測量好縫份尺寸之後作上記號。直線的部分，只要將完成線對齊方格尺上的刻度就能輕鬆地畫出縫份記號。

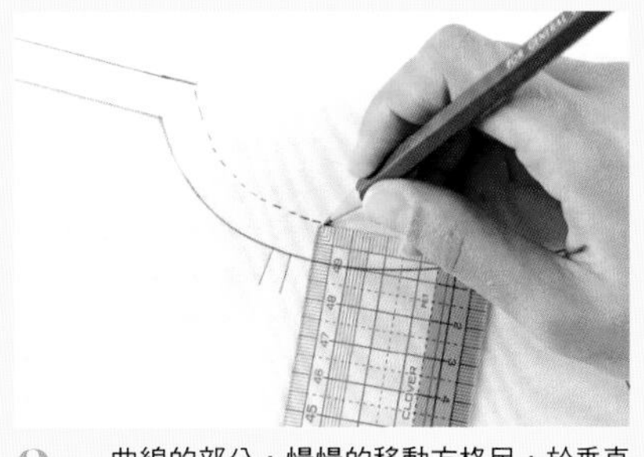

2. 曲線的部分，慢慢的移動方格尺，於垂直完成線的位置一點一點作出記號。

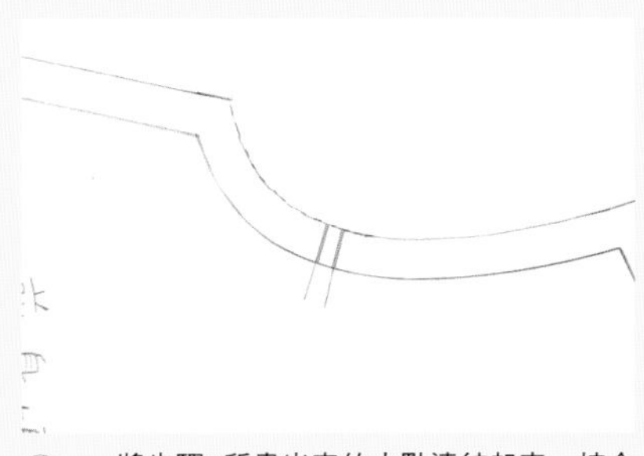

3. 將步驟2所畫出來的小點連結起來，接合對齊記號也要延伸畫到邊緣。

4. 含縫份的紙型完成了，就可以將它剪下來使用。

Point

袖口與下襬的加入縫份作法

1.

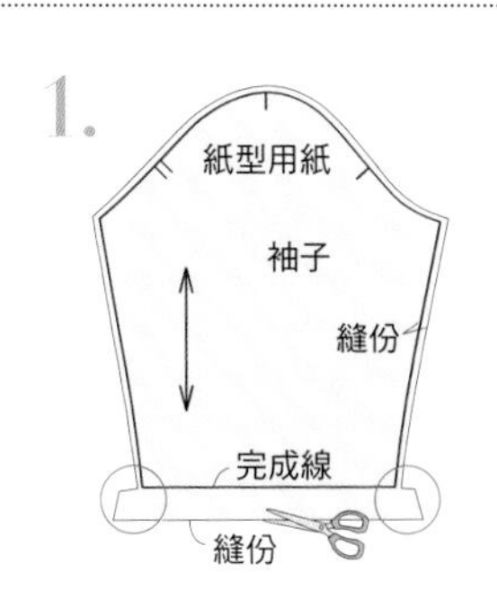
紙型用紙
袖子
縫份
完成線
縫份

只有下方角落處的紙型要多留縫份。

2.

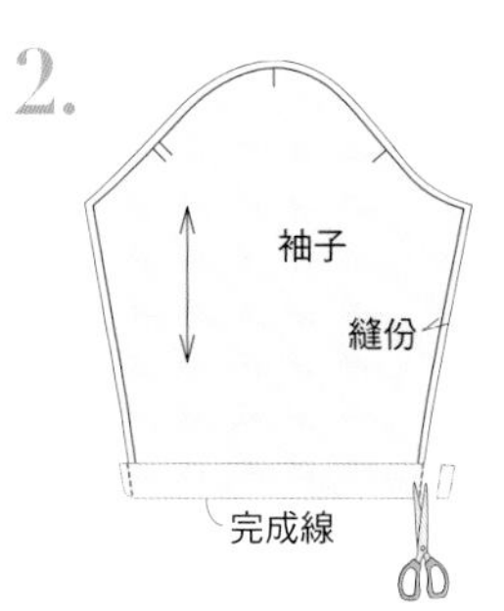
袖子
縫份
完成線

將下方縫份沿完成線往上摺疊，沿著袖下縫份線將多餘部分剪掉。如果要進行三摺邊車縫，則將縫份摺成三褶之後再修剪。

3.

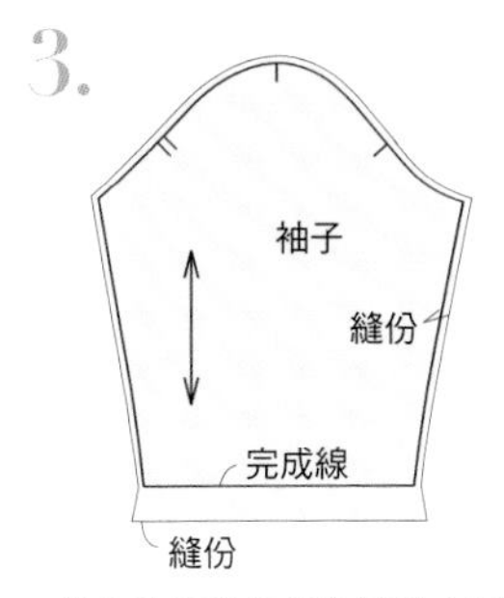
袖子
縫份
完成線
縫份

縫合時不會有多餘縫份布料的漂亮版型就完成了。

裁剪布料

製作好紙型之後，接著進行裁布。布一旦剪下去就無法還原了，所以在裁剪之前一定要確認縫份尺寸，及是否與紙型相符，再進行裁剪。

裁剪的方法

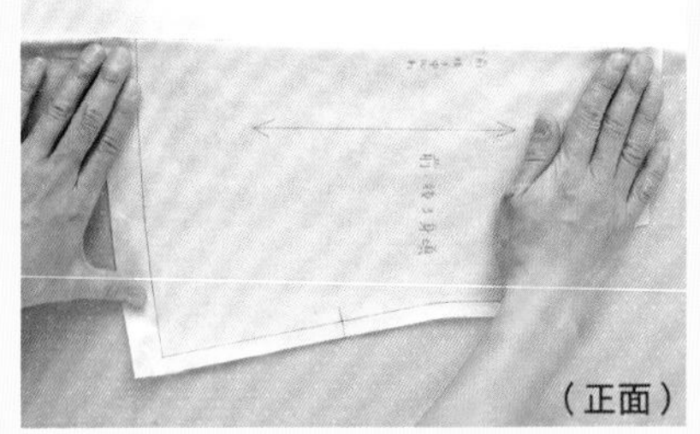
（正面）

1. 布料要對齊紙型的布紋線。疊放在布料上時，要小心紙型不要起皺變形。

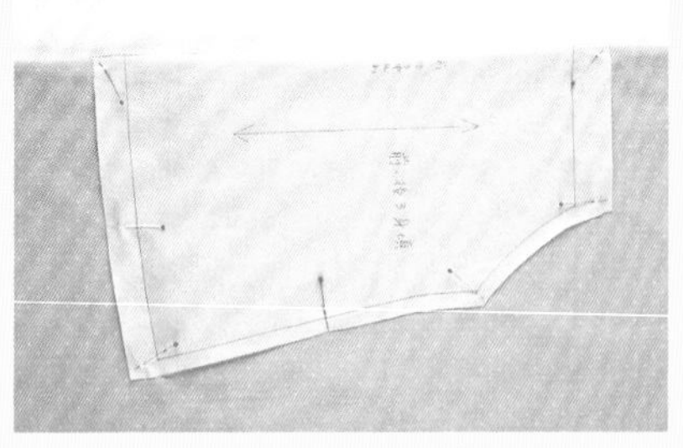

2. 以珠針將紙型固定在布料上。

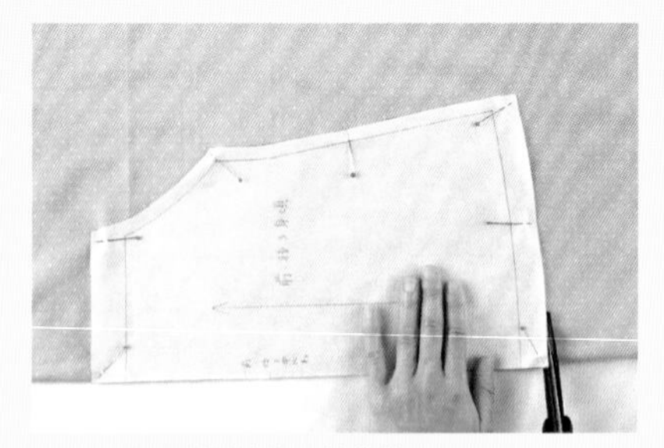

3. 從布料的邊緣開始裁剪。

4. 剪刀的下刃不要懸空，抵著桌面剪才能穩定地裁剪。

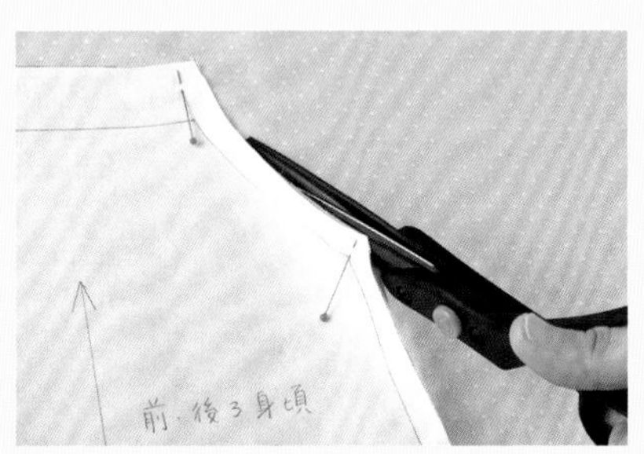

5. 剪到圓弧處時，一點一點地移動剪刀裁剪。總之不要移動布料，而是移動自己的位置與角度去裁剪布料。

排布＆對花

使用格紋或條紋布料時，脇邊等會看到接合縫線的位置，就需要進行對花。所以如果使用到這類布料時，需要多準備10%至20%的布料用量。

上衣

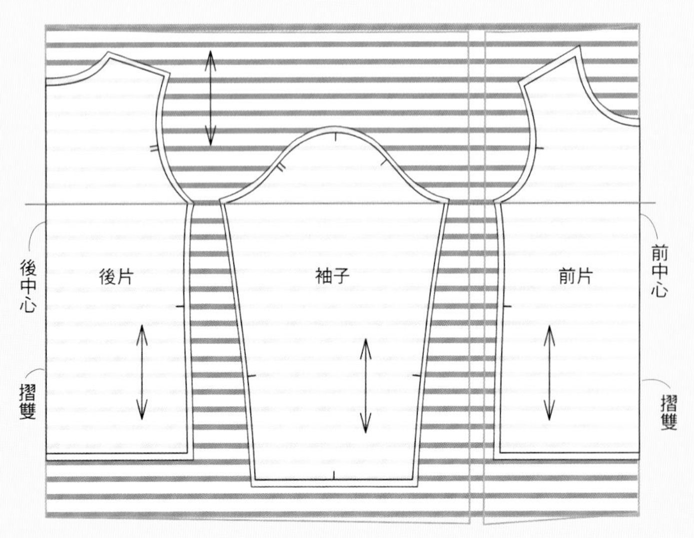
後中心
摺雙
後片
袖子
前片
前中心
摺雙

手臂縫製部位到中心線之間是一條垂直中心線的直線。如果使用格紋布，前後中心要選在一樣花色位置上。

褲子

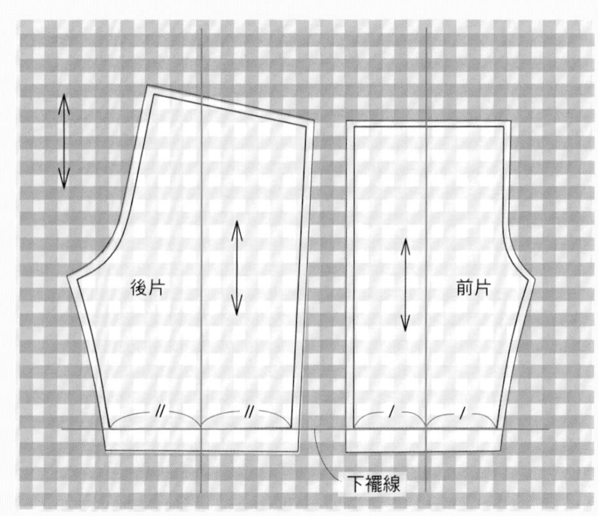
後片
前片
下襬線

下襬要放在一樣花色的位置上。另外，將下襬垂直分成兩等分，兩邊都是相同的花色。

黏著襯

像領子的部位，會為了增加韌性及補強的因素，在背面貼上黏著襯。
請配合布料質地，選擇適合的黏著襯。

黏貼黏著襯的理由

貼上黏著襯可以讓衣物的輪廓更加立體。有時是為了防止變形，或是為了增加布料的韌性，或在受力處進行補強。黏貼面上附有加熱即融化的黏著劑。
請依照使用的布料種類與厚度，選擇適當的黏著襯。
P.35的「增襯」，是在領子與肩膀處重疊貼上黏著襯，可增加厚度與韌性，還有補強的功能。

黏著襯的種類

梭織襯

基底布是平織材質，適合用在一般平織材質的布料上。

針織襯

編織而成的基底布。具伸縮性，如果要黏貼在針織材質上，請選用此種款式。

不織布襯

不同方向的纖維聚集在一起而成的基底布。適合用於帽子或包包，比較不會頻繁清洗的作品上。

Clover
伸び止めテープ 15mm幅×25m巻
表地の風合いを損なわないニットタイプ。

止伸襯布條（牽條）

細長條狀的黏著襯。一般用於針織材質衣物的肩膀部位，或休閒式西裝外套的領子部位。

黏著襯的黏貼方法

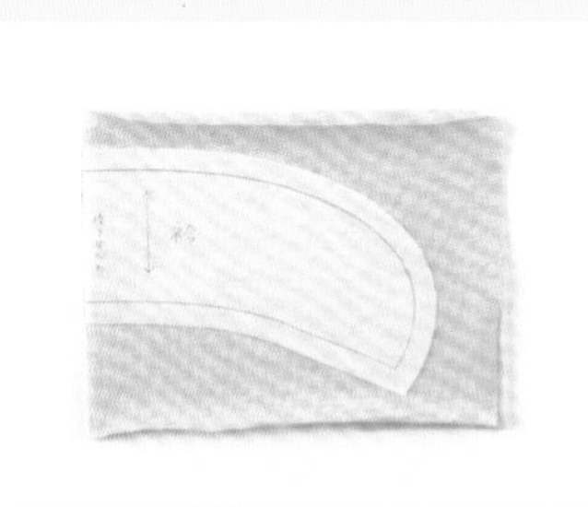

1. 將要黏貼黏著襯的布料大致裁剪下來（粗裁）。

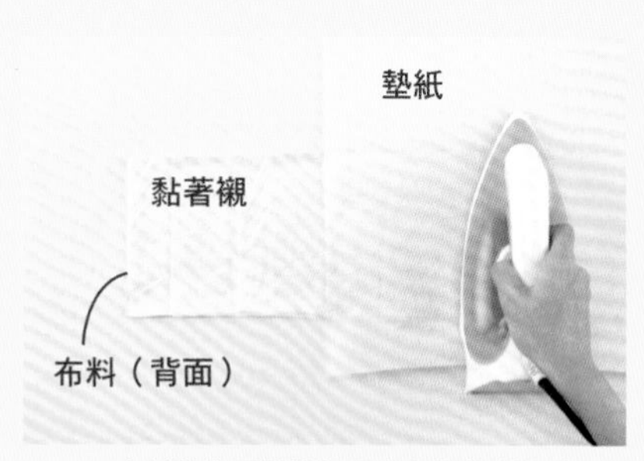
墊紙
黏著襯
布料（背面）

2. 布料的背面對著相同大小的黏著襯貼合面（有著粗糙膠粒的那一面）。另外放上墊紙，以熨斗燙貼黏著襯。

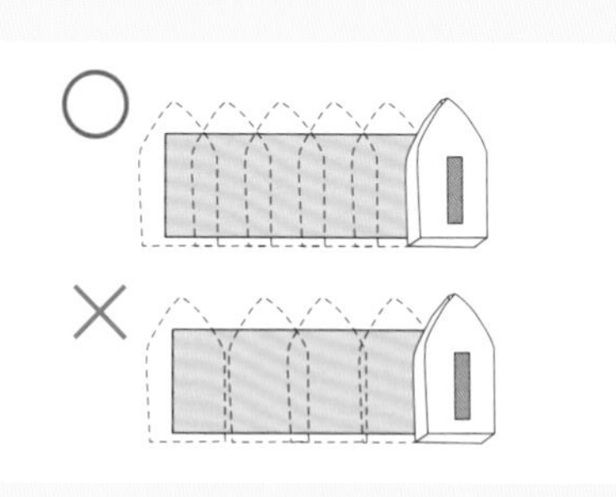

3. 不要滑動熨斗，而是由上往正下方熨壓燙貼。

4. 將黏著襯整面貼上，因為貼上去的黏著襯很可能會收縮，先整面貼上黏著襯才能避免尺寸上的誤差。

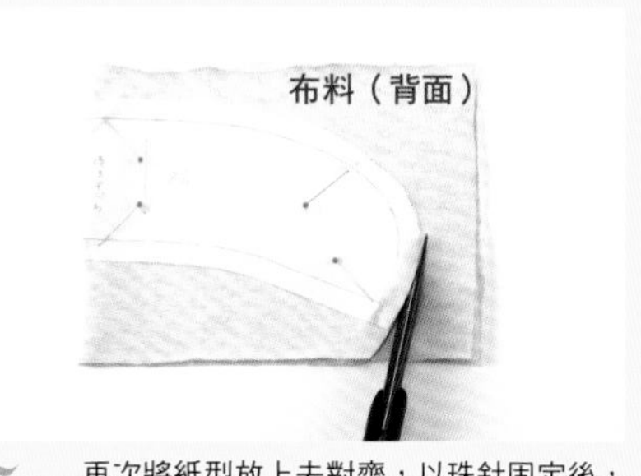
布料（背面）

5. 再次將紙型放上去對齊，以珠針固定後，沿著紙型裁剪。

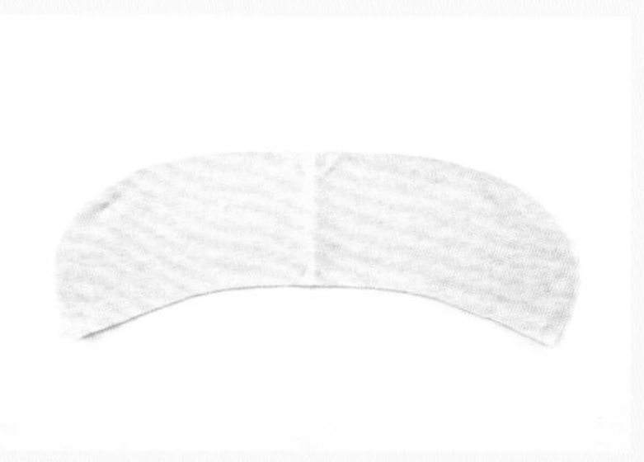

6. 這樣就準備好已貼好黏著襯的布料了。

縫紉基礎功

開始進行車縫前，這是要先瞭解的基礎常識。
要先確認縫線的張力之後再開始車縫。

線的張力

在此以紅色代表上線，黑色代表底線。

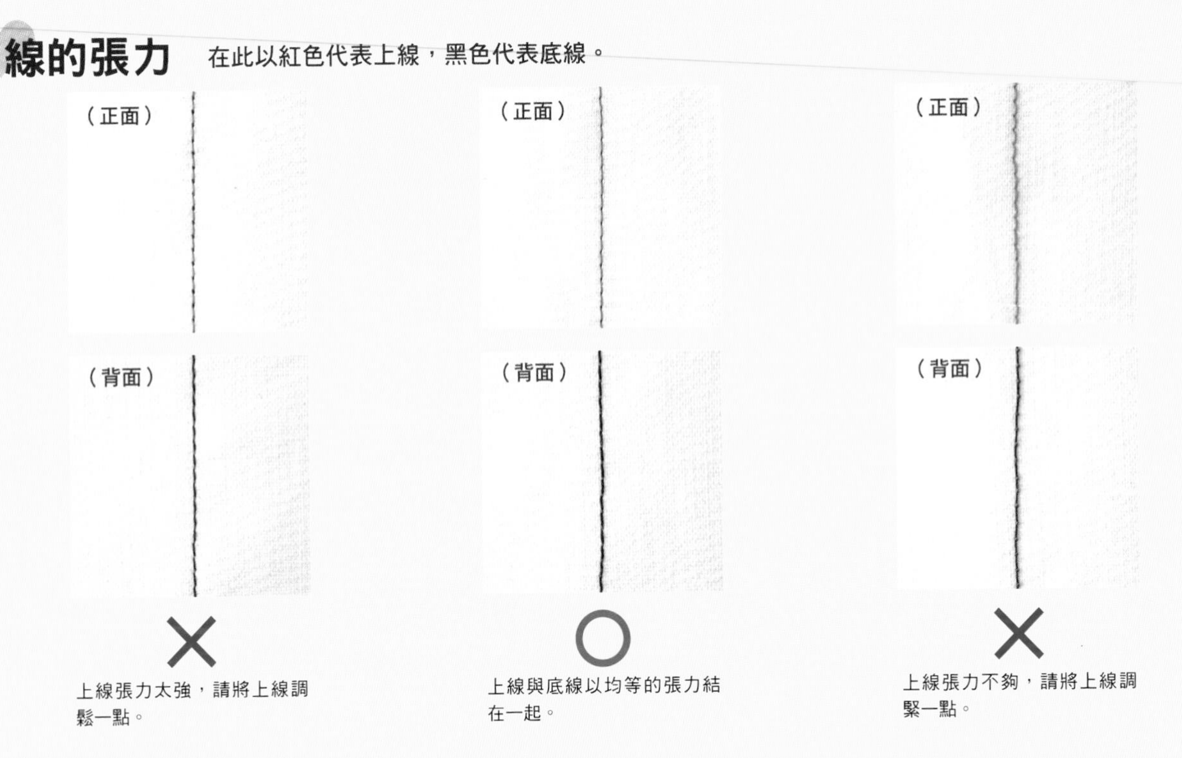

（正面）
（背面）
（正面）
（背面）
（正面）
（背面）

✕ 上線張力太強，請將上線調鬆一點。

〇 上線與底線以均等的張力結在一起。

✕ 上線張力不夠，請將上線調緊一點。

上線與底線以均等的張力結在一起的狀態，才是正確的。如果上線與底線鉤合的狀態不適當，布料會被拉得過緊或過鬆，導致縫合狀態不漂亮。可以先以實際操作布料的零碎布塊試試看，兩片疊在一起試縫，確認線的張力之後再開始進行正式車縫。

如果不論怎麼調整，都無法使上線與底線以均等的張力結在一起，可能安裝上線與底線的方式錯誤，或在車縫時沒有將壓布腳確實放下，請先確認這幾個部分。

始縫點與止縫點

始縫點與止縫點都須進行回針縫。

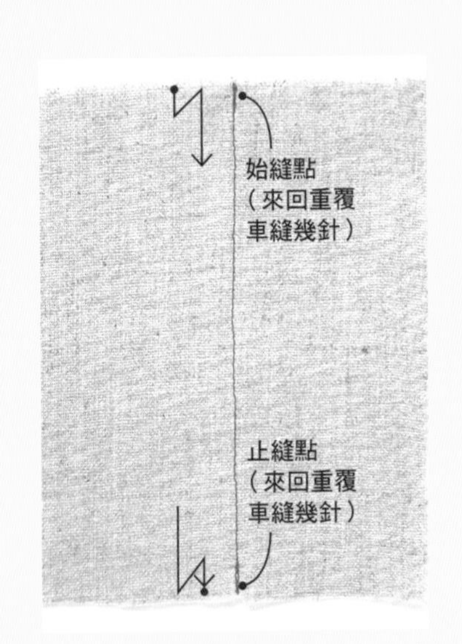

始縫點
（來回重覆
車縫幾針）
止縫點
（來回重覆
車縫幾針）

處理線頭

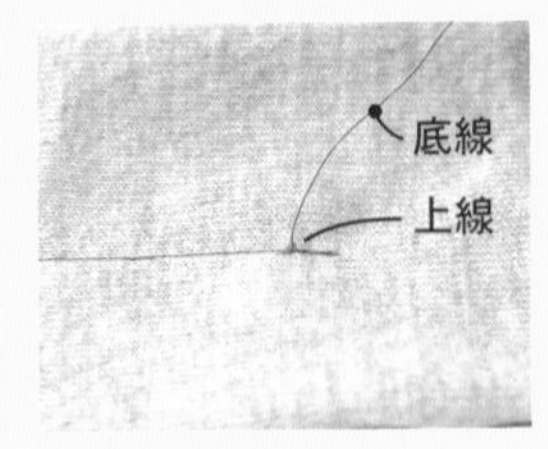

底線
上線

1. 拉底線，讓上線稍微跑到背面側。

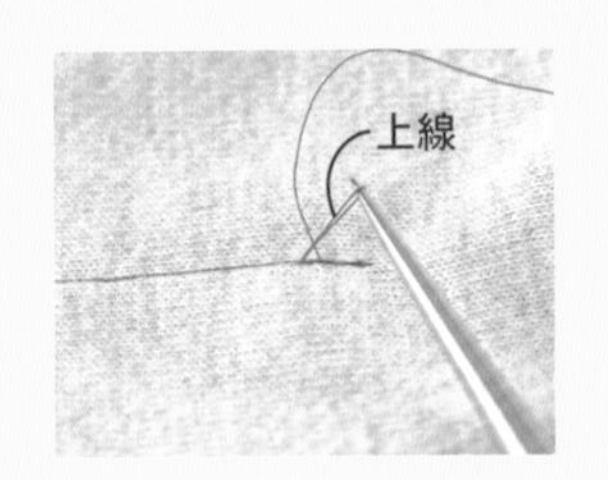

上線

2. 以錐子穿過上線的線圈，將線拉到背面。

3. 在接近布料的地方剪斷拉到背面的這兩條線。如果是容易鬆開的材質，可以先將兩條線打個結固定之後再剪線。

處理縫份

雖然像尼龍或不織布等布料的布邊不易毛邊，但最好還是處理布邊，
在拍攝場所或是活動會場穿著時，看起來會比較正式，不會有廉價感。

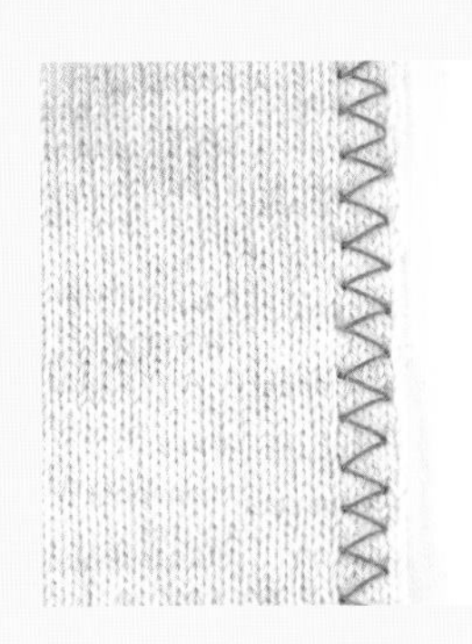

Z字形車縫

一般家用縫紉機也會有的基本布邊車縫法。

鋸齒剪刀

使用鋸齒剪刀將布料邊緣剪成鋸齒狀。

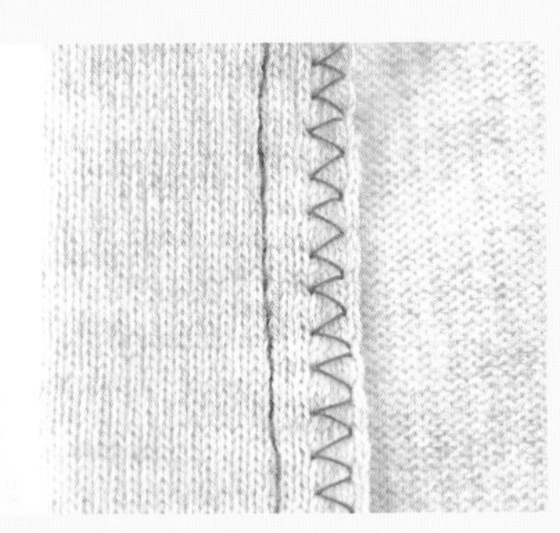

二摺邊

布邊往內摺一褶後，車縫固定。由於從布料的背面側看得到布邊，所以要先進行Z字形車縫，再內摺車縫固定。

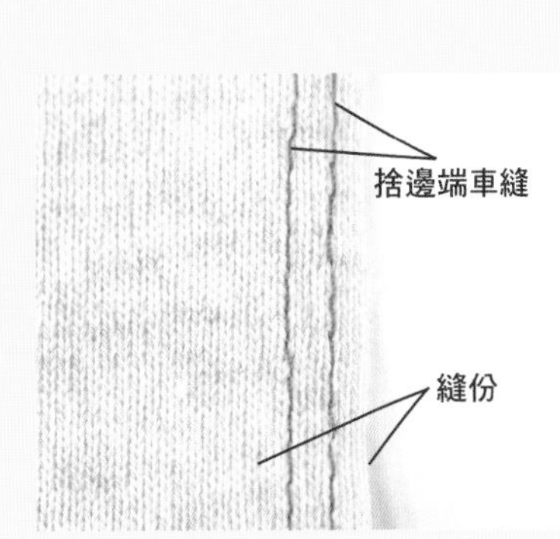
捨邊端車縫
縫份

捨邊端車縫

在縫份內壓一條或兩條縫線。若布料材質使以Z字形車縫時會扭曲變形，則可以使用此方法。

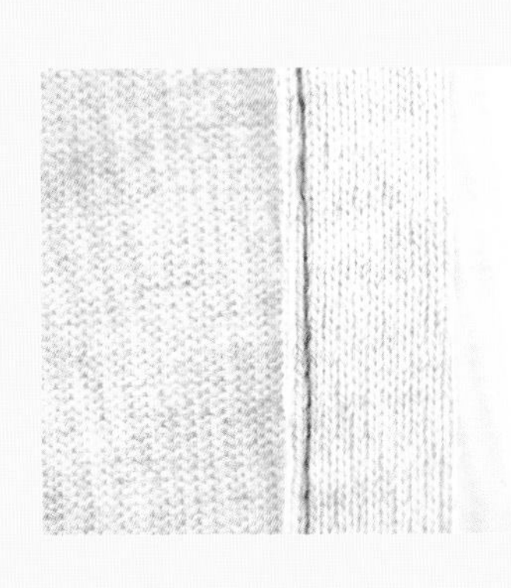

三摺邊車縫

布邊往內摺兩褶。由於布邊被摺到裡面了，所以翻到布料背面也看不到布邊。

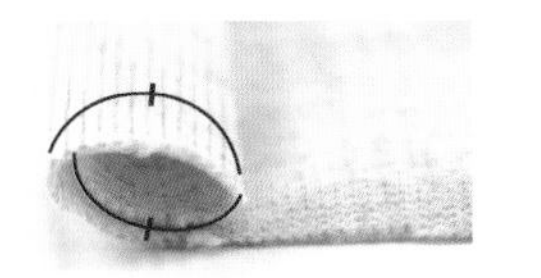

製作三摺邊時的摺疊份相同，則稱為完全三摺邊，適用於較薄的布料。

第一褶的摺疊份比第二褶窄一點，這樣一來布邊就不會變得太厚。

整燙

讓衣物看起來更加好看，熨燙也是很重要的一環。
就算縫線歪斜，整燙之後也能稍微地調整修飾。
請用心仔細地整燙衣物。

較常用到的整燙方法

倒向單側

以熨斗將縫份倒向一側。

燙開

將縫份往左右燙開。

壓燙

抽褶時，以熨斗在縫份處壓燙，讓縫份處的褶子定形。

關於布料

在製作方法的說明中，會不斷地出現布料各部位的名稱及接合方式。縫製之前，事先確實瞭解才能使製作的過程更為流暢。也請記得要搭配布料的厚度，選擇換用適合的針線。

布料各部位名稱

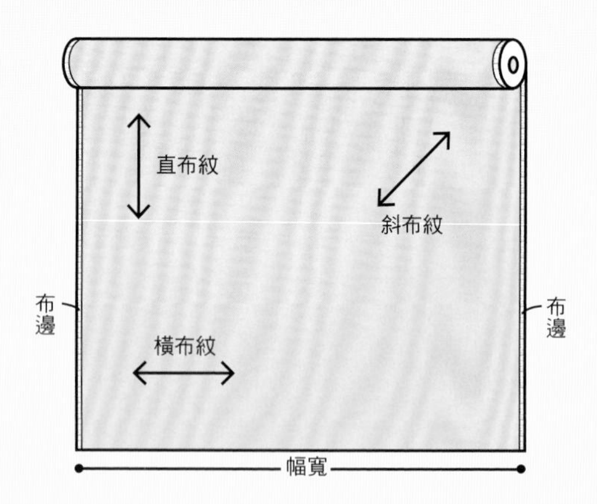

直布紋
斜布紋
布邊
橫布紋
布邊
幅寬

直布紋……與布邊平行的布紋方向，一般稱呼布紋線時指的多為直布紋。

橫布紋……與布邊垂直的布紋方向。

斜布紋……相對於直布紋來說，有斜度的就稱為斜布紋。與布紋線呈45°的為正斜布紋，不易鬚邊又有彈性，因此常以斜布條來處理布邊。

幅寬……橫布紋方向，布邊與布邊間的長度。

布邊……織線折返處，布料的兩側。

布料的接合方式

（背面）
（正面）

（正面）

正面相對……布料的正面相對，背面朝外，進行車縫。

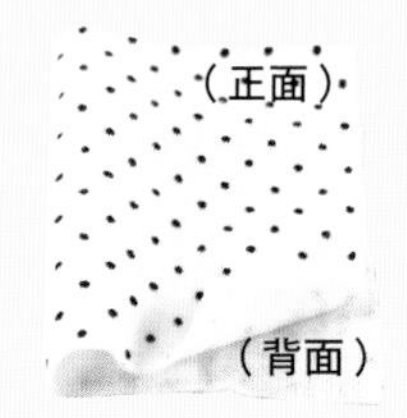

（正面）
（背面）

（背面）

背面相對……布料的背面相對，正面朝外，進行車縫。

布料＆針線

選好了想要使用的布料之後，就要搭配布料選擇適用的針線。
如果選了不適合的針，可能會造成斷針或車縫不順利的情形。

布料厚度	針的粗細（數字越大越粗）	線的粗細（數字越大越細）
薄布料 薄的沙典・雪紡紗・歐根紗・喬其紗・棉麻布等	9號	90號
一般布料 寬幅密織平紋布・卡其布・沙典・聚酯纖維斜紋防水布・絲光卡其軍服布等	11號	60號
厚布料 丹寧布・人工皮革・毛呢等	14號	30號

工具提供／針……Clover・線……FUJIX

不同衣物款式適合的布料種類

襯衫・裙子

襯衫跟裙子適合使用較薄的布料。混紡人造纖維的布料則較不易產生縐褶，很適合用來製作衣物。

府綢

織線較密的薄布料。一般稱為TC布的則混有聚酯纖維。

絨布

表面有絨毛狀的棉質布料。觸感舒適，作成睡衣也很適合。

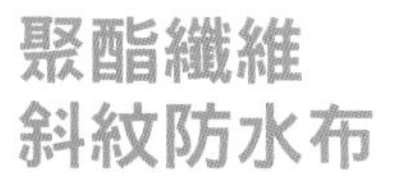

聚酯纖維斜紋防水布

顏色鮮豔的聚酯纖維斜紋防水布料。材質稍微薄透，所以當選擇顏色較淺的布料時，需要再加上內裡。

T-shirt・連帽外套

適合選用伸縮性較大的針織材質。縫製具有彈性的針織布料時的訣竅，請參閱P.41。

聚酯纖維

一般在夾克外套上常用到的人造纖維布料，具有厚度，所以車縫時比較容易。

雙面針織布

顏色鮮豔，不易產生縐褶的針織布料。

刷毛布料

背面呈毛圈狀，厚棉T恤常會用到的材質。

羅紋布

厚棉T恤的袖口或下襬常會用到。橫向的彈性很好，表面有明顯的直條凹凸紋路。

雙向針織布

經緯兩向都具有彈性的材質，適合作成手套與緊身洋裝等。

外套

如果使用薄的材質，容易看起來顯得鬆垮，所以要選擇較硬挺的厚布料。

化纖斜紋布料

顏色飽和不易產生縐褶，質料很硬挺的聚酯纖維材質。

棉織斜紋布

以較粗的織線製作而成的棉織布料，這種布料作成的衣物，通常帶有休閒感。

斜紋布

特色為顏色很多樣，比上面介紹的兩種布料稍微薄一點。

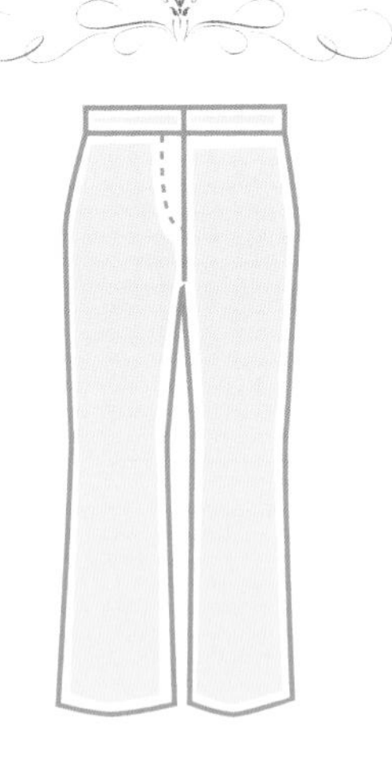

褲子

建議使用硬挺且較厚的布料製作褲子。若是選用白色或淺色系的布料，因為較薄透，必須再加上內裡。

化纖斜紋布料

聚酯纖維斜紋布料，熨燙時請注意要將溫度調到中低溫。

斜紋布

選用混有聚酯纖維的TC平織布料，會比100%純棉布料更不易產生縐褶。

絲光卡其軍服布

棉質布料，常用於軍服上，應用製作成卡其褲最廣為人知。

丹寧布

用來製作牛仔褲的布料。由於布料很厚，縫製時請一定要換上適合的針線。

棉織斜紋布

與丹寧布類似的斜紋布，常用來製作工作服。

洋裝

選用稍具厚度的布料，會比較容易縫製，也可漂亮地展現出整體的剪裁線條。

沙典

以緞紋組織製作而成的材質，表面閃著美麗的光澤，還有柔滑的觸感。

棉絨

毛較短的毛織材質。有深度的色調，看起來有華麗感，使用時要注意毛流方向。

麂皮

厚的紡毛材質，帶有樸實感，適合製作成鄉村風格的衣物。

天鵝絨

經過加工之後製造出絲絨質感的厚質布料，布邊不易綻開鬚邊。

漆皮布

表面塗覆有聚氨酯，帶有光澤的材質，布邊不易綻開鬚邊。

和服・中國古裝

有著華麗的外觀並且重視質感的和服與中國古裝，要搭配角色的風格選擇布料。

縐綢

表面有著細小凹凸紋路的絲織品，是和服常用的材質。

沙典

帶有光澤，並有各種不同厚度。如果選擇稍厚的布料，縫製時比較容易。

提花布

提花布機織造而成，經緯線織成的花樣有浮在表面上的感覺，是帶有厚實感的材質。

彈性纖維布料

利用複雜的織法製作出如梨子皮粗糙的表面，背面也帶有縐褶感的材質。

Step 2

開始挑戰製作衣物

開始快樂地縫製衣物吧！可別到了活動前一晚還在挑燈夜戰，
儘早著手準備，一步一步地完成進度！

Girls

a

高腰百褶裙

High waist pleated skirt

將腰圍部分設計在比實際腰的位置高一點的裙子。接縫另一片作出單向褶的裙片，作成百褶裙。腰圍部分要沿著身體線條貼合。

SIDE

BACK

Illustration/miya

Design	野沢恵里佳
How to make	▸▸ P.66
布料提供	ムーンストーン

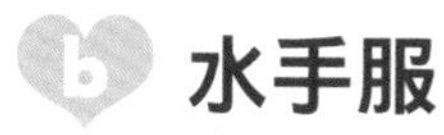

b 水手服

Sailor blouse

即使是經典款式的水手服，只要在顏色、領子的形狀、蝴蝶結的形狀等處作點變化，就可展現出不同角色的特色。在脇邊作拉鍊，可展現漂亮的身形線條。袖口處還作了開叉設計。

SIDE

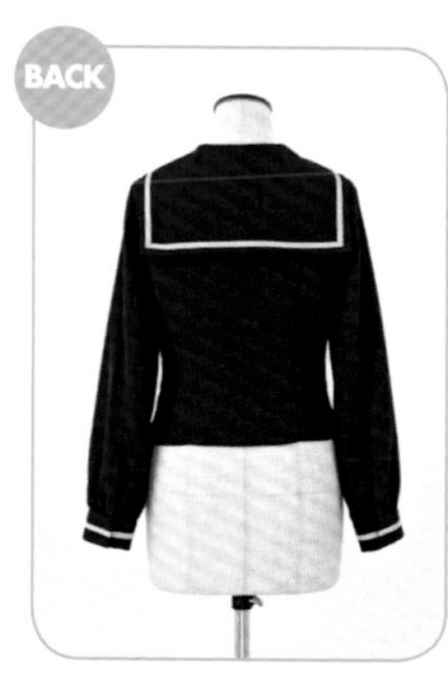
BACK

Design cosmode

How to make ▸▸ P.72

布料提供 CLOTHiC

c 魚尾裙

Mermaid line skirt

從腰到臀部順著身體的線條，裙襬展開像人魚尾巴似的設計，接合六片相同的布片製作而成。選用稍微硬挺的材質製作，可展現出漂亮線條。

SIDE

BACK

Design cosmode

How to make ▸▸ P.84

布料提供 CLOTHiC

連帽斗篷

Cape with hood

一片布料即可完成的簡單斗篷。只要將下襬延長，就成了長袍。若想要讓下襬打開的幅度更寬，則要另外製作脇邊、後中心的紙型，再進行接合，看起來會更有設計感。

SIDE

BACK

Design	USAKOの洋裁工房
How to make	▸▸ P.70
布料提供	大塚屋

短褲

Short pants

只在腰圍後面加上鬆緊帶的短褲。因為前面沒有加鬆緊帶，利用裝飾線作成像前開拉鍊的款式。若要使褲子合身，則要選用有彈性的材質來製作。

SIDE

BACK

Design	留衣工房
How to make	▸▸ P.68
布料提供	ねこの隠れ家

無袖洋裝（基本款）

Sleeveless dress

基本款的洋裝會有一條從袖襱位置到腰線一路延伸到下襬的剪接線，稱之為公主線。穿脫則是利用後中心的隱形拉鍊。接下來所介紹的兩種洋裝，可與不同形狀的袖子、裙子進行組合變化。

Illustration/miya

SIDE

BACK

Design	岡本伊代
How to make	▸▸ P.19
布料提供	生地屋本店

可與下頁介紹的洋裝進行組合變化
合計
15
種變化！

長尾洋裝

Train dress

利用基本款洋裝（P.17）作成細肩帶款式，裙子設計成前短後長。後方的裙襬寬鬆並多層次，裡面若加上裙撐，就可以將裙子整個撐開。

SIDE

BACK

Design　岡本伊代

How to make　▸▸ P.76

布料提供　ムーンストーン

燈籠袖洋裝

Puff sleeve dress

在基本款洋裝（P.17）上加上立領與燈籠袖，裙片抽褶之後接於腰圍線上。選擇布邊有刺繡圖樣的布料，所以不需處理袖口與下襬。

SIDE

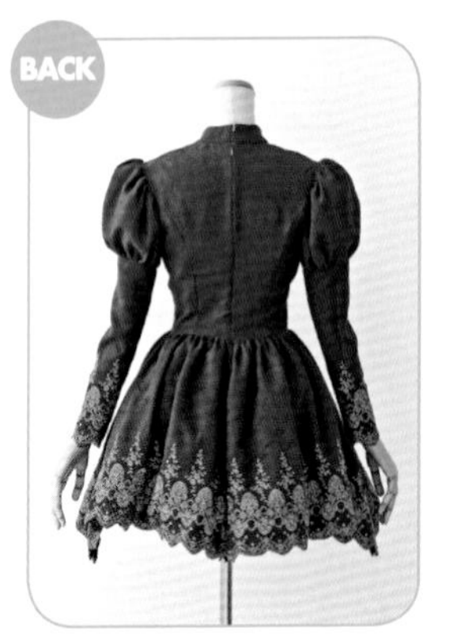
BACK

Design　岡本伊代

How to make　▸▸ P.78

布料提供　藤久

Lesson 1

f 無袖洋裝（基本款） ▸▸ P.17

裁布圖

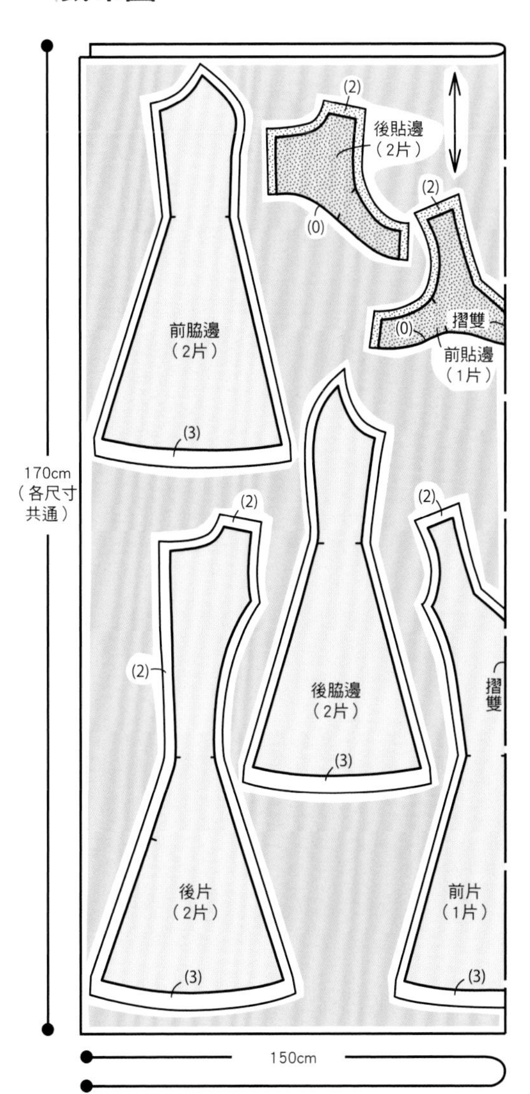
170cm
（各尺寸
共通）
150cm
後貼邊
（2片）
前貼邊
（1片）
摺雙
前脇邊
（2片）
後脇邊
（2片）
後片
（2片）
前片
（1片）
(2)
(0)
(3)

※（ ）內為縫份尺寸。
※除指定處之外，縫份皆為1.5cm。
※▭代表要貼黏著襯。

{原寸紙型}

紙型2面　f-1 前片・f-2 前脇邊・f-3 後片
f-4 後脇邊・f-5 前貼邊・f-6 後貼邊

{完成尺寸}

（由左開始S／M／L／LL）
胸圍　84／87／90／93cm
腰圍　61／64／67／70cm
衣長　81／82／84／85cm

{材料}

・沙典（緞布）　150cm×170cm（各尺寸共通）
・黏著襯　50×60cm
・隱形拉鍊　60cm長1條

製作順序

5. 製作並縫上貼邊
6. 縫製肩線
7. 處理貼邊
4. 縫上拉鍊
BACK
1. 縫製前片
3. 縫製脇邊
2. 縫製後片
FRONT
8. 處理裙襬

1. 縫製前片

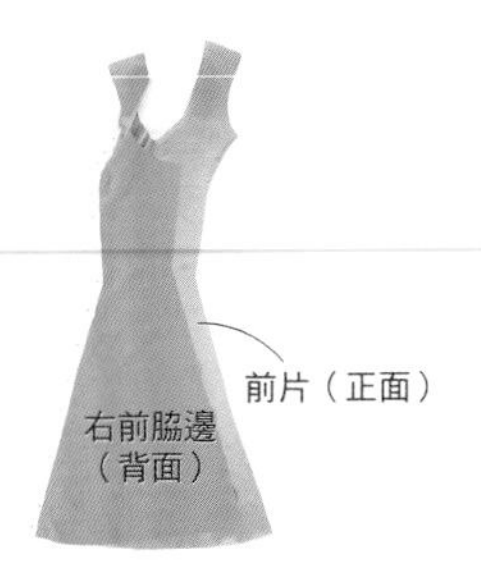

前片（正面）
右前脇邊
（背面）

1 前片與右前脇邊正面相對對齊，以珠針固定。曲線處要小心不要作出縐褶，密密地以珠針固定好。

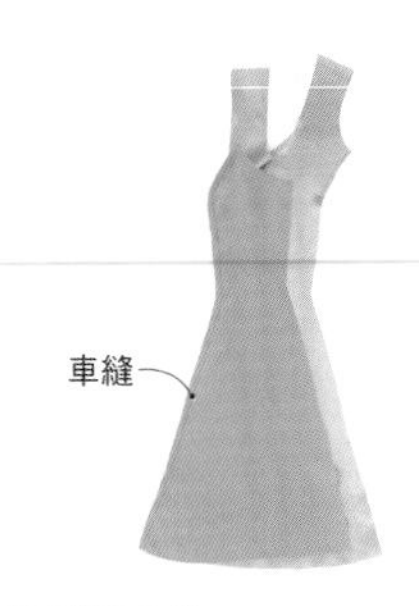

車縫

2 沿完成線進行車縫。

前片（背面）
左前脇邊（背面）
右前脇邊（背面）

3 左前脇邊也依照相同的方法縫合。

身片（背面）

4 在腰圍縫份處剪牙口。

Z字形車縫

5 兩片一起進行Z字形車縫，倒向脇邊側。腰圍有弧度部分，則一邊以手拉伸布料， 使縫線可依然維持直線， 一邊進行Z字形車縫。

2. 縫製後片

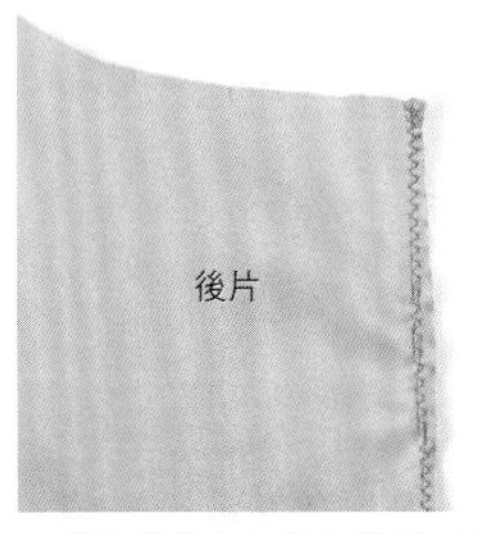

後片

1 後片的後中心縫份進行Z字形車縫。

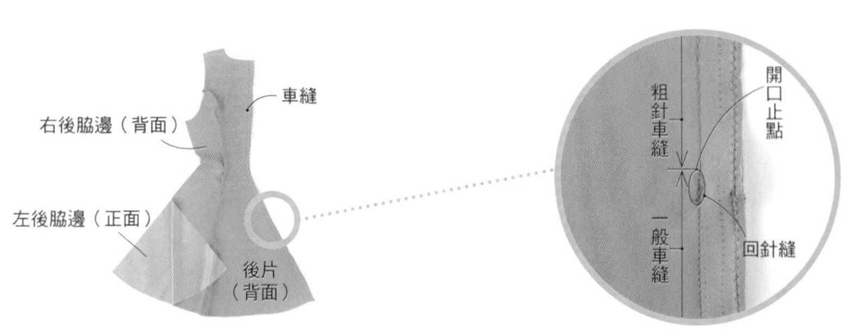

車縫
右後脇邊（背面）
左後脇邊（正面）
後片
（背面）
粗針車縫
開口止點
一般車縫
回針縫

2 後片與後脇邊各自正面相對縫合之後，縫份處與前片一樣進行Z字形車縫，倒向脇邊。後片正面相對，在後中心線上以粗針車縫，從領圍開始車縫到開口止點。恢復正常針距後，回針縫幾針，繼續車縫到下襬。

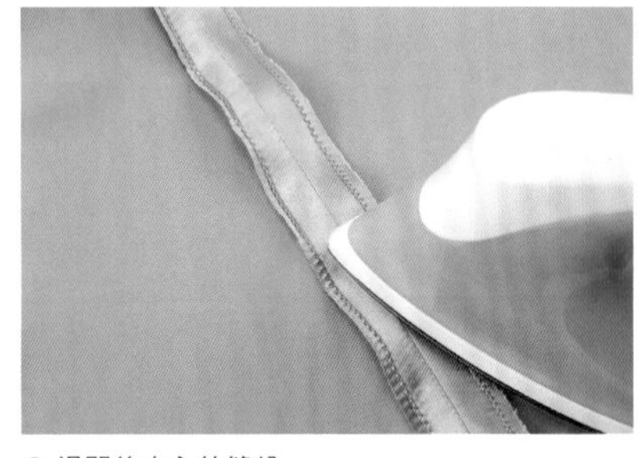

3 燙開後中心的縫份。

3. 縫製脇邊

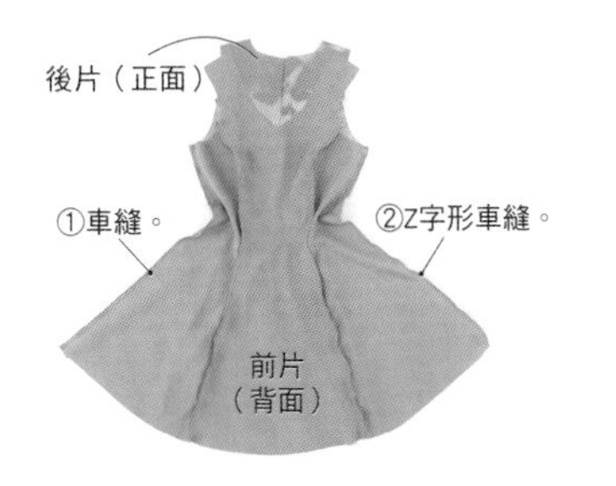

後片（正面）
①車縫。
②Z字形車縫。
前片
（背面）

前片與後片正面相對，縫製脇邊。兩片一起進行Z字形車縫，縫份倒向後側。

4. 縫上隱形拉鍊

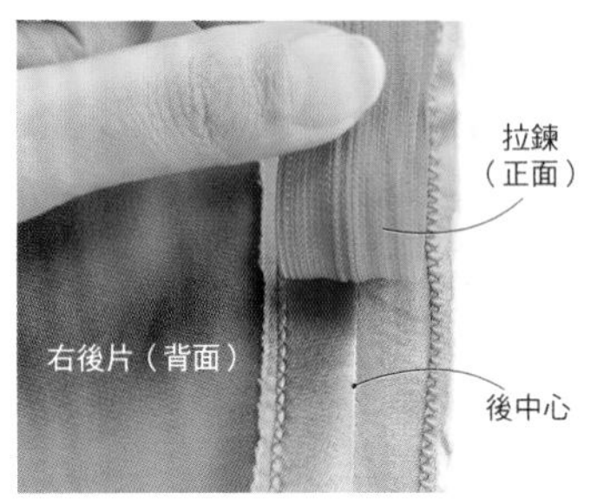

拉鍊
（正面）
右後片（背面）
後中心

1 隱形拉鍊的中心對齊後中心線，疊在上面。

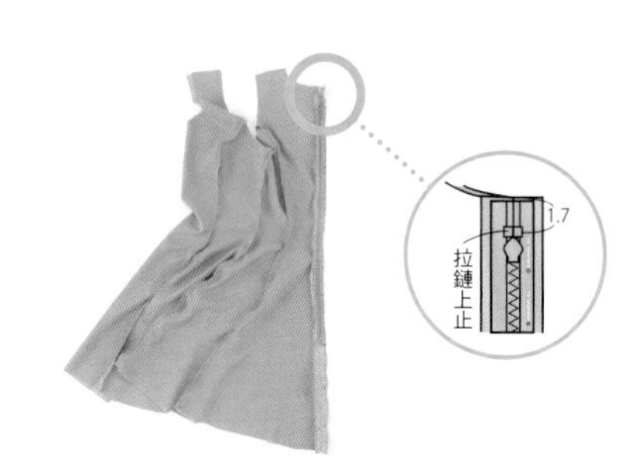

1.7
拉鍊上止

2 將拉鍊以珠針固定在左後片的縫份上。

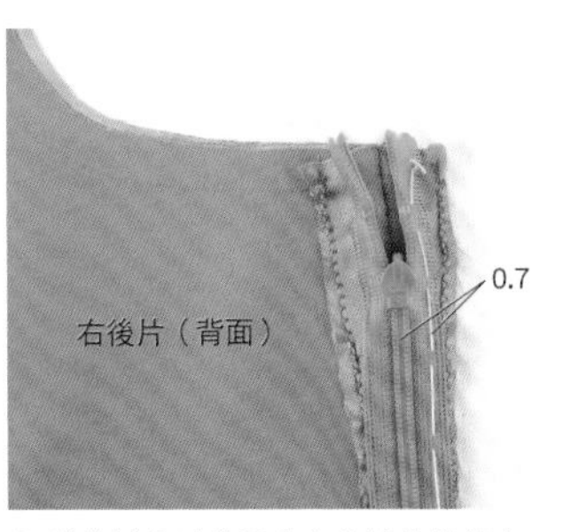
右後片（背面）
0.7

3 將拉鍊布疏縫固定在後片的縫份上。

右後片（背面）

4 一路疏縫固定拉鍊到拉鍊下端。

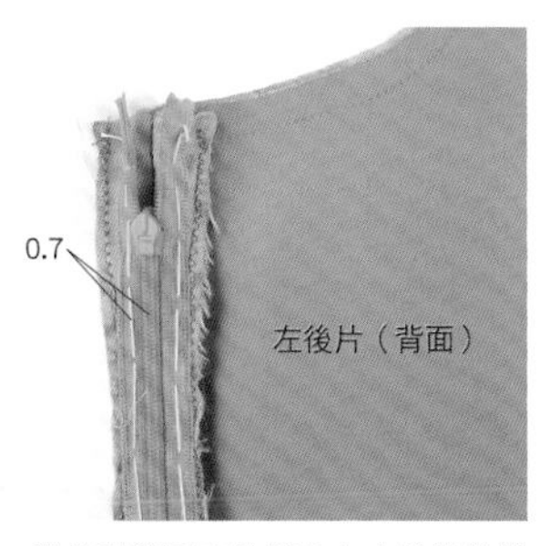
0.7
左後片（背面）

5 另一側也一樣先疏縫固定拉鍊布在右後片的縫份上。

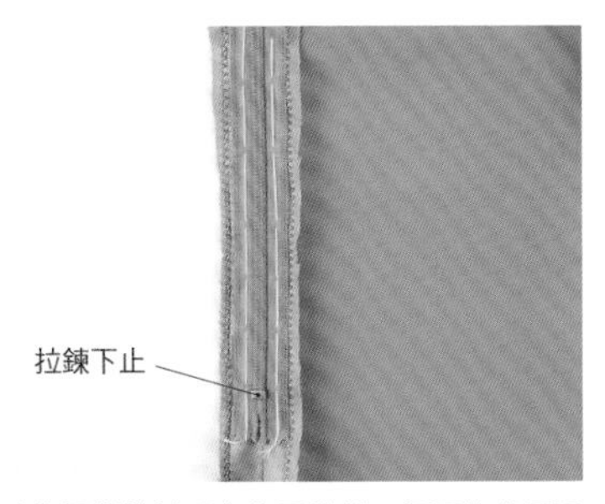
拉鍊下止

6 以手指捏著拉鍊下止往下移動，但要注意不要將它整個拉下來。

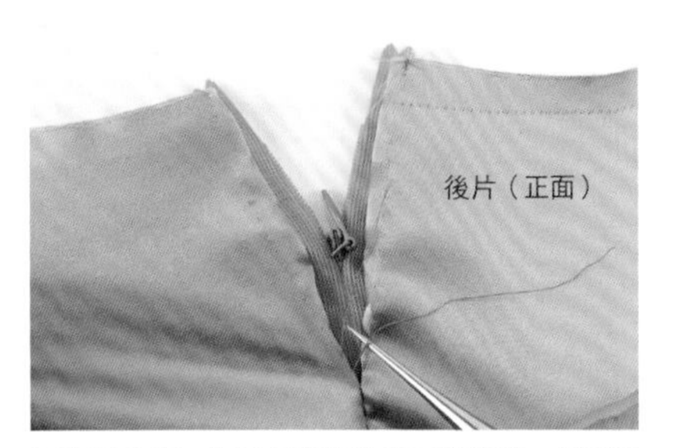
後片（正面）

7 拆掉步驟2中所車縫的粗針車縫縫線，拆到開口止點為止。

拉鍊頭

8 將拉鍊頭往下拉開。

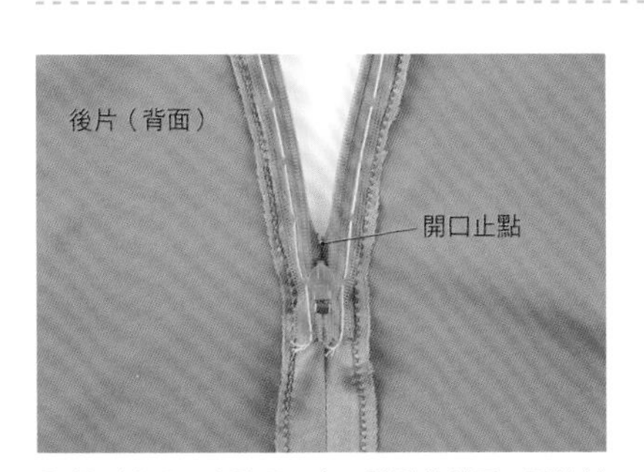
後片（背面）
開口止點

9 拉到比開口止點再下方一點點的位置，讓拉鍊頭看起來是從衣身的裡側拉出的感覺。

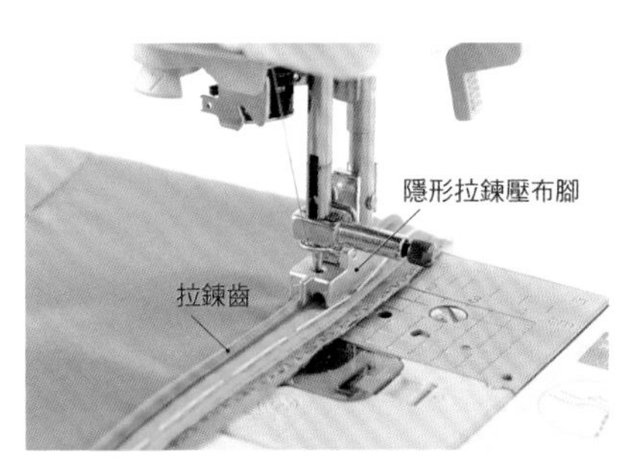
隱形拉鍊壓布腳
拉鍊齒

10 換上隱形拉鍊壓布腳，維持著拉鍊齒沒入壓布腳溝槽的狀態車縫。壓布腳會掀起拉鍊齒，可車縫在拉鍊的邊緣處。

11 另一側也依照相同的方式車縫，隱形拉鍊就完成了！

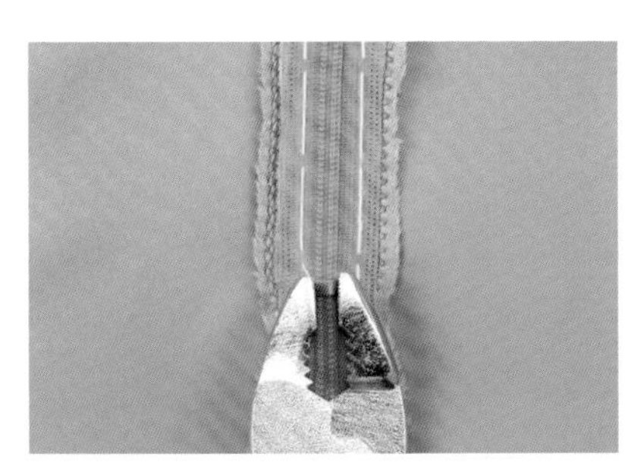

12 將下止拉到開口止點的位置，以老虎鉗夾緊固定。

後片
（正面）

13 這樣從正面也看不出來有隱形拉鍊。拆掉疏縫線。

5. 製作並縫上貼邊

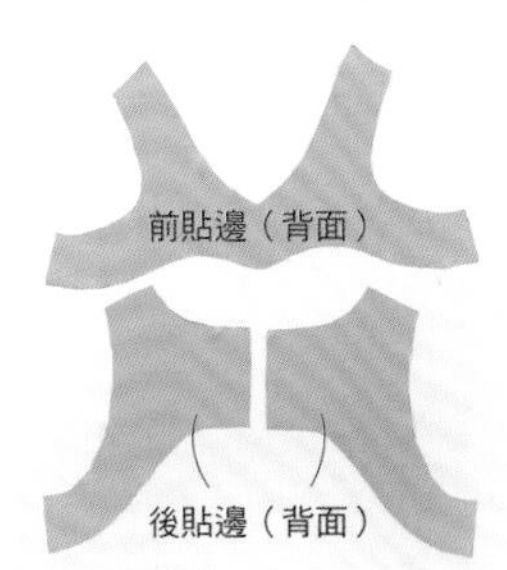
前貼邊（背面）
後貼邊（背面）

1 在前貼邊與後貼邊的背面貼上黏著襯。

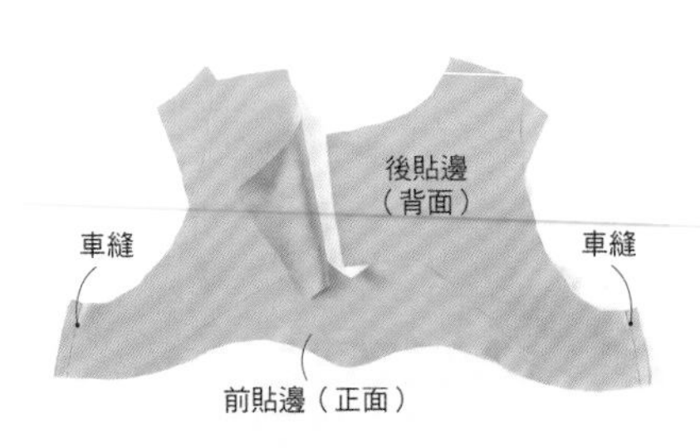
後貼邊
（背面）
車縫
車縫
前貼邊（正面）

2 前貼邊與後貼邊正面相對，車縫脇邊。縫份倒向後側。

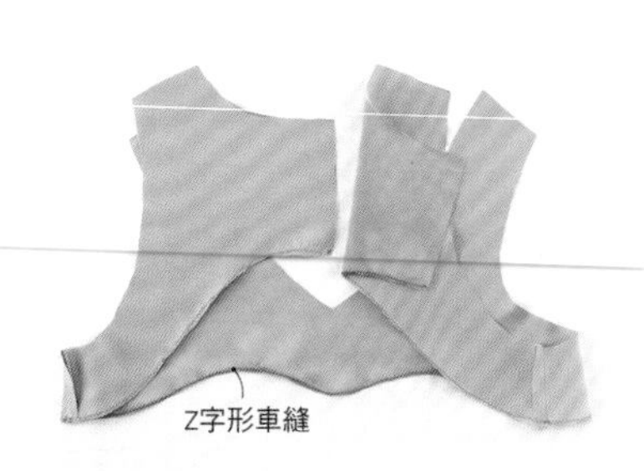
Z字形車縫

3 貼邊的下緣進行Z字形車縫。

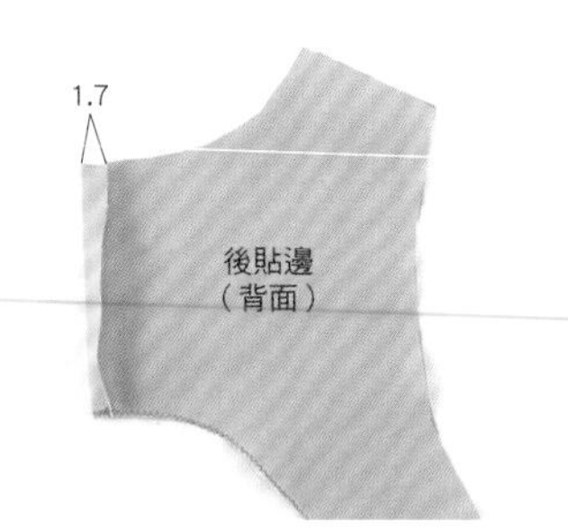
1.7
後貼邊
（背面）

4 後貼邊的後中心摺入1.7cm。

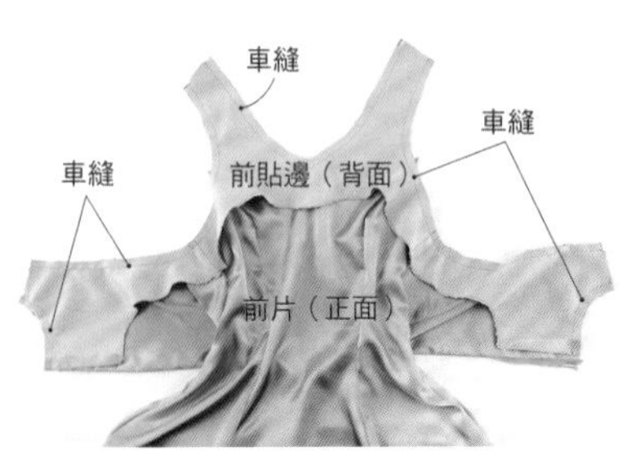
車縫
車縫
車縫
前貼邊（背面）
前片（正面）

5 衣身與貼邊的布料正面相對，車縫領圍與袖襱。※肩線處不縫。

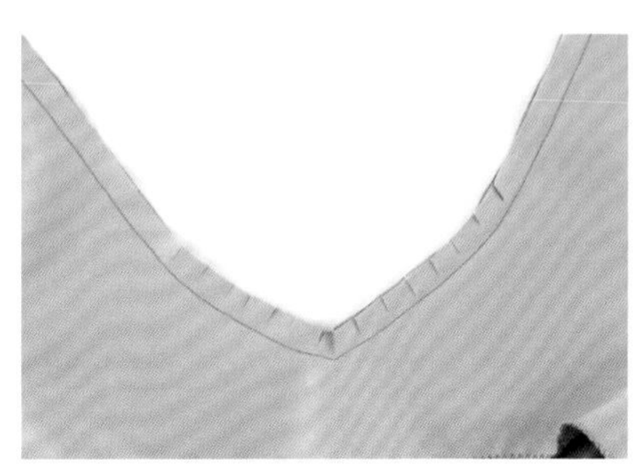

6 領圍曲線處的縫份，剪牙口。

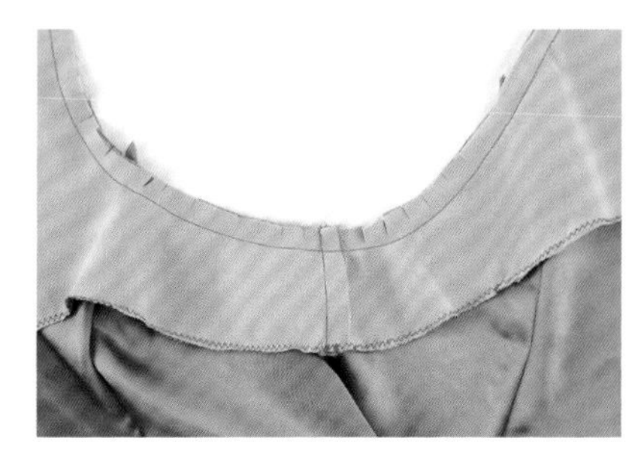

7 袖襱曲線處的縫份，剪牙口。

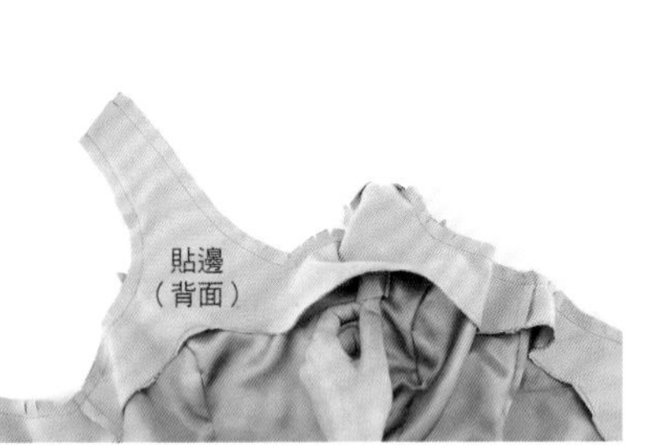
貼邊
（背面）

8 將貼邊從肩線處翻到正面。

貼邊（正面）
衣身（背面）

9 將貼邊往內側燙整（參閱P.40）。

6. 縫製肩線

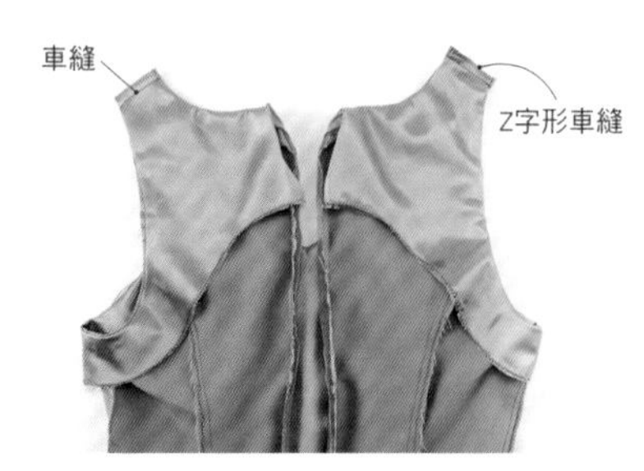
車縫
Z字形車縫

1 前片與後片的肩線部分正面相對，與貼邊一起車縫。四片一起進行Z字形車縫，倒向後側。

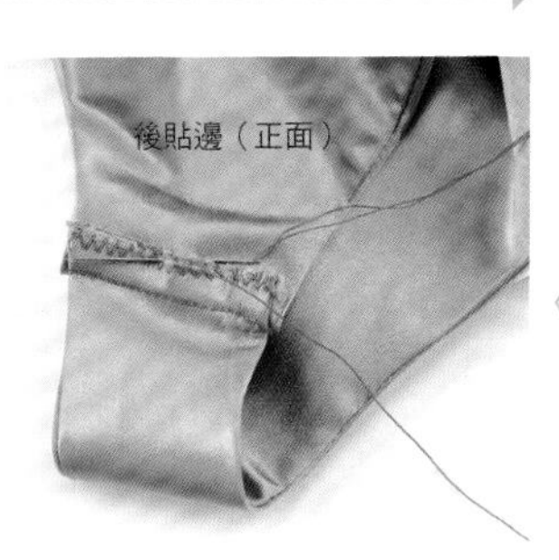
後貼邊（正面）

2 縫份縫在貼邊上（斜針繚縫）。

斜針繚縫的縫法

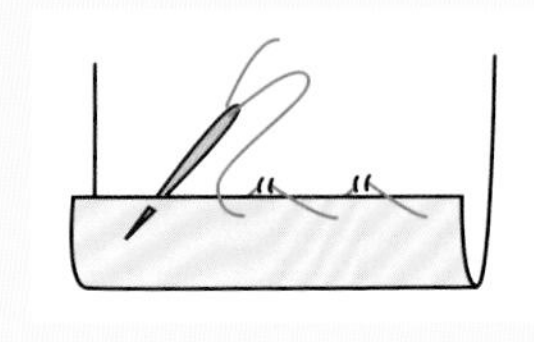

由背面側在肩線的縫份上出針，挑一點貼邊的布料，再從縫份處出針。再一次挑縫貼邊的布料……重覆這樣的動作。

7. 處理貼邊

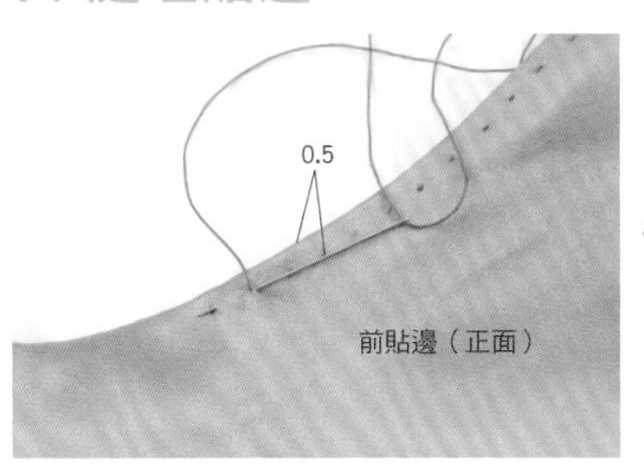
0.5
前貼邊（正面）

1 貼邊的領圍部分利用星止縫固定在縫份上。

星止縫的縫法

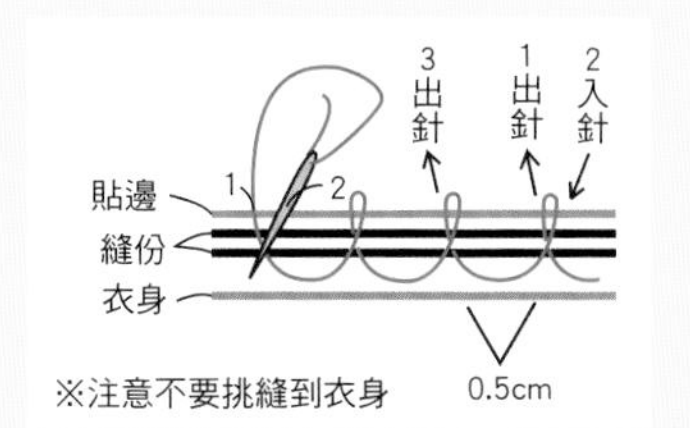
3 出針
1 出針
2 入針
貼邊
縫份
衣身
※注意不要挑縫到衣身
0.5cm

從貼邊出針，往回回針約一條織線的距離，穿過內側縫份的兩片布料，往前約0.5cm處出針。再一次往回約一條織線的距離，持續重覆這個方式繼續往下縫。

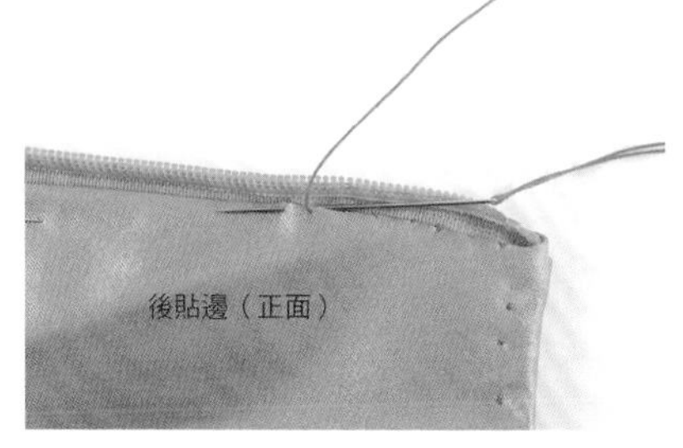
後貼邊（正面）

2 以繚縫將後貼邊的後中心縫在拉鍊布上。

8. 處理裙襬

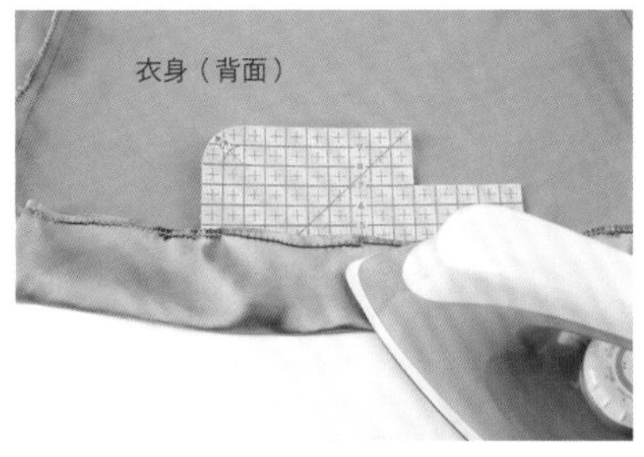
衣身（背面）

1 裙襬處進行Z字形車縫，之後沿著完成線摺入。

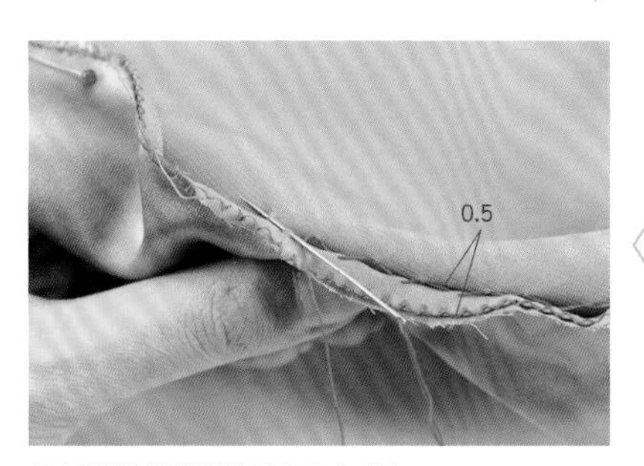
0.5

2 以藏針縫將縫份固定在衣身上。

藏針縫的縫法

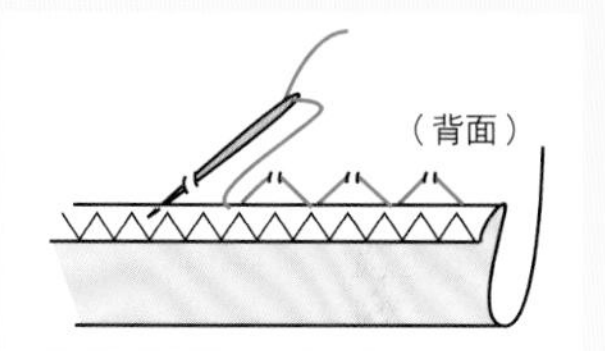
（背面）

已經以Z字形車縫處理過的一側，往自己的方向摺，挑起衣身的一條經線，再挑起縫份的褶山部分。

完成

Point

處理下襬的各種方式

依照布料厚度搭配不同方式

二摺邊車縫

（背面）

通常較厚的布料會選擇這個方式。先以Z字形車縫處理布邊之後，沿完成線摺疊。要注意若是縫份寬度太寬，容易造成縫份處看起來不平順。

三摺邊車縫

（背面）

0.2～0.3

適合較薄的布料。縫份往內摺兩次，車縫邊緣。如果是較薄透的材質，建議使用完全三摺邊車縫（請參閱P.9）。

雙面黏著襯帶

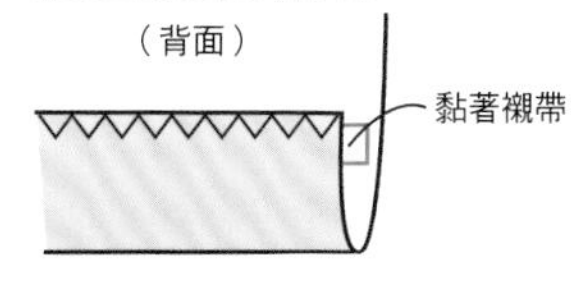
（背面）
黏著襯帶

可以迅速處理好薄布料的方法。布邊以Z字形車縫處理好之後，沿著完成線往上摺。將雙面黏著襯帶貼在布邊的背面側，以熨斗熨燙貼合。襯帶不易附著於某些布料上，所以請先以碎布試貼過之後再使用。

黏著襯帶

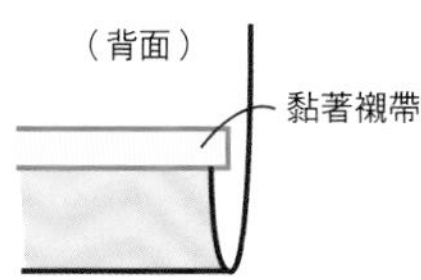
（背面）
黏著襯帶

這個方法建議用於只要一縫就容易皺，或是從正面看得出痕跡的薄透布料。將黏著襯帶覆蓋住下襬布邊貼住。這種一來，布邊不進行Z字形車縫也OK。

Boys

  靴型褲

Boot-cut pants

以下是兩條基本剪裁線條相同的褲子。一件股上線較長，另一件股上線較短。可依照扮演的角色選用。褲襬前短後長的靴型褲很適合搭配靴子，整體線條會更好看。

Illustration/miya

 股上線較長

 股上線較短

SIDE
BACK

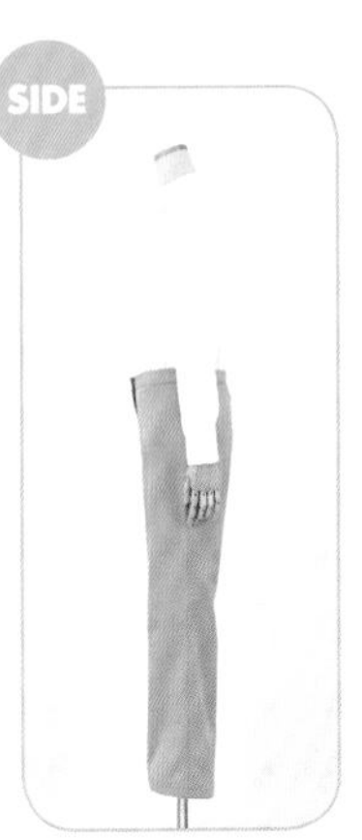
SIDE

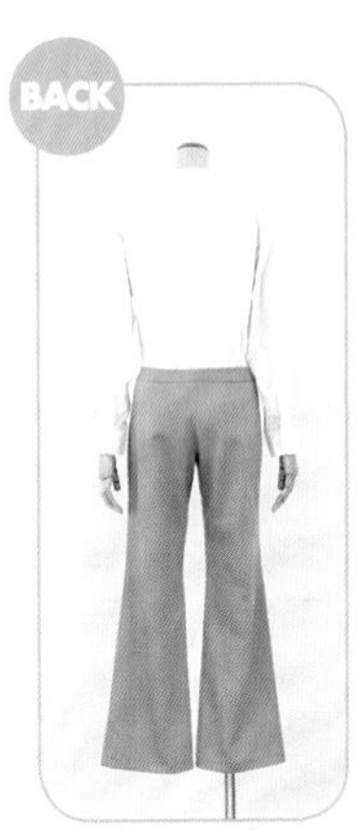
BACK

Design 留衣工房

How to make ▸▸ P.29・33

布料提供 ユザワヤ

連帽外套

Parka

從領圍到脇邊有一條剪接線的拉克蘭袖，拉鍊可以一路拉到帽子邊緣的設計。以運動服裝常用到的稍微具厚度的針織布料作成，或使用背面刷毛的材質也很適合。

SIDE

BACK

Design	おさかなまんぼう
How to make	▸▸ P.82
布料提供	オカダヤ

五分褲

Half pants

以制服常會選用的彈性材質作成。前後片的脇邊是相連的，所以只須車縫股下線與股上線就完成了！是扮演網球或足球、籃球選手等角色的最佳服飾。

SIDE

BACK

Design	野沢恵里佳
How to make	▸▸ P.75
布料提供	キャラヌノ

T恤

T-shirt

領圍呈V字形的V領，脇邊到下襬沒有特別變化的基本款T恤。領圍的部分是拉伸著領圍布邊車縫的，因為布料的彈性不同，往內側收入的程度也會不同。

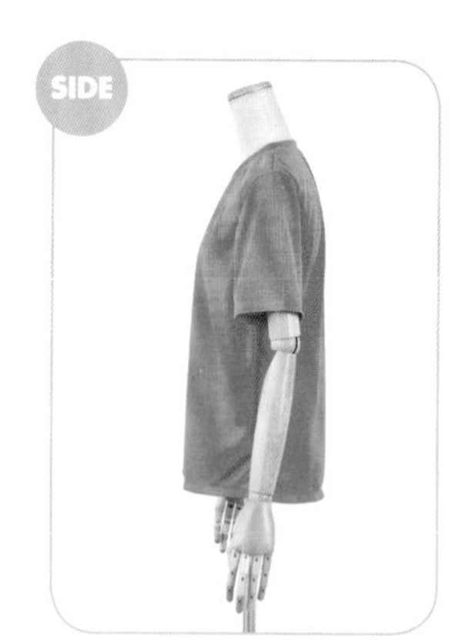
SIDE

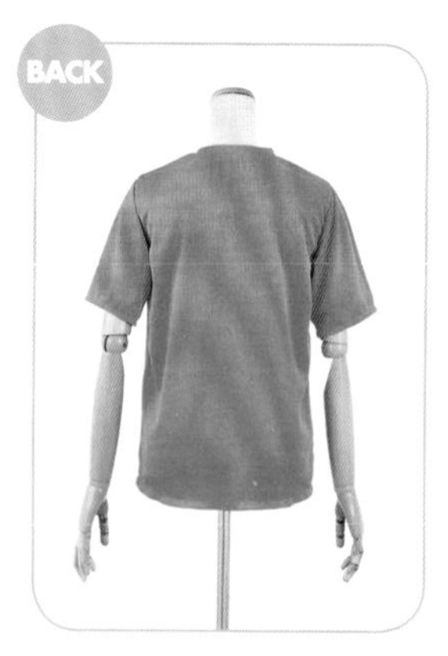
BACK

Pattern	クレイワークス
How to make	▸▸ P.80
布料提供	キャラヌノ

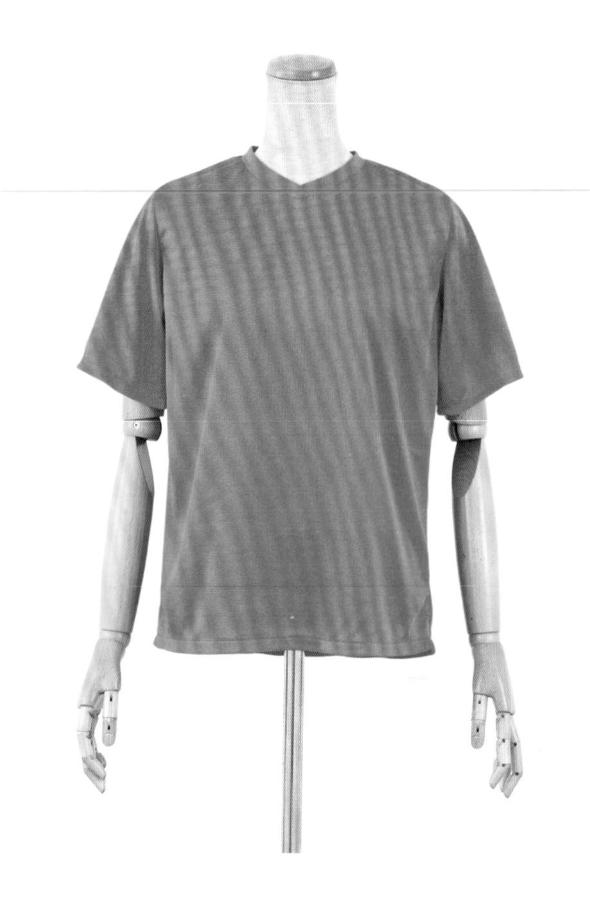

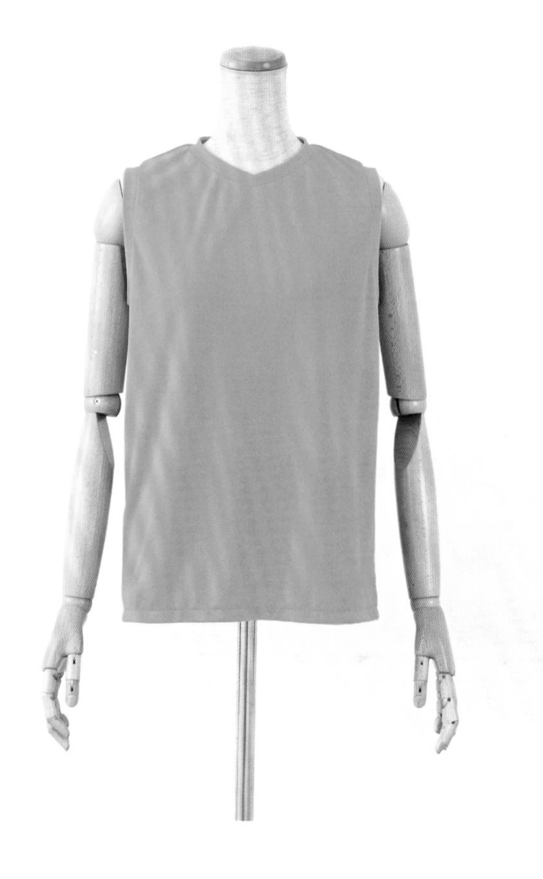

坦克背心

Tank-top

領圍部分和T恤一樣，只是不接袖子，袖襱接上另外一塊布料。布料選用的是不易產生縐褶的針織布料，帶出門替換也不用擔心起縐。利用熱轉印燙上數字，也可當作運動員隊服。

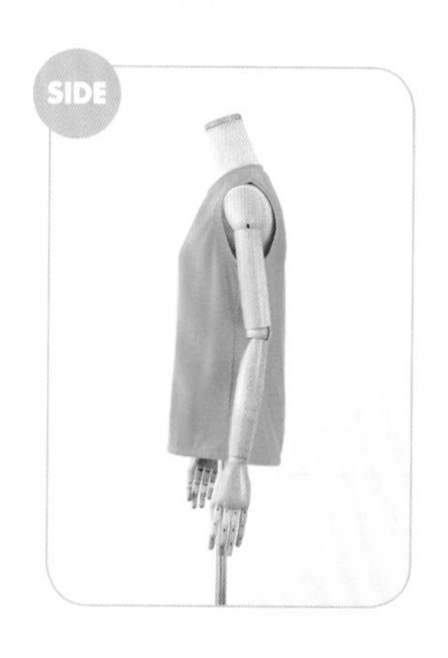
SIDE

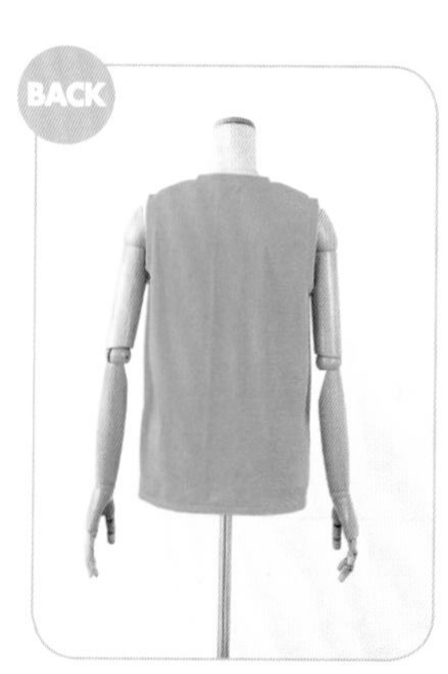
BACK

Pattern	クレイワークス
How to make	▸▸ P.80
布料提供	ユザワヤ

雙排釦外套

Double breasted jacket

也可當作成制服的西裝外套。前後片都有打褶，打造出俐落的窄板線條。後片作了後中心開叉，所以動作上很方便靈活。

Design	留衣工房
How to make	▸▸ P.34
布料提供	オカダヤ

SIDE

BACK

Illustration/miya

立領制服外套

Stand-up collar jacket

基本上與雙排釦外套相同，前片搭配立領作變化。材質選擇不易產生綿褶的化纖斜紋布料。搭配上銅釦，顯得很有學生氣息。

SIDE

BACK

Design	留衣工房
How to make	▸▸ P.85
布料提供	オカダヤ

領片反摺外套

Stand-up collar jacket

肩膀上有肩章，袖口則另接上袖口布，前片裝飾反摺領片，很適合當作軍裝的設計。反摺處有釦子可以將領子固定在前身片。外套款式的衣物若裝上墊肩，可使肩部線條俐落硬挺。

SIDE

BACK

Design	留衣工房
How to make	▸▸ P.86
生地提供	オカダヤ

Lesson 2

i 股上線較長的靴型褲 ▸▸ P.24

裁布圖

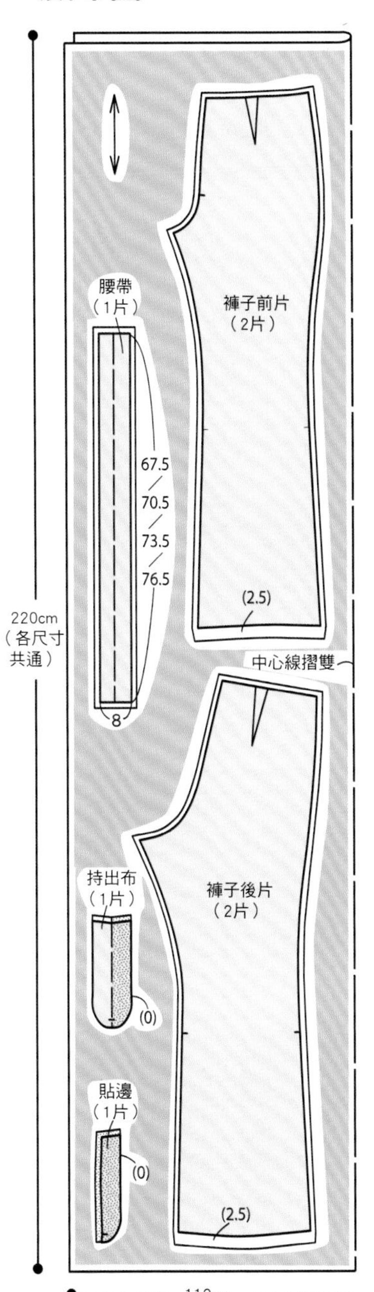
腰帶
（1片）
67.5
／
70.5
／
73.5
／
76.5
8
褲子前片
（2片）
(2.5)
220cm
（各尺寸
共通）
中心線摺雙
褲子後片
（2片）
持出布
（1片）
(0)
貼邊
（1片）
(0)
(2.5)
110cm

※從上開始為S／M／L／LL。
※（ ）內為縫份尺寸。
※除指定處之外，縫份皆為1cm。
※▭代表要貼黏著襯。

【原寸紙型】

紙型4面 i-1 褲子前片．i-2 褲子後片．i-3 貼邊．i-4 持出布

【完成尺寸】

由左開始 S／M／L／LL
腰圍 63.5／66.5／69.5／72.5cm
臀圍 88／91／94／97cm
褲長 103／104／105／107cm

【材料】

絲光卡其軍服布 110×220cm（各尺寸共通）
平織拉鍊 長度20cm 1條
黏著襯 20×25cm
3cm寬的腰帶襯 67.5／70.5／73.5／76.5cm
褲鉤 1組

製作順序

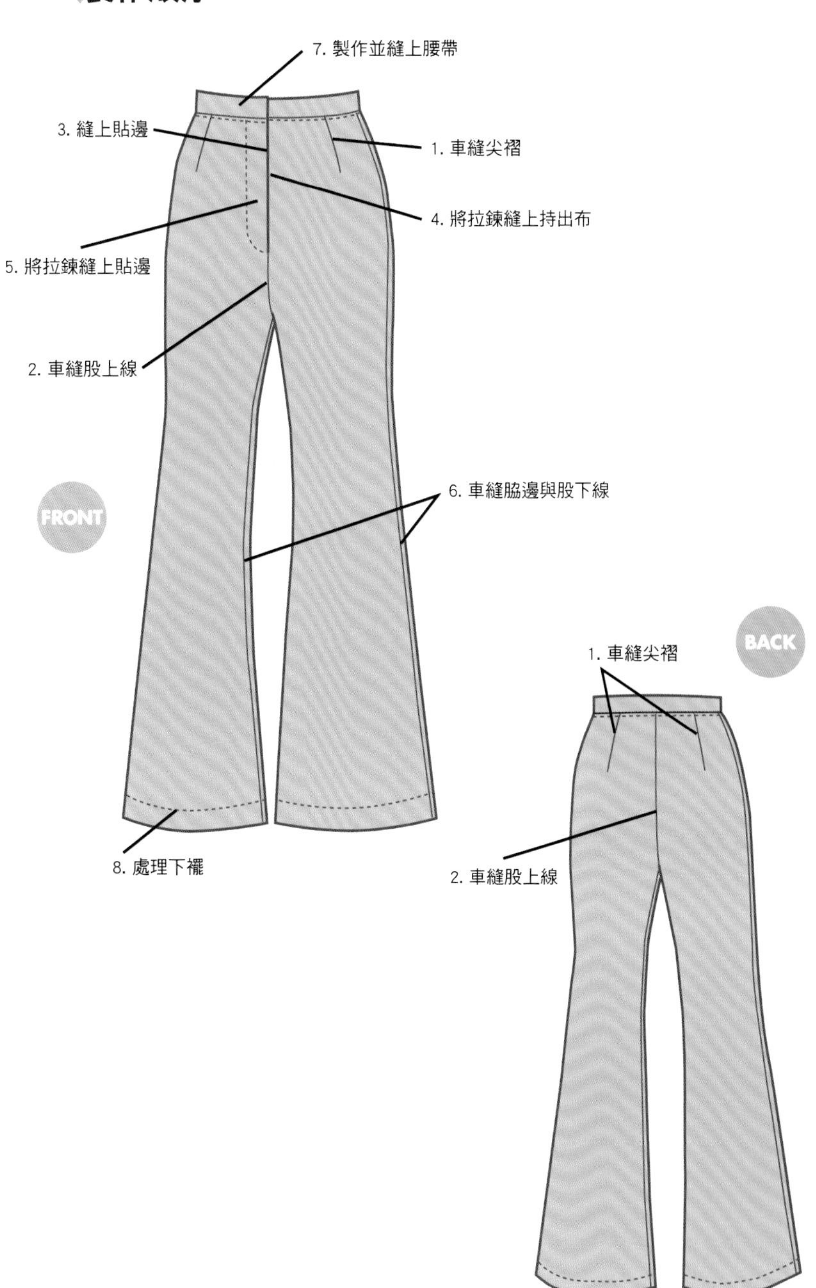
7. 製作並縫上腰帶
3. 縫上貼邊
1. 車縫尖褶
4. 將拉鍊縫上持出布
5. 將拉鍊縫上貼邊
2. 車縫股上線
FRONT
6. 車縫脇邊與股下線
8. 處理下襬
BACK
1. 車縫尖褶
2. 車縫股上線

1. 車縫尖褶

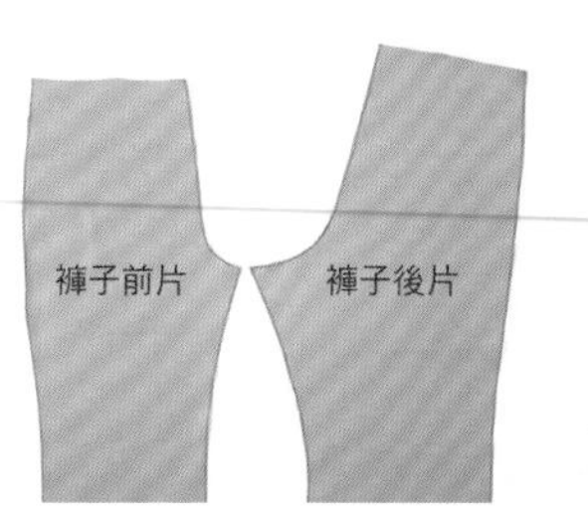

褲子前片
褲子後片

1 脇邊、股上線、股下線的縫份進行Z字形車縫。

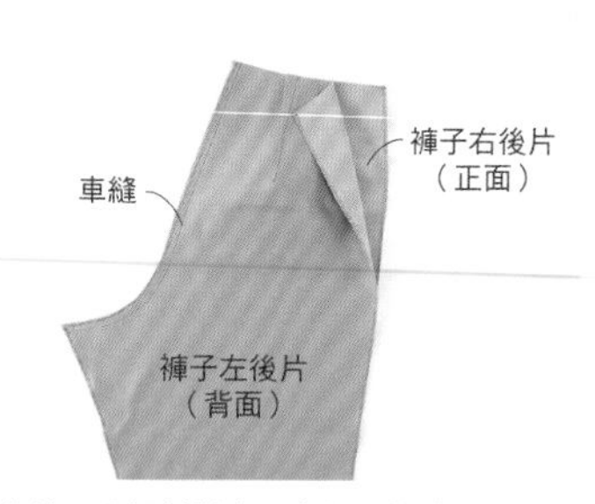

拆掉
2至3針
縫線
車縫
車縫
褲子前片（背面）
褲子後片（背面）

2 車縫褲子前後片尖褶。尖褶的止縫處縫線連在一起的部分拆掉2至3針。將線頭留得長一些，打結固定。尖褶倒向中心側。

2. 車縫股上線

車縫
褲子右後片
（正面）
褲子左後片
（背面）

1 褲子後片正面相對對齊，車縫股上線。

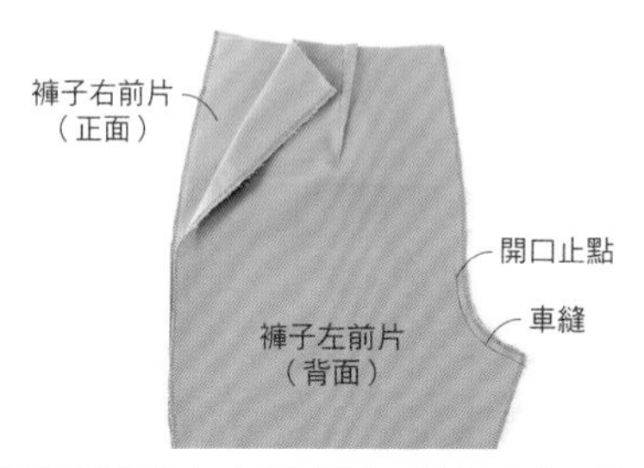

2 於同一處再車縫一次，燙開縫份。
※為便於說明圖中的壓布腳已拆掉。

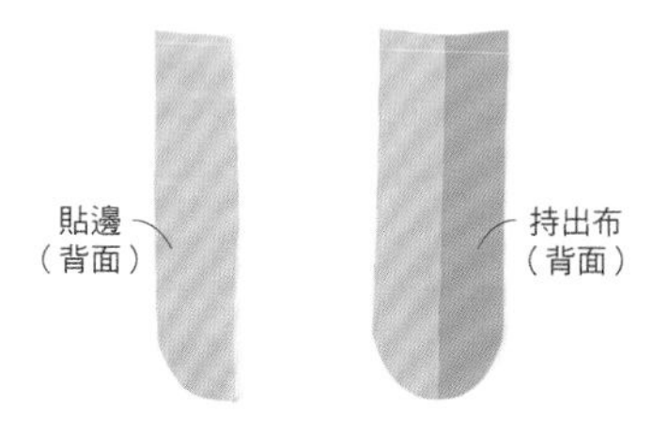

褲子右前片
（正面）
開口止點
車縫
褲子左前片
（背面）

3 褲子前片的布料正面相對，車縫股上線至開口止點。褲子後片則依照相同的方法再車縫一次，燙開縫份。

3. 縫上貼邊

貼邊
（背面）
持出布
（背面）

1 貼邊與持出布的背面貼上黏著襯。

貼邊（背面）

2 以Z字形車縫處理貼邊的布邊。

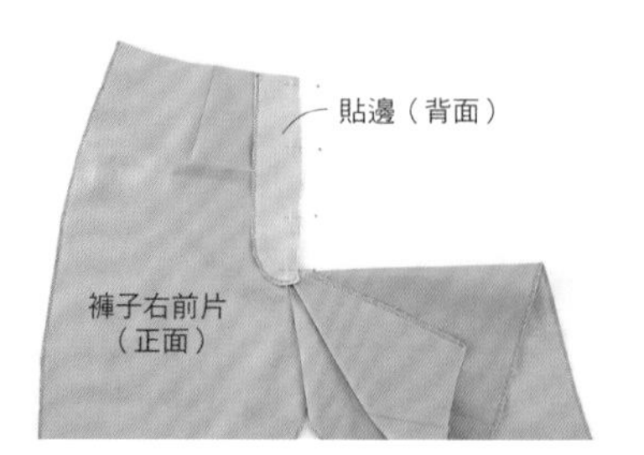

貼邊（背面）
褲子右前片
（正面）

3 貼邊與褲子右前片正面相對之後，以珠針固定。

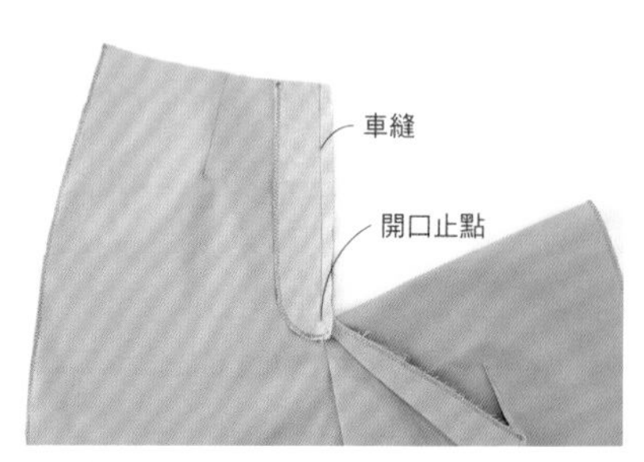

車縫
開口止點

4 沿完成線車縫到開口止點。

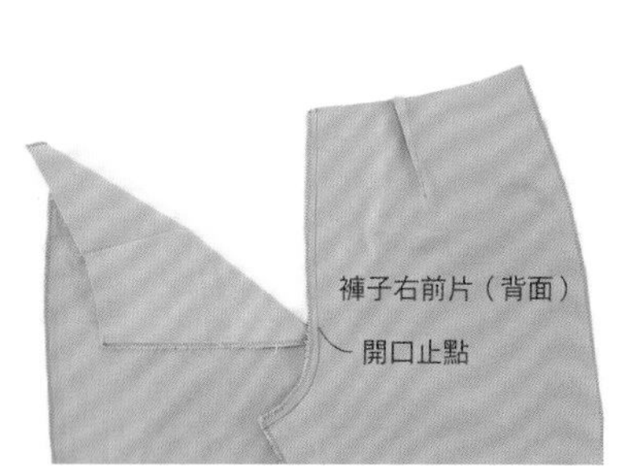

褲子右前片（背面）
開口止點

5 從背面看縫線連成一直線。

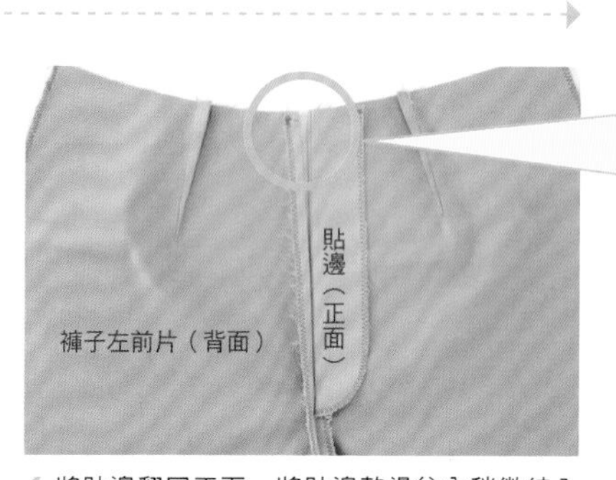

貼邊（正面）
褲子左前片（背面）

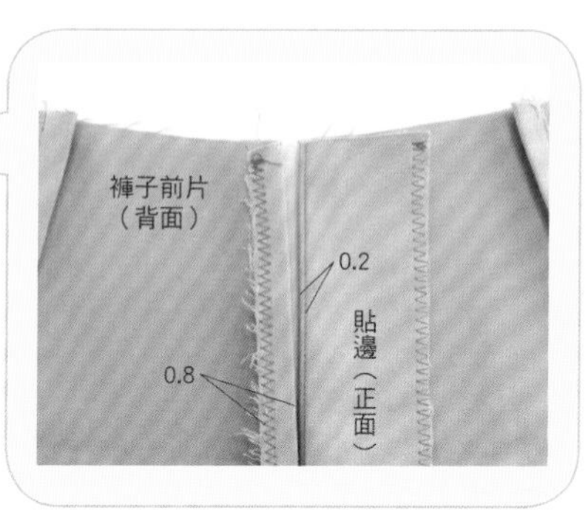

褲子前片
（背面）
0.2
貼邊（正面）
0.8

6 將貼邊翻回正面，將貼邊整燙往內稍微縮入0.2cm（參閱P.40）。將另一側的縫份摺入0.8cm。

4. 將拉鍊縫上持出布

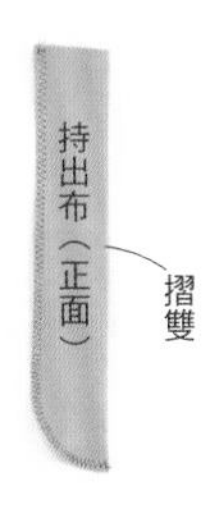

持出布（正面）
摺雙

1 持出布正面朝外對摺，兩片一起進行Z字形車縫。

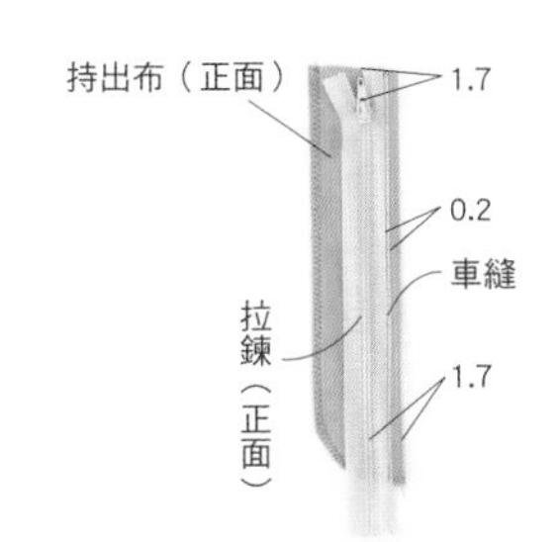

持出布（正面）
1.7
0.2
車縫
拉鍊（正面）
1.7

2 拉鍊上止處對齊持出布的上緣往下1.7cm的位置，將右側的拉鍊布縫到持出布上。

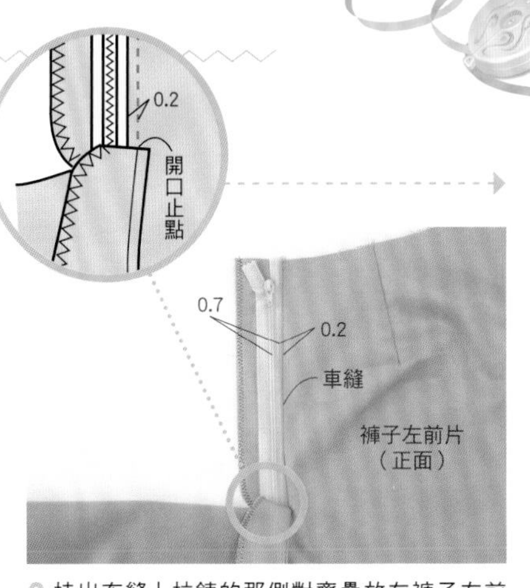

0.2
開口止點
0.7
0.2
車縫
褲子左前片（正面）

3 持出布縫上拉鍊的那側對齊疊放在褲子左前片，車縫到開口止點。

5. 將拉鍊縫上貼邊

褲子前片（正面）

1 拉起拉鍊，對齊褲子左右前片的完成線以珠針固定好。

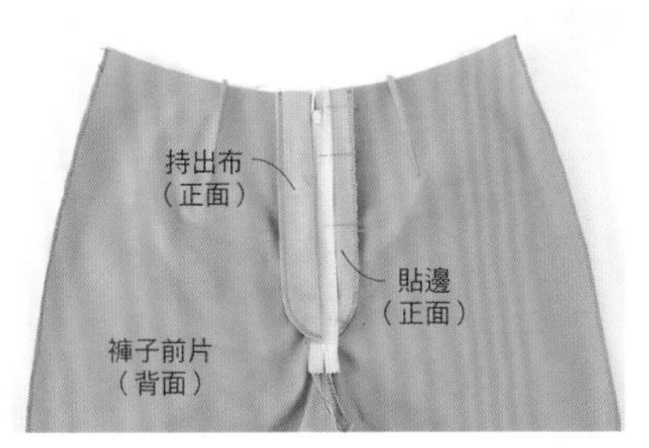

持出布（正面）
貼邊（正面）
褲子前片（背面）

2 以珠針將拉鍊固定在貼邊上，小心不要連同前片也一起別住了。

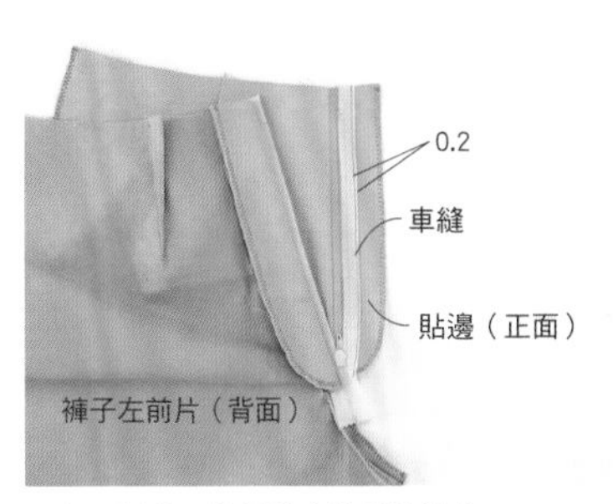

0.2
車縫
貼邊（正面）
褲子左前片（背面）

3 打開拉鍊，將拉鍊車縫到貼邊上。

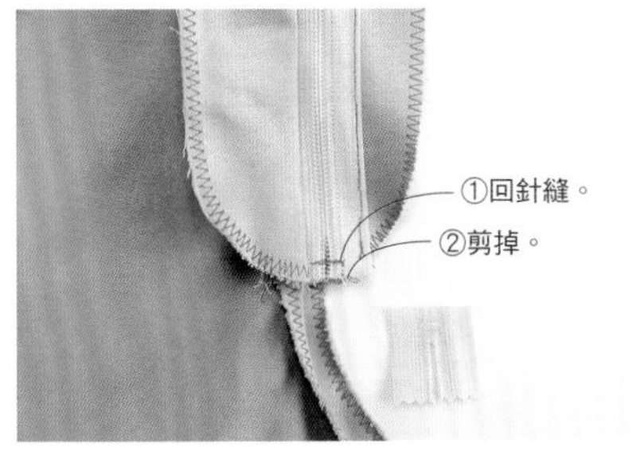

①回針縫。
②剪掉。

4 將拉鍊多餘的地方剪掉，剪掉前先回針縫固定，避免拉鍊綻開。

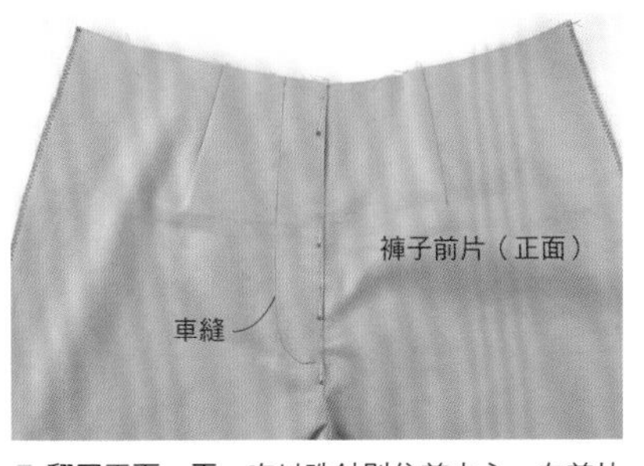

褲子前片（正面）
車縫

5 翻回正面，再一次以珠針別住前中心，在前片壓縫貼邊的裝飾線，小心不要縫到持出布。

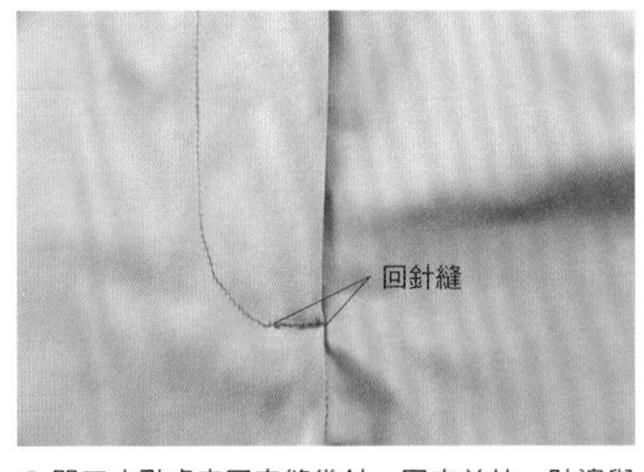

回針縫

6 開口止點處來回車縫幾針。固定前片、貼邊與持出布。

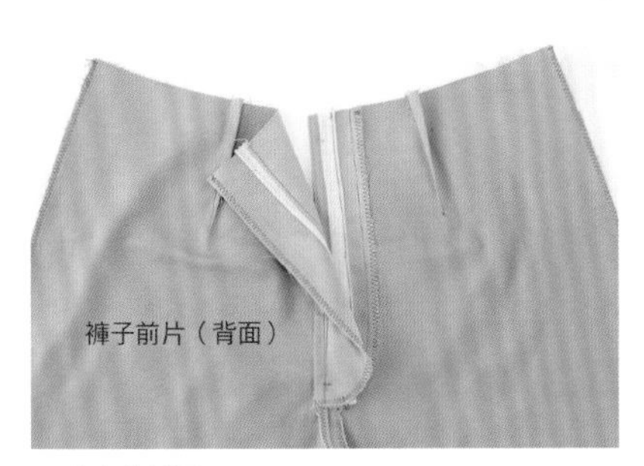

褲子前片（背面）

7 縫上拉鍊了。

6. 車縫脇邊與股下線

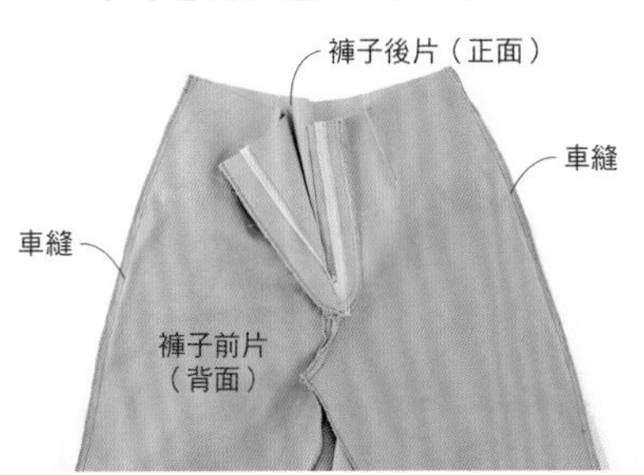

褲子後片（正面）
車縫
車縫
褲子前片（背面）

1 褲子前後片正面相對對齊，車縫脇邊。燙開縫份。

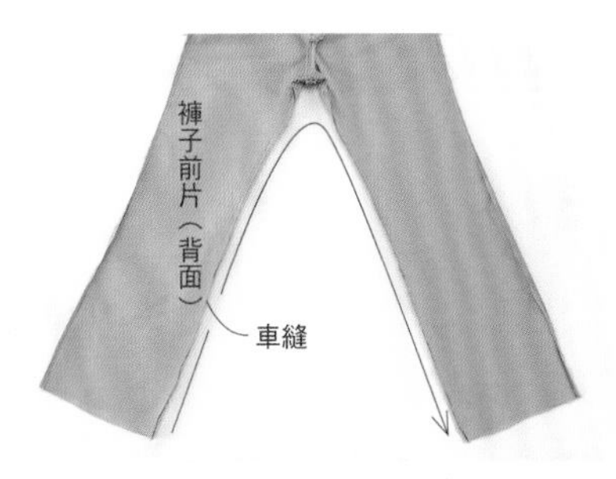

褲子前片（背面）
車縫

2 褲子前後片正面相對對齊，車縫股下線。燙開縫份。

7. 製作&縫上腰帶

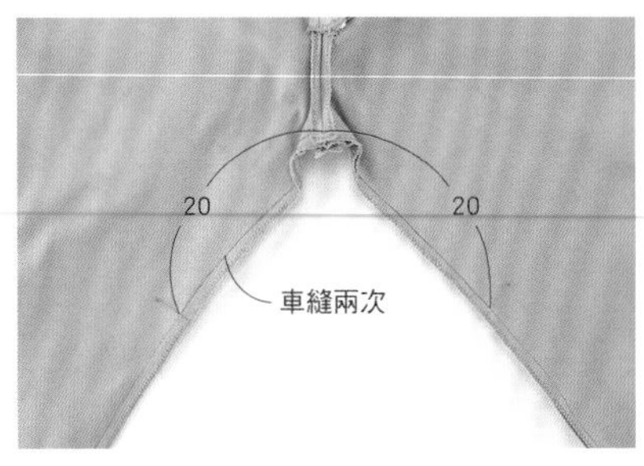
20
20
車縫兩次

3 股下線要從中心點往兩側車縫20cm，車縫兩次。

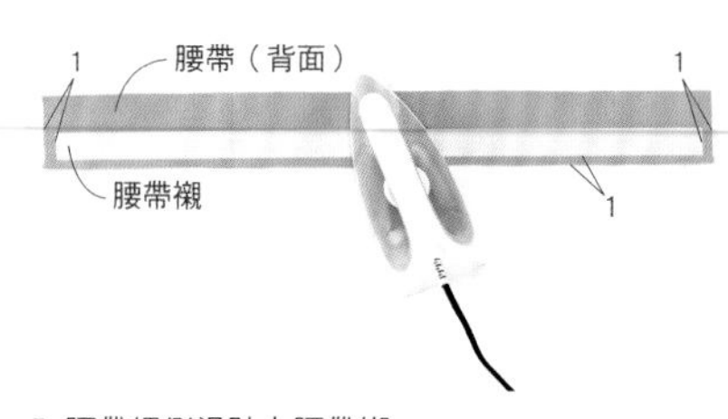
1
腰帶（背面）
1
腰帶襯
1

1 腰帶裡側邊貼上腰帶襯。

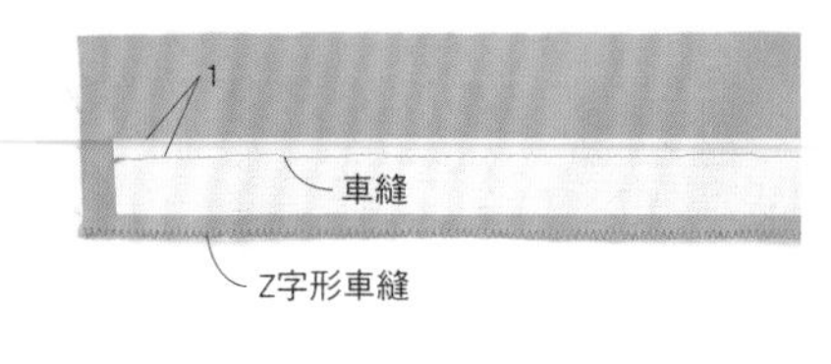
1
車縫
Z字形車縫

2 腰帶一側以Z字形車縫處理布邊。

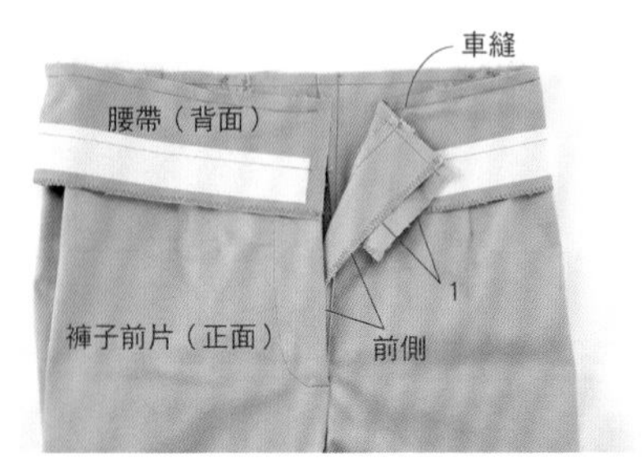
車縫
腰帶（背面）
1
褲子前片（正面）
前側

3 褲子與腰帶正面相對對齊（以Z字形車縫處理布邊的一側朝下），兩側縫份1cm從前側突出固定，車縫完成線。

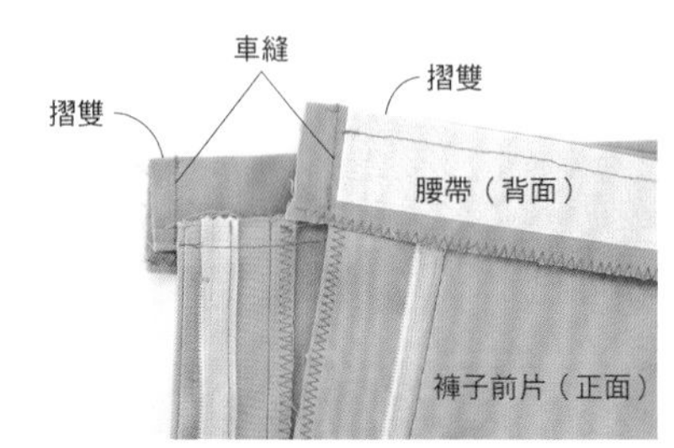
車縫
摺雙
摺雙
腰帶（背面）
褲子前片（正面）

4 腰帶布料正面相對，對摺，車縫前側。

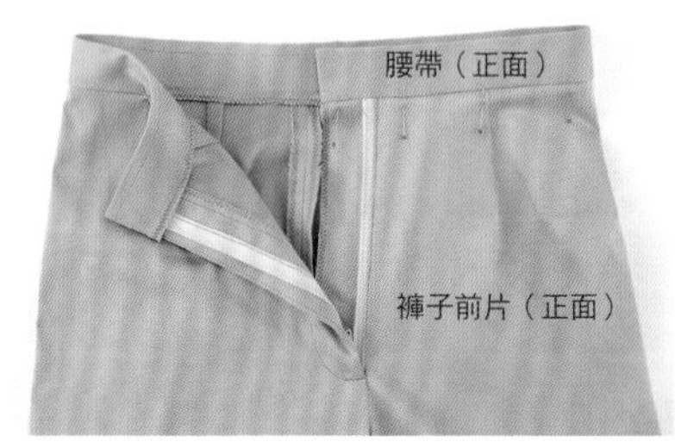
腰帶（正面）
褲子前片（正面）

5 腰帶布翻回正面，以珠針固定。

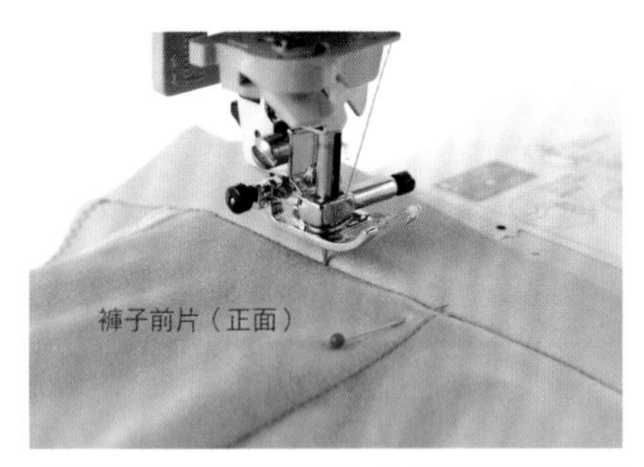
褲子前片（正面）

6 從正面在腰帶與褲子接合處（步驟7的**3**的縫線位置）進行落機縫。

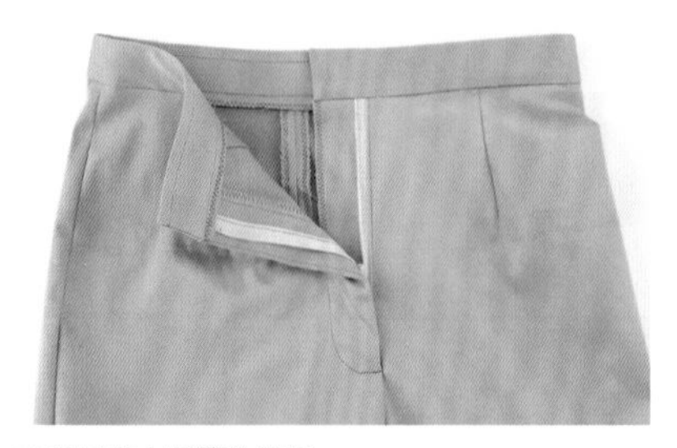

7 褲子縫上腰帶的樣子。

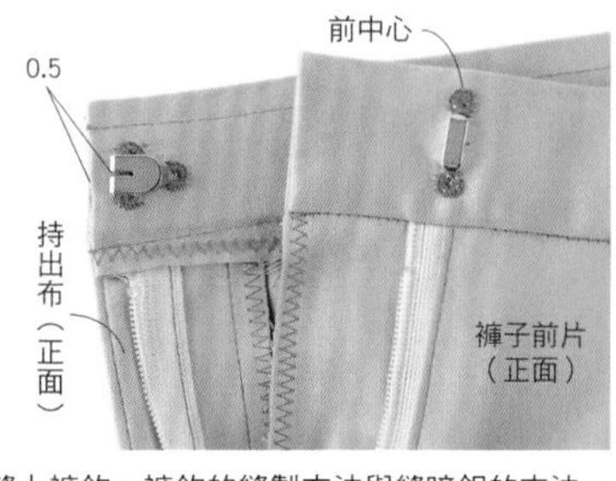
前中心
0.5
持出布（正面）
褲子前片（正面）

8 縫上褲鉤。褲鉤的縫製方法與縫暗釦的方法一樣。（請參閱P.62）

8. 處理下襬

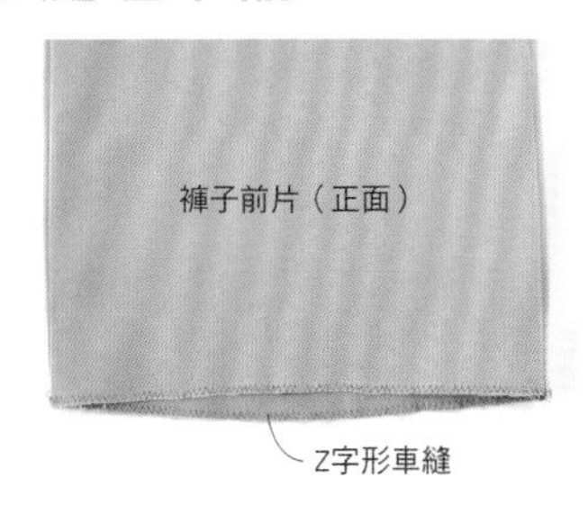
褲子前片（正面）
Z字形車縫

1 下襬進行Z字形車縫。

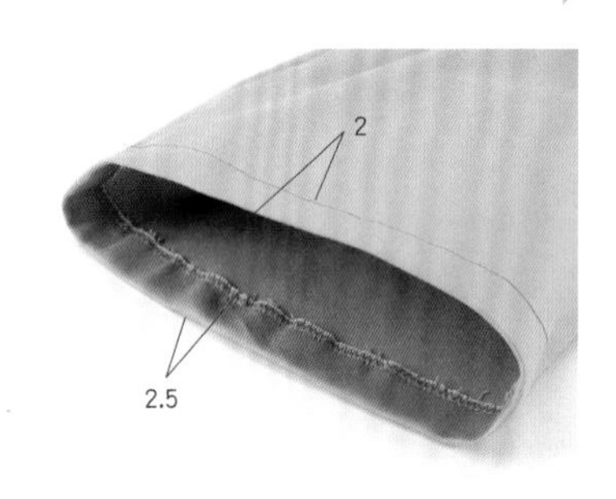
2
2.5

2 下襬依完成線往上摺，車縫固定。

完成

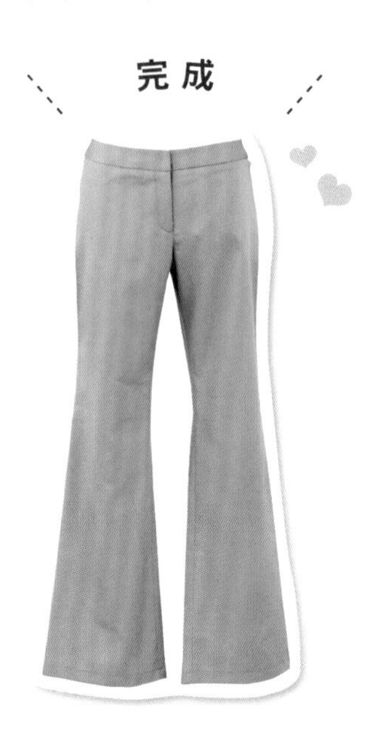

Point
Lesson

j 股上線較短的靴型褲 ▸▸ P.24

裁布圖

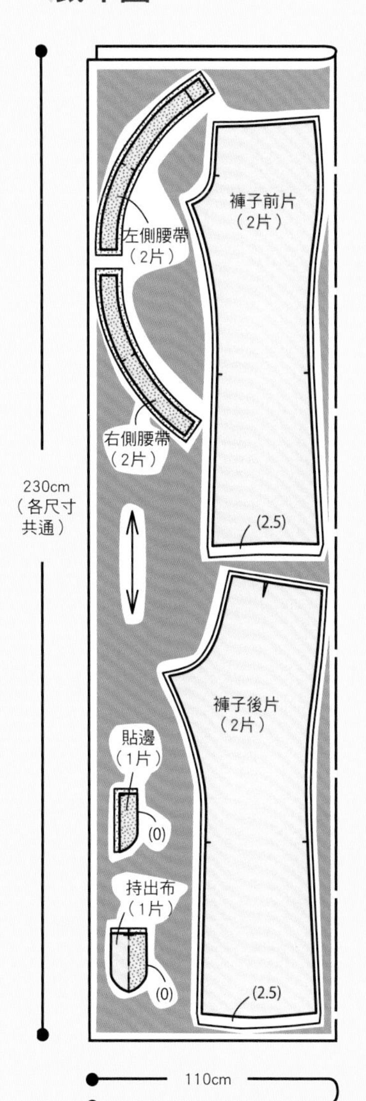
左側腰帶
（2片）
褲子前片
（2片）
右側腰帶
（2片）
230cm
（各尺寸
共通）
(2.5)
褲子後片
（2片）
貼邊
（1片）
(0)
持出布
（1片）
(0)
(2.5)
110cm

※從上開始為S／M／L／LL。
※（　）內為縫份尺寸。
※除指定處之外，縫份皆為1cm。
※▭代表要貼黏著襯。

｛原寸紙型｝

紙型4面　j-1 褲子前片・j-2 褲子後片・j-3 貼邊・j-4 持出布・j-5 右側腰帶・j-6 左側腰帶

｛完成尺寸｝

由左開始 S／M／L／LL
腰圍　72／75／78／81cm
臀圍　87／91／94／97cm
褲長　94.5／95.5／96.5／97.5cm

｛材料｝

斜紋布　110×230cm（各尺寸共通）
平織拉鍊　長度20cm 1條
黏著襯　90×100cm
褲鉤 1組

製作順序

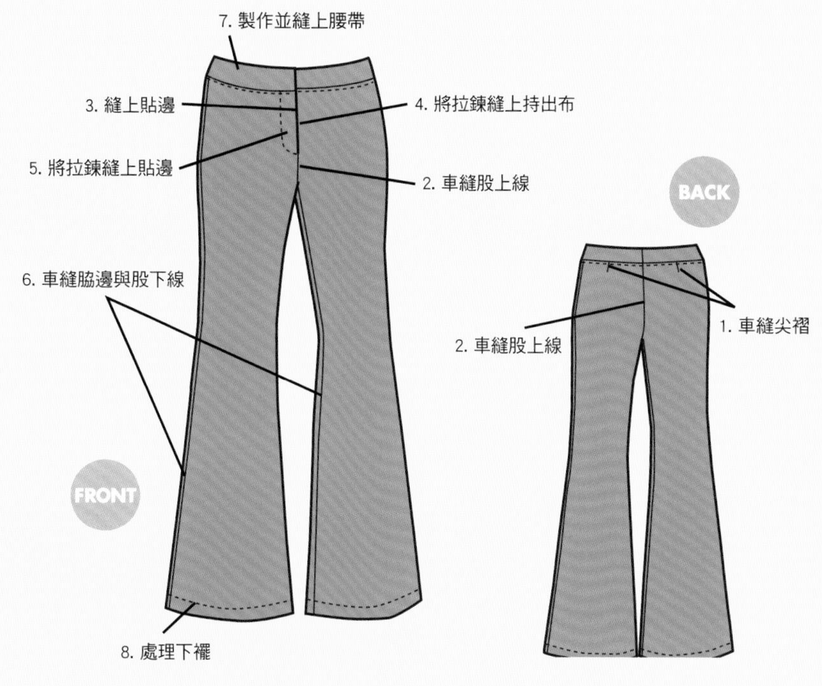
7. 製作並縫上腰帶
3. 縫上貼邊
4. 將拉鍊縫上持出布
5. 將拉鍊縫上貼邊
2. 車縫股上線
BACK
6. 車縫脇邊與股下線
1. 車縫尖褶
2. 車縫股上線
FRONT
8. 處理下襬

※步驟1至6、8請參閱P.30至P.32。褲子前片不用車縫尖褶。

縫上腰帶的方法

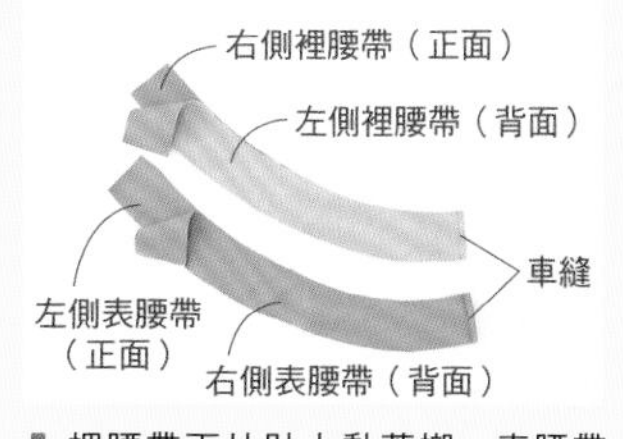
右側裡腰帶（正面）
左側裡腰帶（背面）
車縫
左側表腰帶
（正面）
右側表腰帶（背面）

1 裡腰帶兩片貼上黏著襯。表腰帶與裡腰帶各自正面相對對齊，車縫後中心線，燙開縫份。

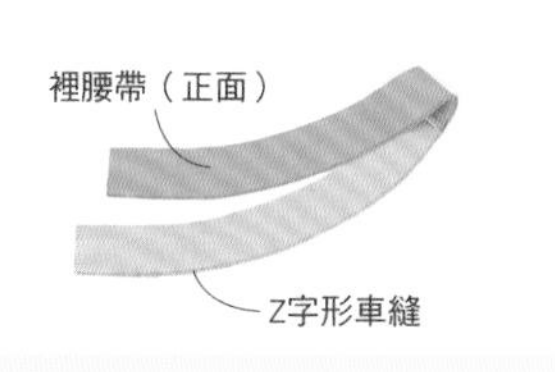
裡腰帶（正面）
Z字形車縫

2 裡腰帶的下緣進行Z字形車縫。

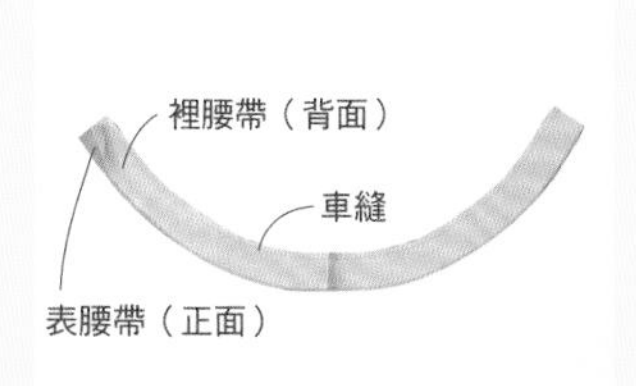
裡腰帶（背面）
車縫
表腰帶（正面）

3 表腰帶與裡腰帶正面相對對齊，車縫上緣。

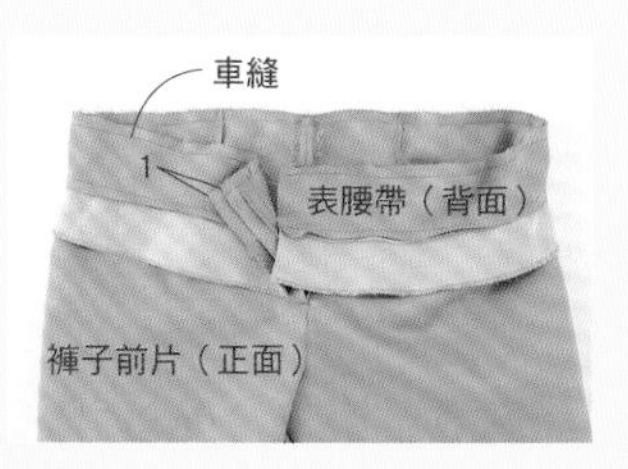
車縫
1
表腰帶（背面）
褲子前片（正面）

4 表腰帶與褲子正面相對對齊，車縫。縫份倒向腰帶側。

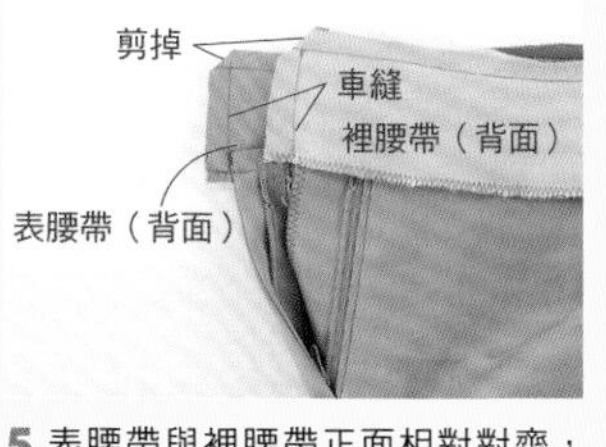
剪掉
車縫
裡腰帶（背面）
表腰帶（背面）

5 表腰帶與裡腰帶正面相對對齊，車縫前側。剪掉直角處。

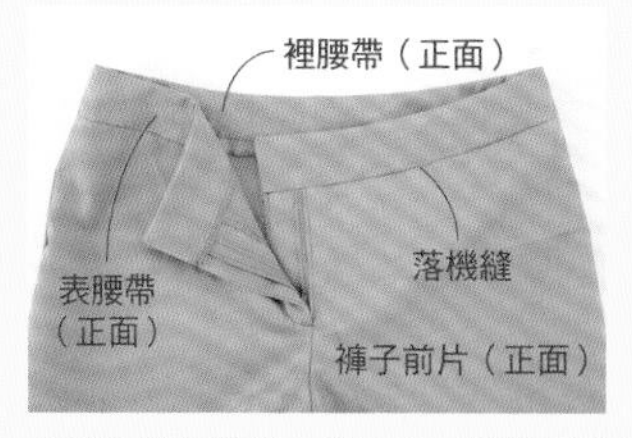
裡腰帶（正面）
表腰帶
（正面）
落機縫
褲子前片（正面）

6 翻回正面整燙，與P.32一樣進行落機縫。

Step2 ▸ Boys

Lesson 3

雙排釦外套 ▸▸ P.27

裁布圖

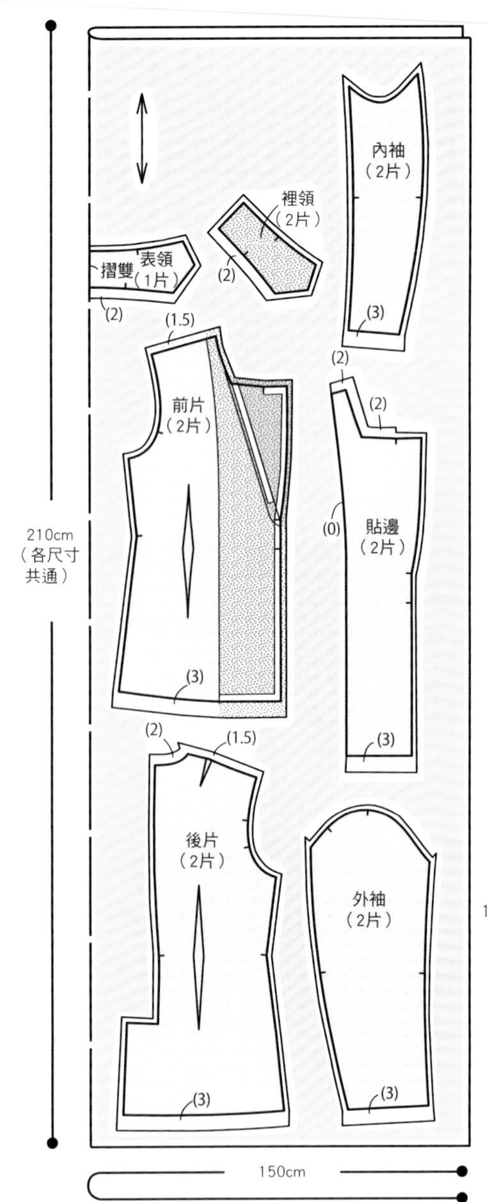
內袖
（2片）
裡領
（2片）
摺雙
表領
（1片）
(2)
(3)
(1.5)
前片
（2片）
貼邊
（2片）
(0)
210cm
（各尺寸
共通）
後片
（2片）
外袖
（2片）
150cm

※（　）內為縫份尺寸。
※除指定處之外，縫份皆為1cm。
※▨代表要貼黏著襯。
※▭代表要增襯。
※▭代表要貼止伸襯布條。

【原寸紙型】

紙型5面　o-1 前片．o-2 後片．o-3 外袖．o-4 內袖．o-5 貼邊、o-6 表領．o-7 裡領

【完成尺寸】

由左開始 S／M／L／LL
胸圍　92.5／95.5／98.5／101.5cm
腰圍　84／87／90／93cm
衣長　69／70／71／72cm

【材料】

化纖斜紋布　150×210cm（各尺寸共通）
黏著襯　60×80cm
1.2cm寬的止伸襯布條 220cm
直徑2.1cm 鈕釦 6個
直徑1cm 暗釦 1組
墊肩 1組

製作順序

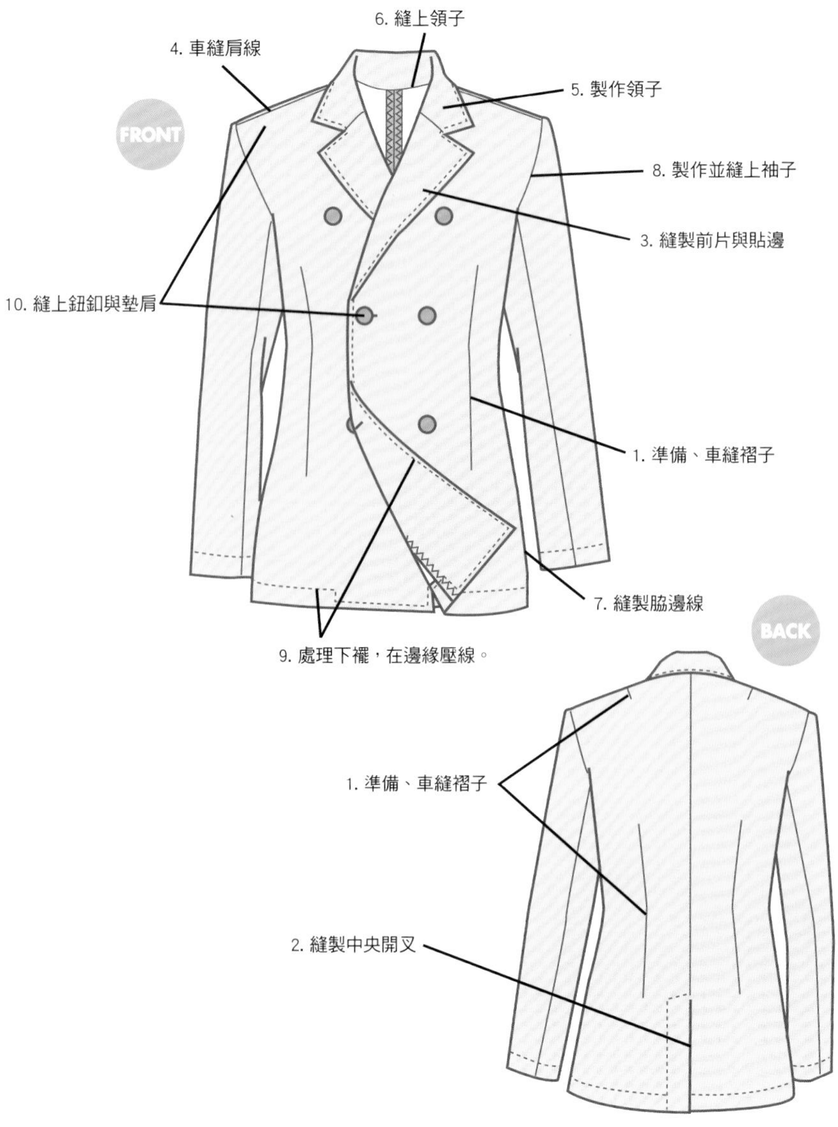
FRONT
6. 縫上領子
4. 車縫肩線
5. 製作領子
8. 製作並縫上袖子
3. 縫製前片與貼邊
10. 縫上鈕釦與墊肩
1. 準備、車縫褶子
7. 縫製脇邊線
9. 處理下襬，在邊緣壓線。
BACK
1. 準備、車縫褶子
2. 縫製中央開叉

1. 準備＆車縫褶子

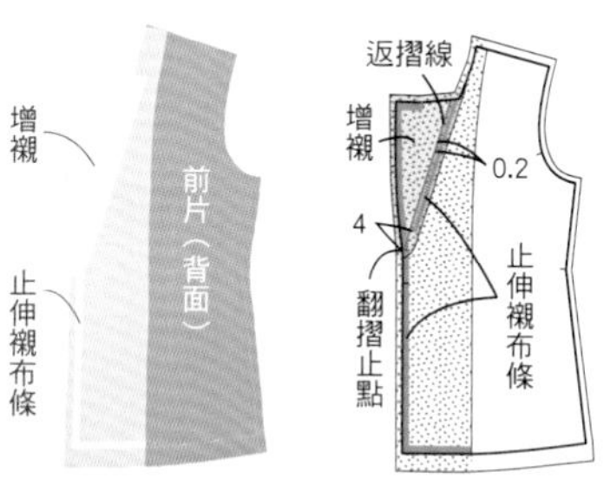
增襯
前片（背面）
止伸襯布條
返摺線
增襯
0.2
4
翻摺止點
止伸襯布條

1 於前片背面貼上黏著襯。另外再重疊貼上黏著襯及止伸襯布條。

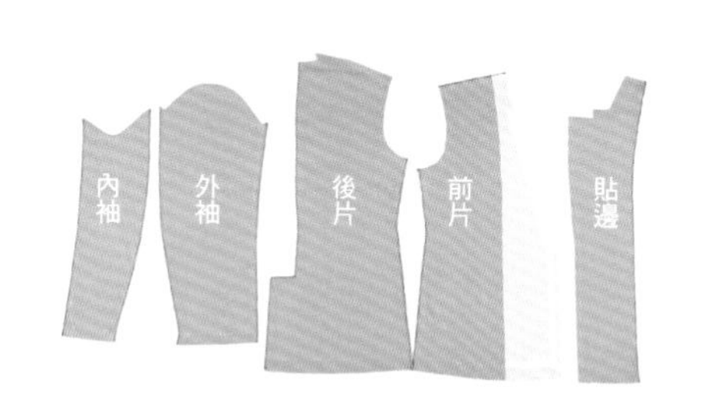
內袖
外袖
後片
前片
貼邊

2 前片的肩線．脇邊線及後片的後中心線．脇邊線還有袖子兩端的縫份，及貼邊的布邊都要進行Z字形車縫。

前片（背面）
車縫

3 車縫前片的褶子（請參閱P.30的**1-2**），褶子倒向前中心側。

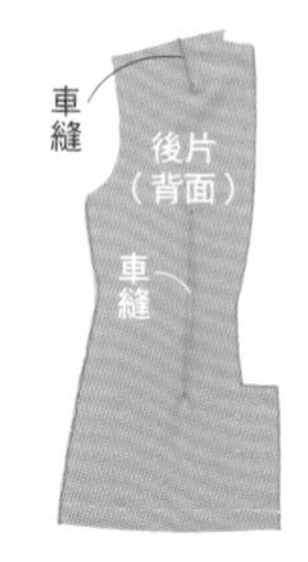
車縫
後片（背面）
車縫

4 車縫後片的肩線與腰圍的褶子。褶子分別倒向後中心側。（請參閱P.30的**1-2**）

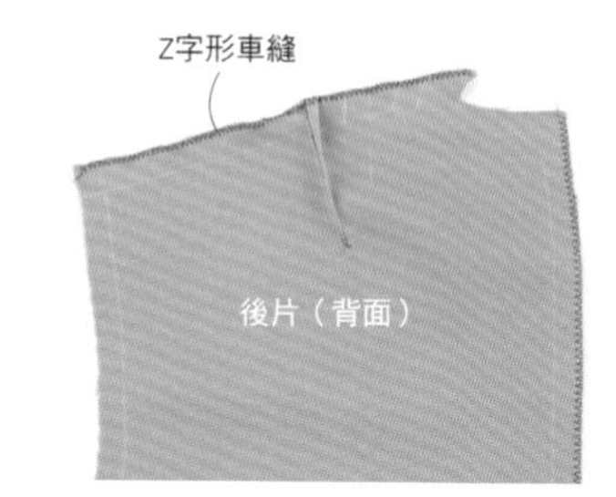
Z字形車縫
後片（背面）

5 後片的肩線縫份進行Z字形車縫。

2. 縫製中央開叉

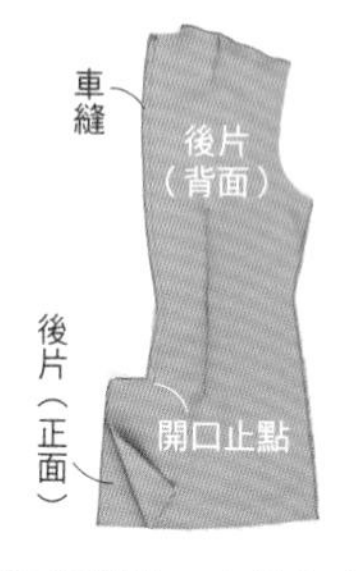
車縫
後片（背面）
後片（正面）
開口止點

1 後片布料正面朝內，車縫後中心線到開口止點。

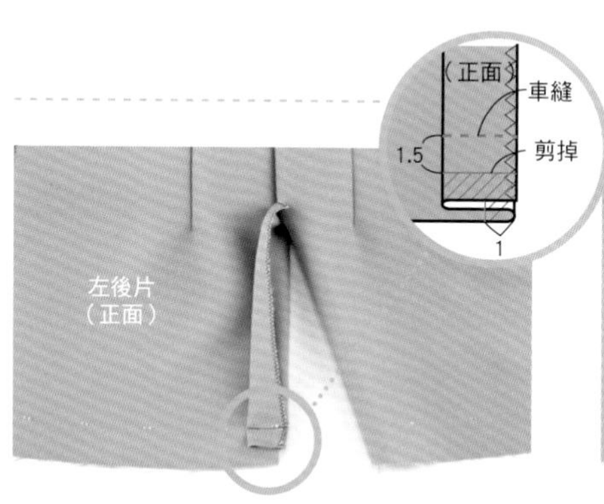
（正面）
車縫
1.5
剪掉
1
左後片（正面）

2 摺疊左後片的後中心下襬，沿著完成線車縫。剪掉多餘的縫份。

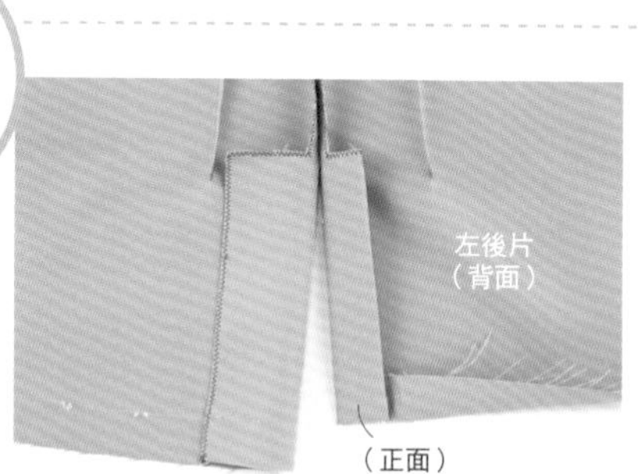
左後片（背面）
（正面）

3 左後片下襬翻回正面，整理摺角。

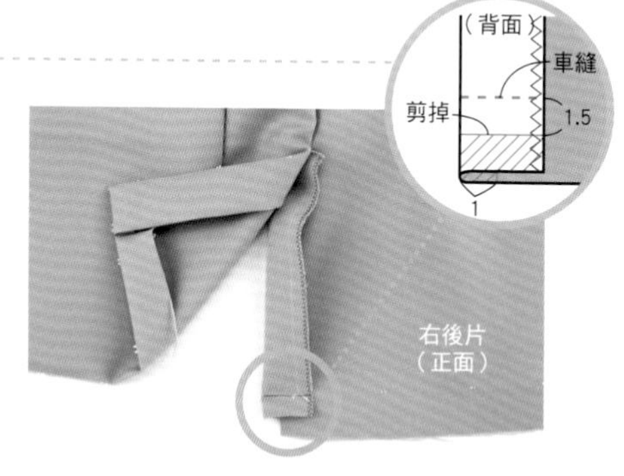
（背面）
車縫
剪掉
1.5
1
右後片（正面）

4 右後片的下襬布料正面相對對摺，沿著完成線車縫。剪掉多餘的縫份。

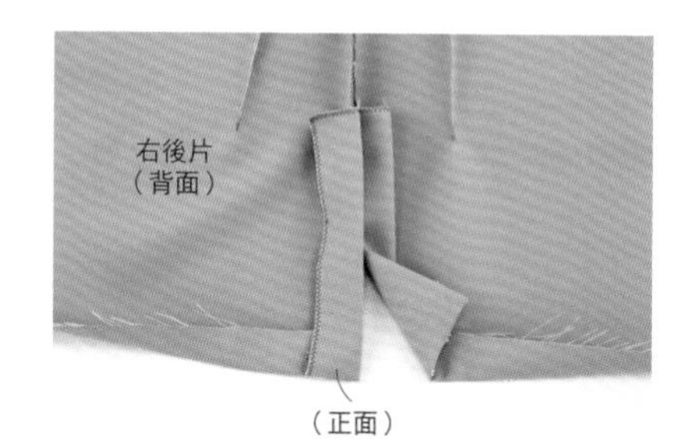
右後片（背面）
（正面）

5 右後片的下襬翻回正面整燙。

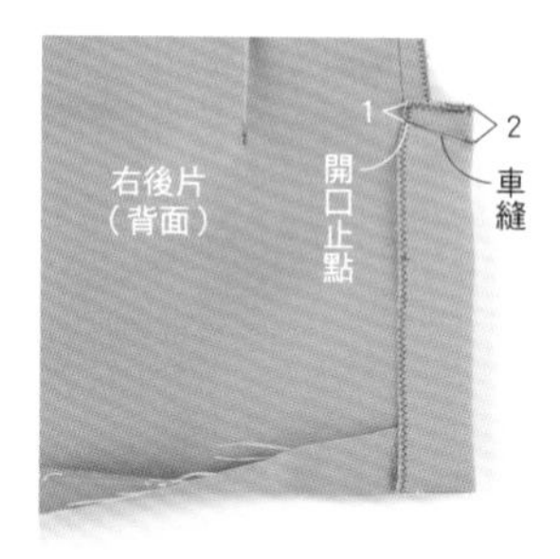
右後片（背面）
開口止點
1
2
車縫

6 重疊左右的開叉，從開口止點車縫到邊緣。

左後片（背面）

7 燙開後中心線的縫份。後中心開叉倒向左後片側，熨燙固定。

3. 縫製前片＆貼邊

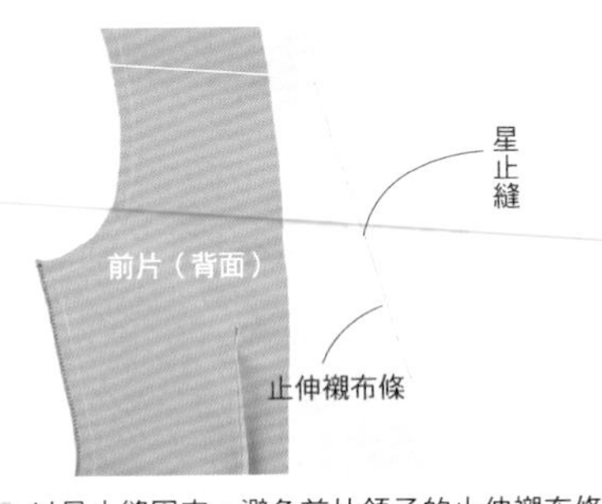
星止縫
前片（背面）
止伸襯布條

1 以星止縫固定，避免前片領子的止伸襯布條脫落。（請參閱P.23）

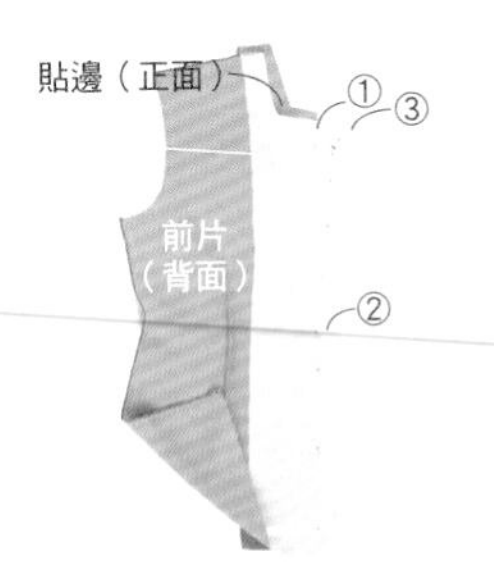
貼邊（正面）
①
③
前片（背面）
②

2 前片與貼邊布料正面相對對齊，以珠針依照順序在①接領止點 、②翻摺止點及③領口固定，貼邊留鬆份固定在領口上。

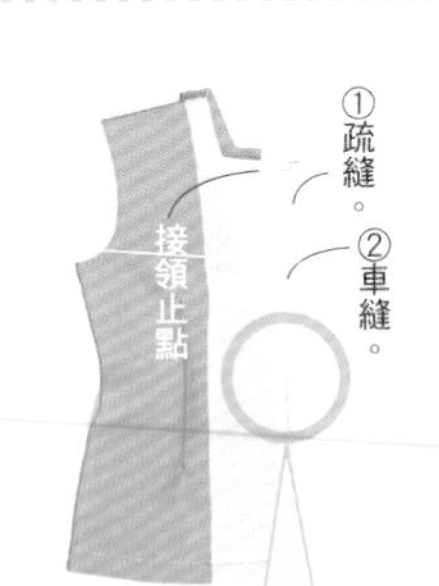
①疏縫。
接領止點
②車縫。

3 疏縫，從接領止點開始車縫到下襬。

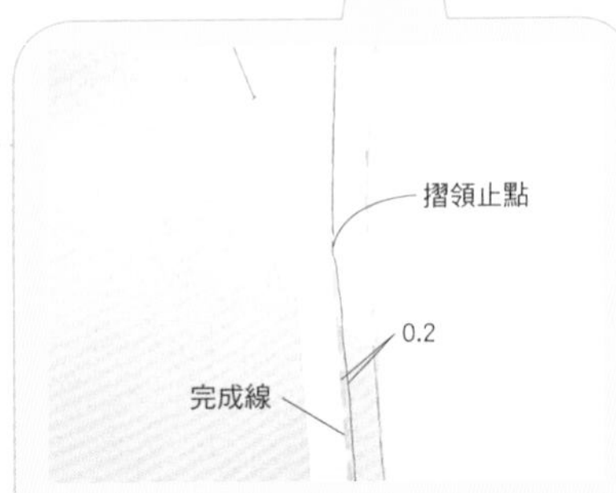
摺領止點
0.2
完成線

沿著完成線，從接領止點車縫到摺領止點。從摺領止點到下襬處這一段則車縫在完成線外側0.2cm處。

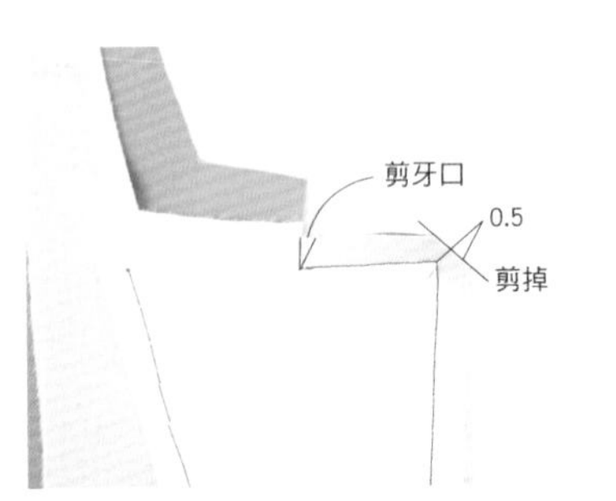
剪牙口
0.5
剪掉

4 在接領止點剪牙口，塗上防綻液，剪掉領口處的直角。

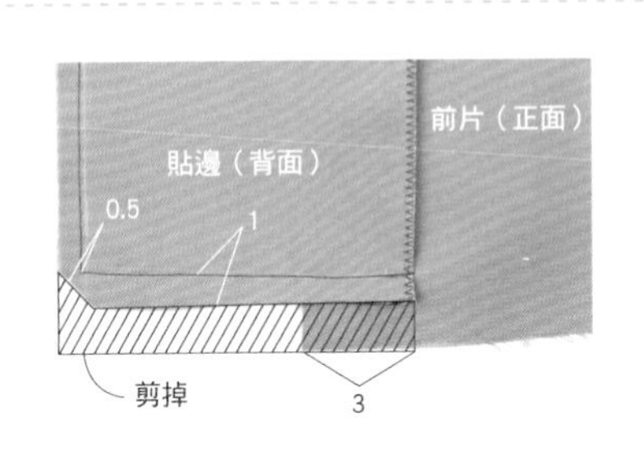
前片（正面）
貼邊（背面）
0.5
1
剪掉
3

5 修剪下襬多餘的縫份。抽掉疏縫線。

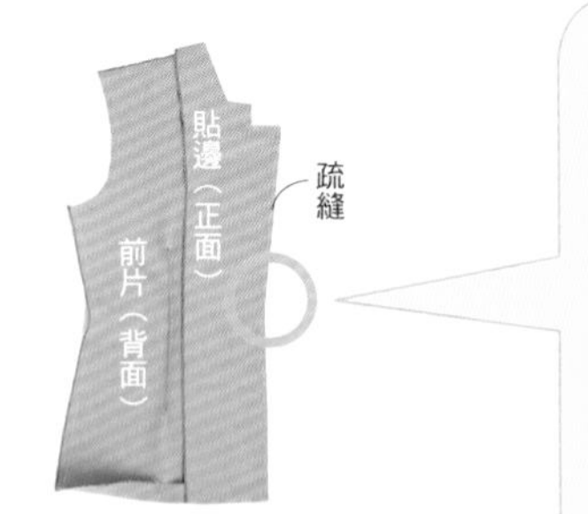
貼邊（正面）
前片（背面）
疏縫

6 貼邊翻回正面，以熨斗燙整形狀，進行疏縫。

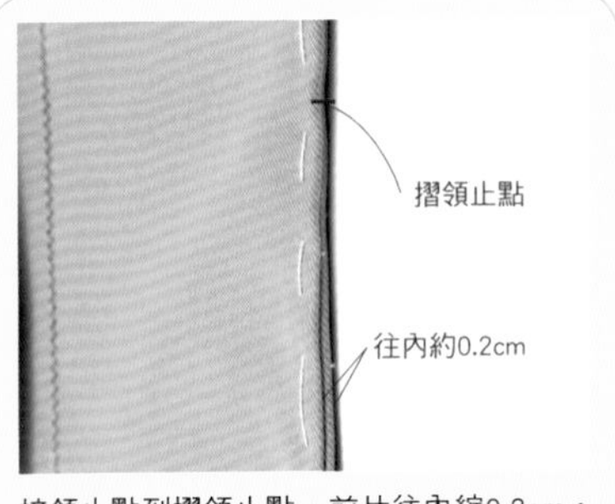
摺領止點
往內約0.2cm

接領止點到摺領止點，前片往內縮0.2cm，而從摺領止點到下襬這一段，則是讓貼邊往內縮0.2cm。

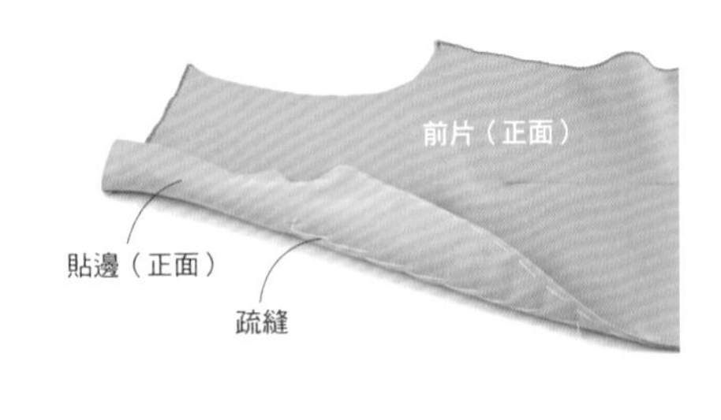
前片（正面）
貼邊（正面）
疏縫

7 將領子依着摺領線反摺，在摺領線外側疏縫。

貼邊（背面）
疏縫
前片（正面）

8 貼邊與前片疊在一起，於領圍縫份處疏縫。

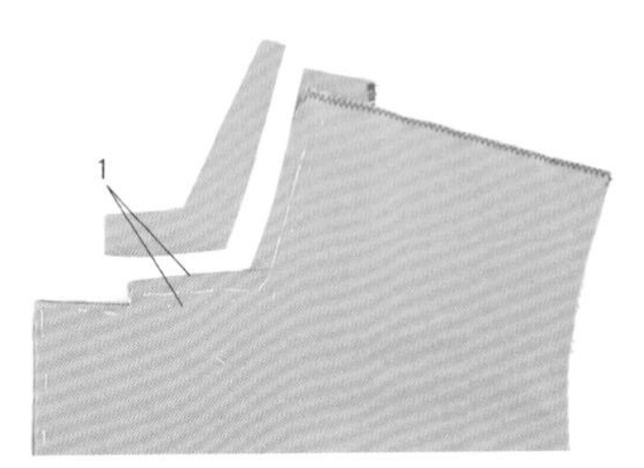
1

9 修剪領圍的縫份至1cm。

4. 縫製肩線

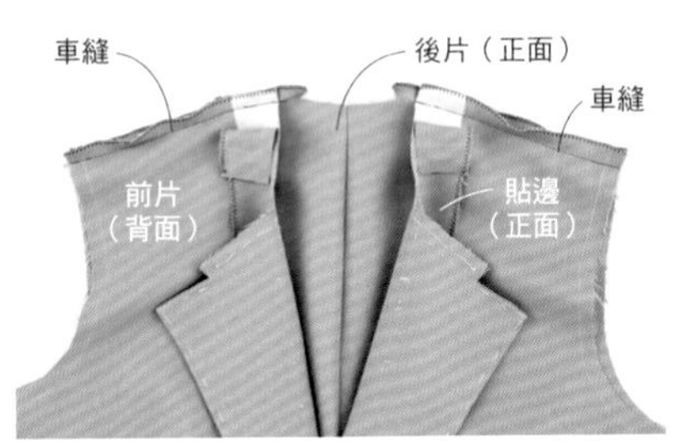
車縫
後片（正面）
車縫
前片（背面）
貼邊（正面）

1 前片與後片布料正面相對，車縫肩線，請小心不要將貼邊也一起縫進去。車縫之後燙開縫份。

5. 製作領子

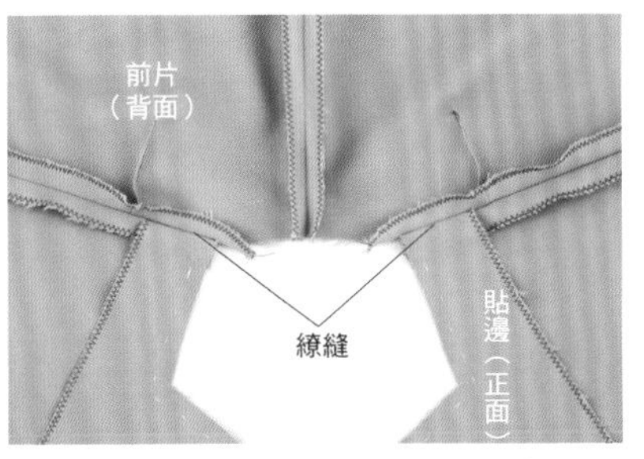
前片
（背面）
綠縫
貼邊（正面）

2 貼邊沿著完成線摺入，以繚縫固定在肩線縫份上（請參閱P.22 斜針繚縫）。

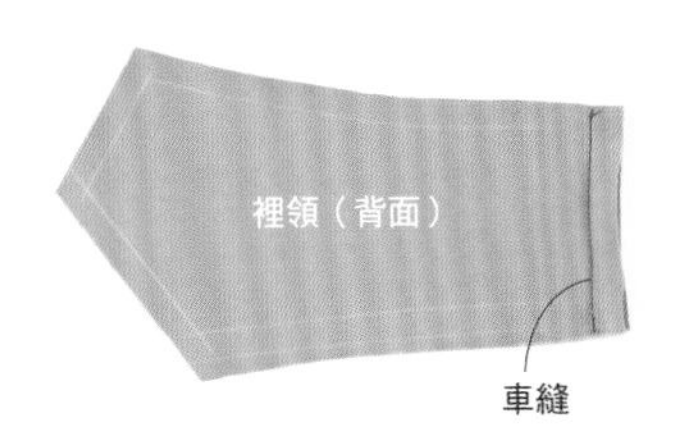
裡領（背面）
車縫

1 裡領布料正面相對，對齊後車縫後中心線。燙開縫份。

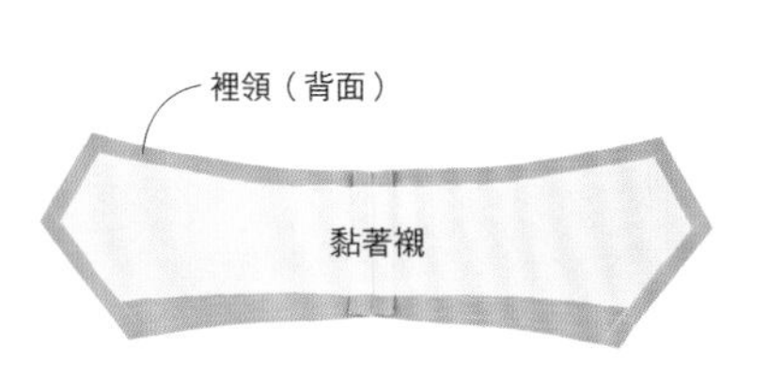
裡領（背面）
黏著襯

2 於裡領背面貼上黏著襯。

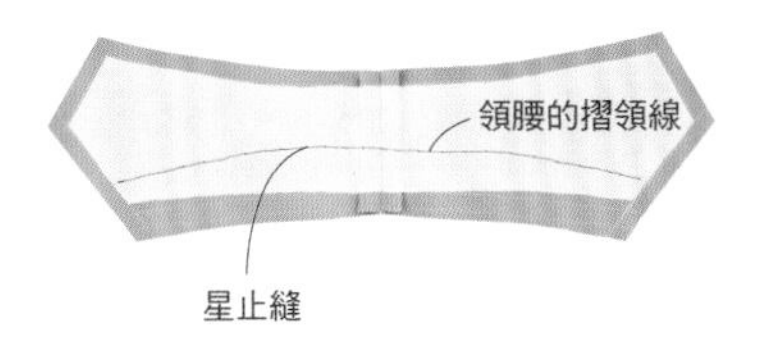
領腰的摺領線
星止縫

3 領腰的摺領線作星止縫（參閱P.23）。

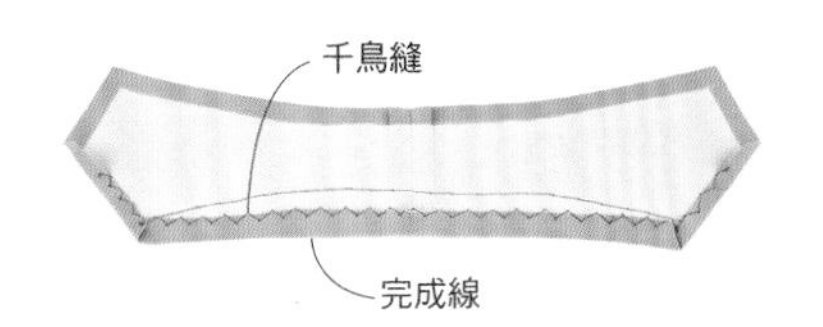
千鳥縫
完成線

4 將裡領會縫到前片那一側的縫份，沿著完成線摺入，小心地只挑縫到黏著襯的紗線，進行千鳥縫。

千鳥縫的縫製方式

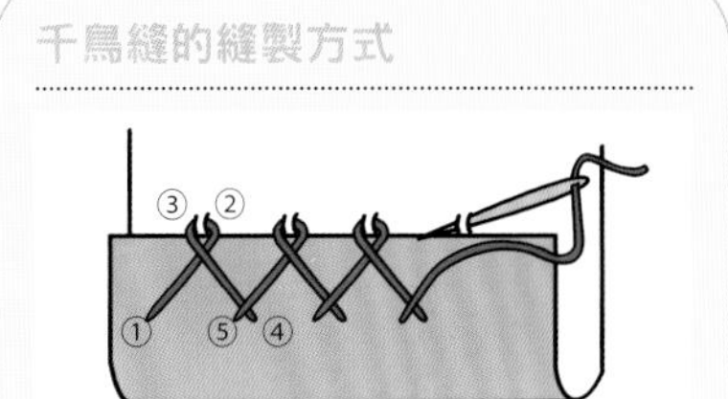
③
②
①
⑤
④

從左側開始往右側縫過去。從縫份的背面側入針從1出針、從2入針只挑黏著襯的紗線，從3出針。再從4入針5出針，一直重複這樣的步驟縫下去。

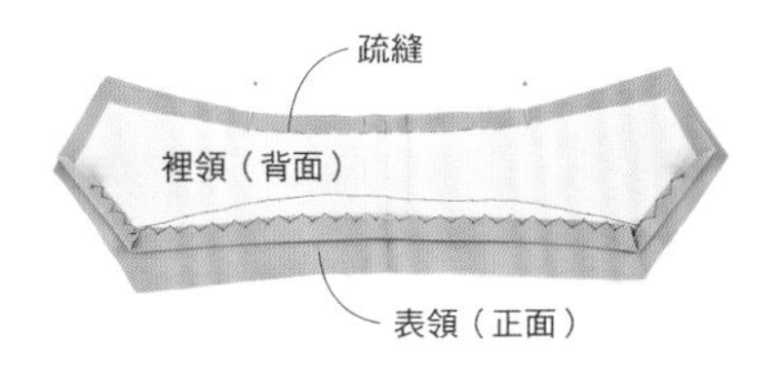
疏縫
裡領（背面）
表領（正面）

5 表領與裡領作好記號之後，布料正面相對對齊，記號之間進行疏縫。

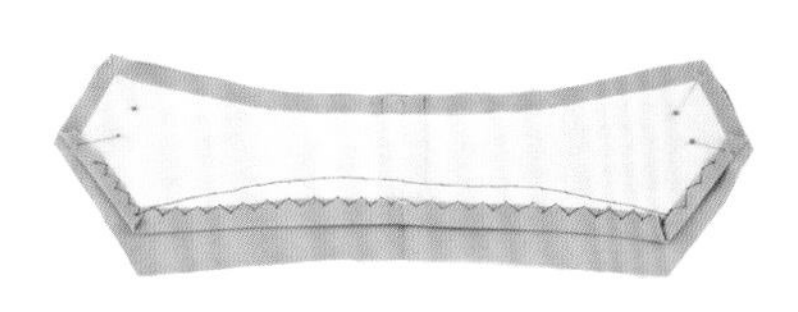

6 領角對齊，以珠針固定。

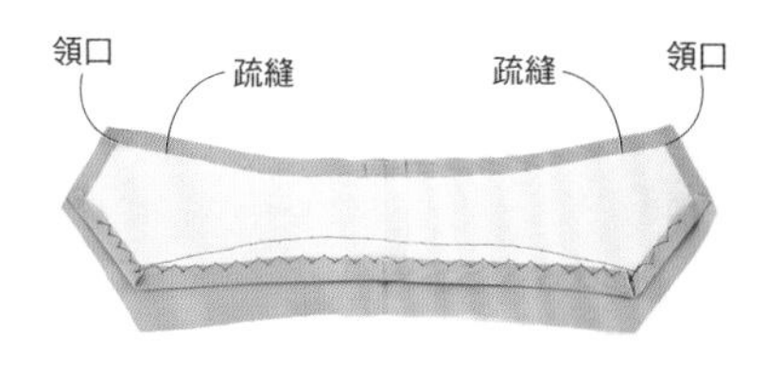
領口
疏縫
疏縫
領口

7 疏縫讓表領的鬆份集中到領口側。

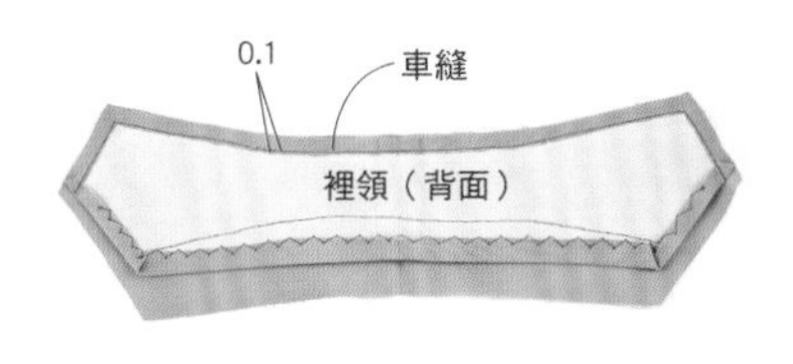
0.1
車縫
裡領（背面）

8 從裡領側沿著完成線外側0.1cm車縫。抽掉疏縫線。

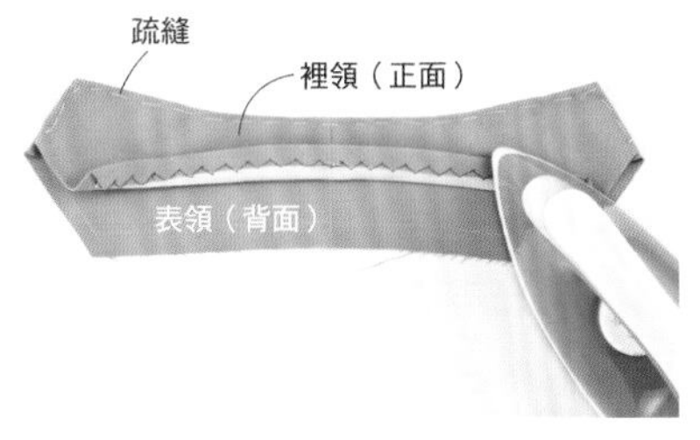
疏縫
裡領（正面）
表領（背面）

9 翻回正面，熨燙整理形狀，讓裡領側往內0.1cm。領子邊緣進行疏縫。裡領的摺領線熨燙出褶線。

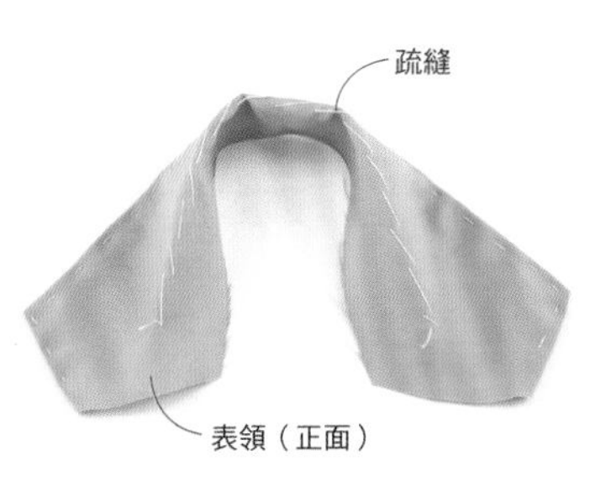
疏縫
表領（正面）

10 沿著摺領線摺出領形，並疏縫固定。

6. 縫上領子

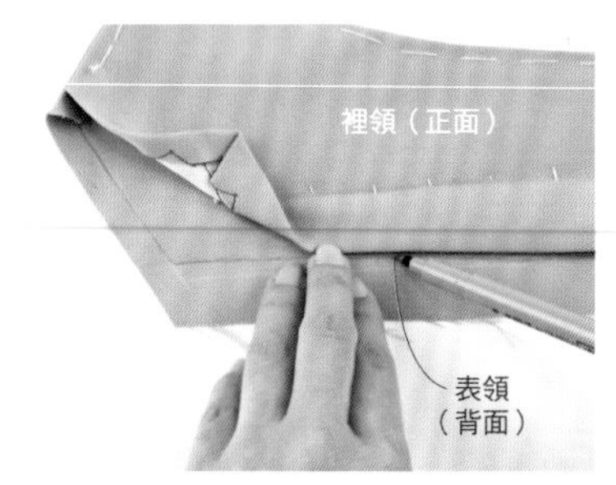

裡領（正面）
表領
（背面）

1 沿著P.37的步驟5之**4**所摺入的裡領的完成線，在表領上畫出完成線的記號。

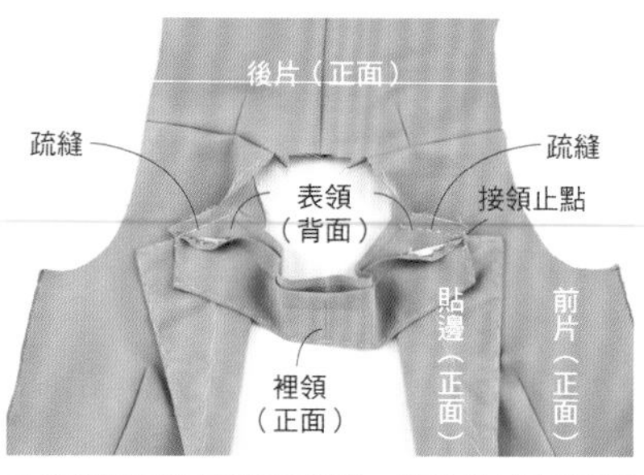

後片（正面）
疏縫
疏縫
表領
（背面）
接領止點
貼邊（正面）
前片（正面）
裡領
（正面）

2 貼邊與表領布料正面相對，從接領止點到領圍處進行疏縫。

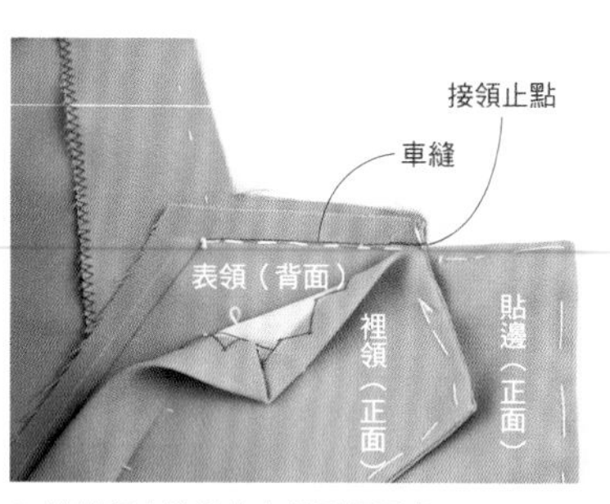

接領止點
車縫
表領（背面）
裡領（正面）
貼邊（正面）

3 從接領止點開始車縫到領圍處。

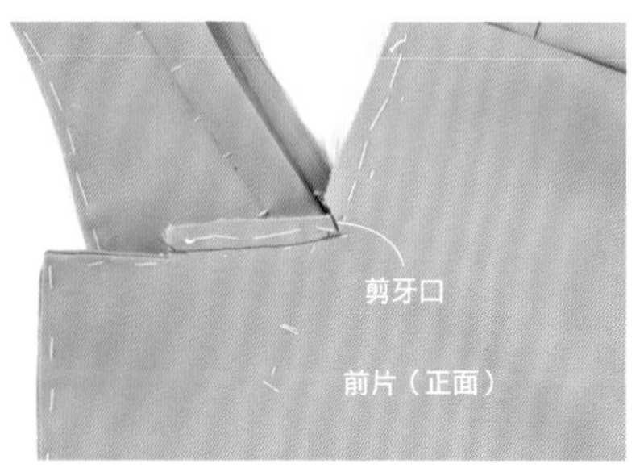

剪牙口
前片（正面）

4 在前片的轉角縫份處剪牙口，並塗上防綻液。

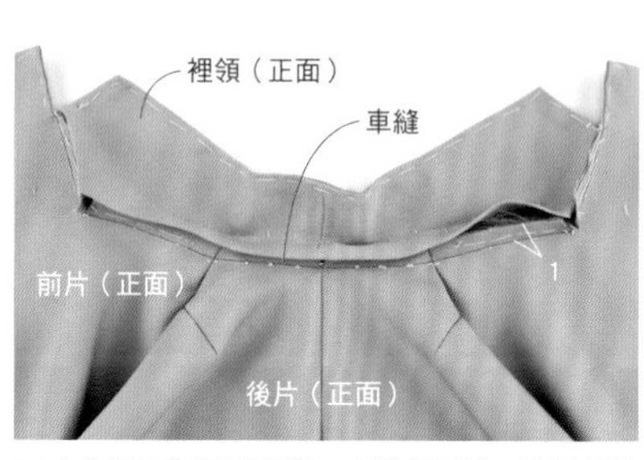

裡領（正面）
車縫
前片（正面）
1
後片（正面）

5 衣身與表領重疊對齊，車縫領圍線。將縫份修剪至1cm。抽掉領圍的疏縫線。

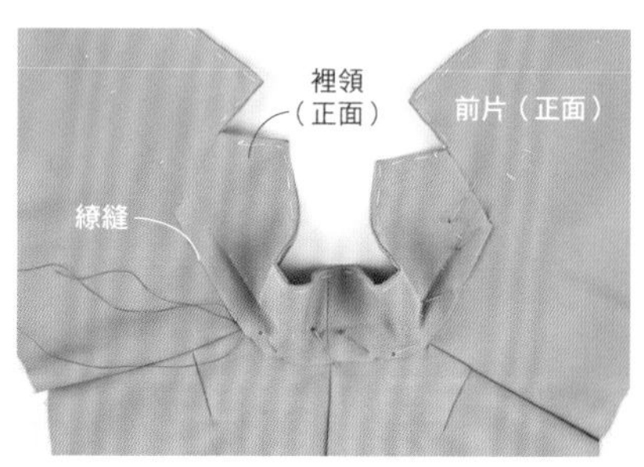

裡領
（正面）
前片（正面）
繚縫

6 將衣身與表領的縫份往領子內側放進去，裡領以繚縫固定到衣身上。

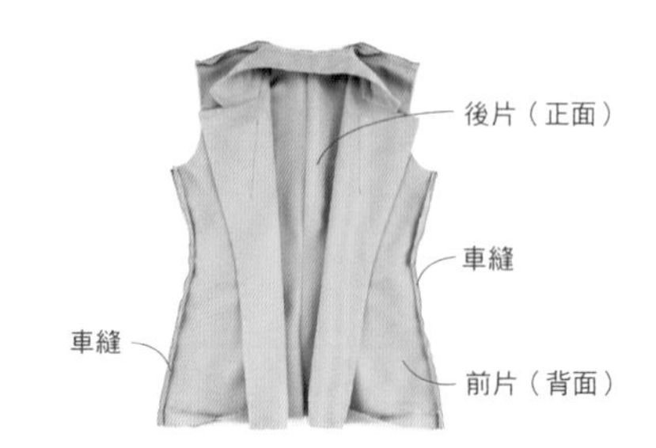

7 車縫領子的摺領線。

7. 縫製脇邊線

前片與後片布料正面相對，車縫脇邊線。燙開縫份。

8. 製作並縫上袖子

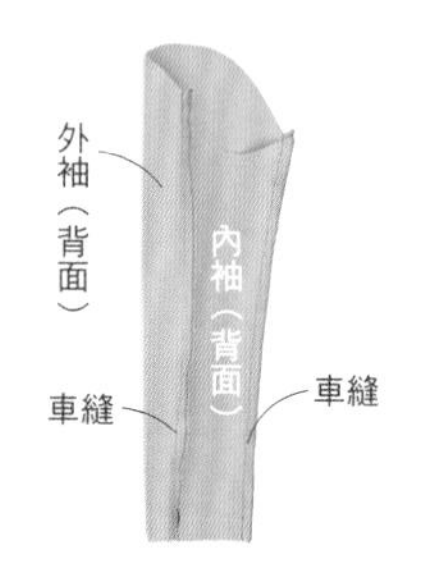

外袖（背面）
內袖（背面）
車縫
車縫

1 外袖與內袖正面相對車縫，燙開縫份。

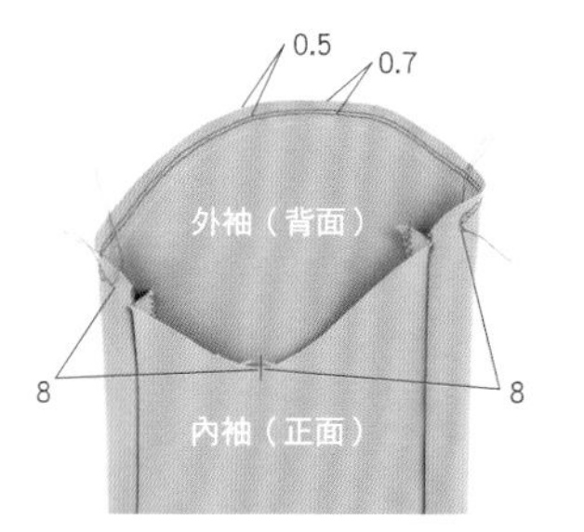

0.5
0.7
外袖（背面）
8
8
內袖（正面）

2 袖子翻到正面，從正面在袖山上以粗針車縫，車縫兩條線。

外袖（正面）

3 一起拉縮兩條上線。

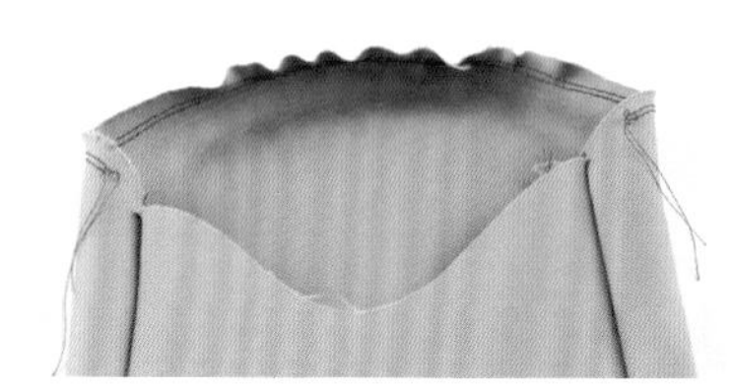

4 拉扯縫線，但不要造成抽褶的效果，這種讓袖子立體線條圓順的手法，叫作縮縫。

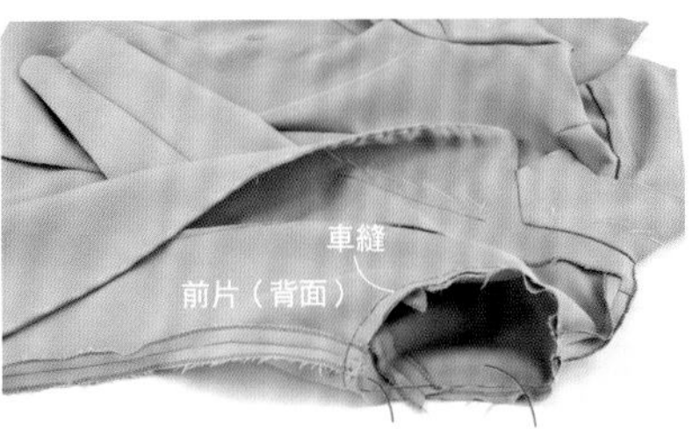
車縫
前片（背面）
內袖（背面）
外袖（背面）

5 衣身與袖子正面相對，沿著完成線車縫。然後繼續再於同樣的位置車縫第二次，共車縫兩圈。

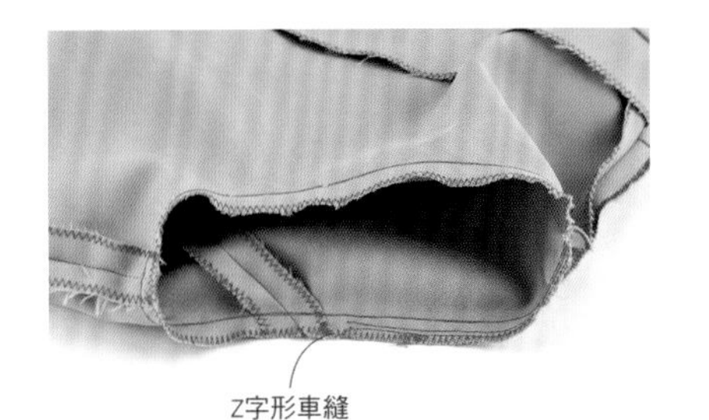
Z字形車縫

6 兩片一起進行Z字形車縫，縫份倒向袖子側。

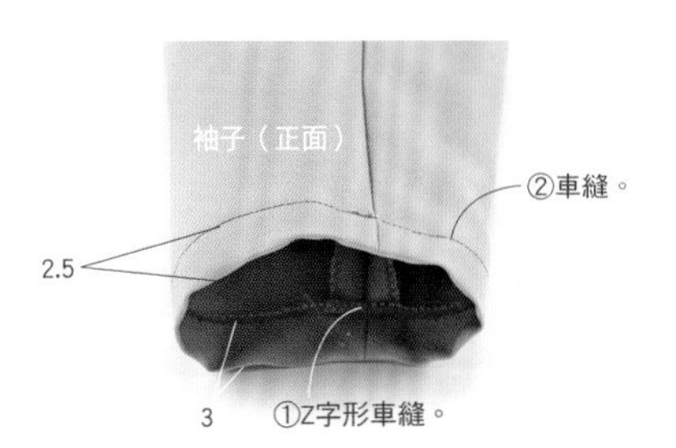
袖子（正面）
②車縫。
2.5
3
①Z字形車縫。

7 袖口的縫份處進行Z字形車縫，依完成線摺入再車縫。

9. 處理下襬＆壓線

Z字形車縫

1 在前片與後片的下襬進行Z字形車縫。

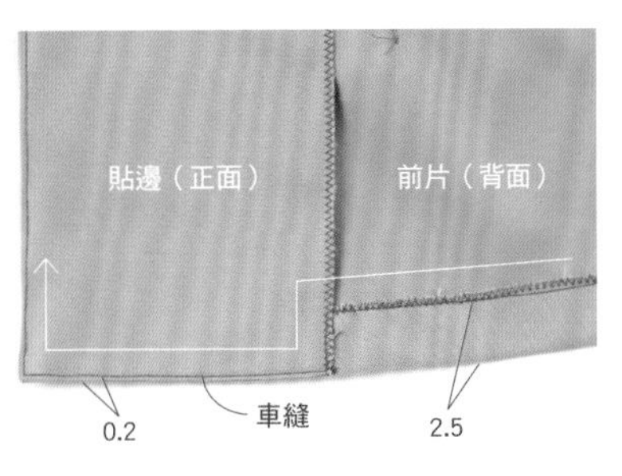
貼邊（正面）
前片（背面）
0.2
車縫
2.5

2 下襬沿著完成線摺入進行車縫。從下襬一直到衣身的邊緣及領子的邊緣，壓上裝飾線。

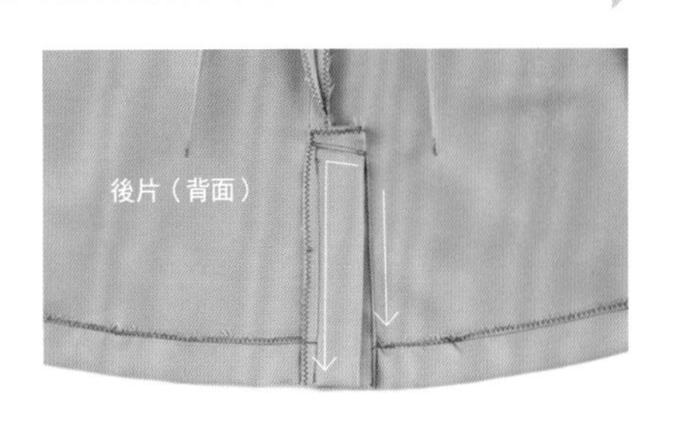
後片（背面）

3 後中心開叉壓線。

4 邊緣都壓線之後，將衣身與領子的疏縫線抽掉。

10. 縫上鈕釦與墊肩

左前片（正面）

1 在左前片上的指定位置開釦洞（請參閱P.64）。

右前片（正面）

2 在前身片的指定位置縫上鈕釦（請參閱P.64）。

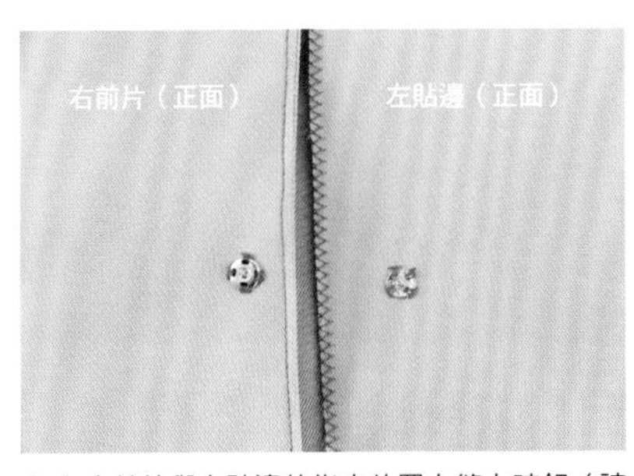
右前片（正面）
左貼邊（正面）

3 在右前片與左貼邊的指定位置上縫上暗釦（請參閱P.62）。

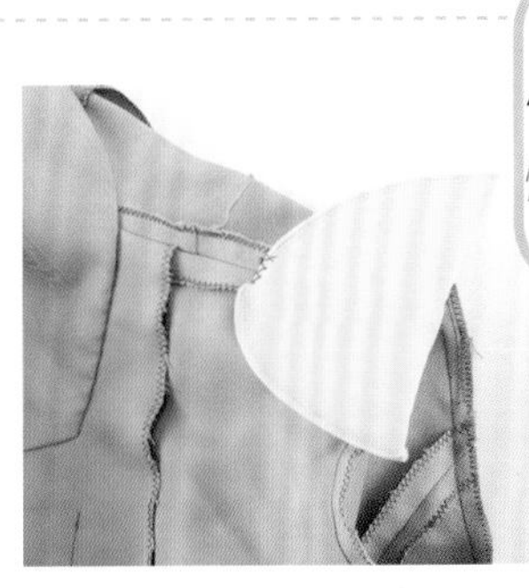
從正面看
袖子（正面）
車縫
5
5
墊肩
前片（正面）

4 將墊肩以千鳥縫縫在肩線的縫份上（請參閱P.37）。並以粗針手縫在袖山的縫份上。

完成

Point
Lesson

縫紉用語

本頁將解說常在作法頁面中出現的縫紉用語。
只要瞭解這些用語，也會更理解製作方法。

粗針車縫

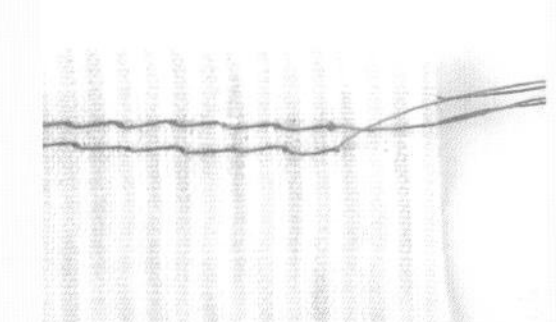

將針距調大再進行車縫，抽褶時常會用到。

縮縫

例如袖山之類的部位，將平面的布料作成立體形狀的手法。

落機縫

縫合的部位翻到正面，從正面車縫於縫線溝槽中，幾乎看不到縫線的車縫方式。

伸縮份

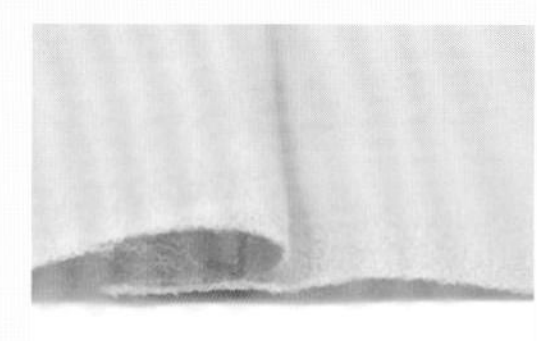

車縫縫線於完成線與縫份之間，沿完成線壓燙，製造出多餘鬆份。

紙型錯開

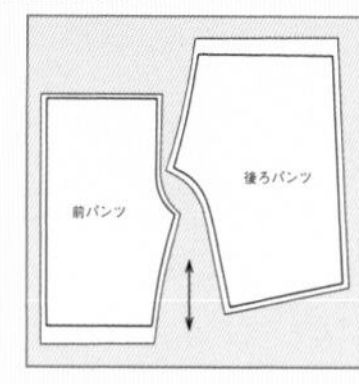

前パンツ
後ろパンツ

為了不浪費布料，讓紙型上下錯開的擺放方式。像絨毛布料這類有毛流方向，或是圖案有方向性的布料，就無法以這種方式擺放紙型。

針織布料

編織而成的布料。

內縮

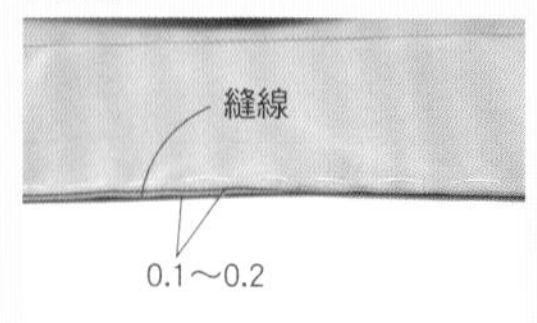

縫線
0.1～0.2

像領子部位為了不讓縫線被看到，會讓背面側的布料往內縮0.1至0.2cm。

平織布料

梭織而成的布料。

家用縫紉機

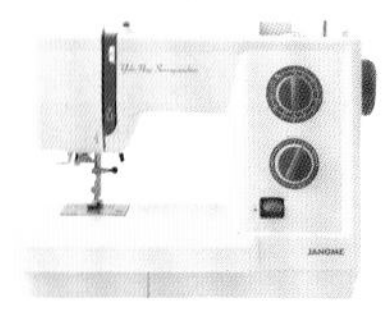

具備車縫直線、布邊及釦眼等功能的縫紉機。

工業用縫紉機

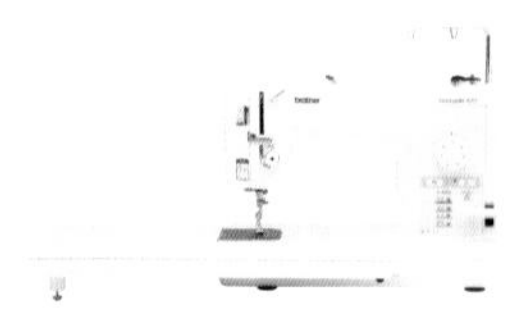

專門車縫直線用的縫紉機，具有比家用縫紉機更強大的馬力。

拷克機

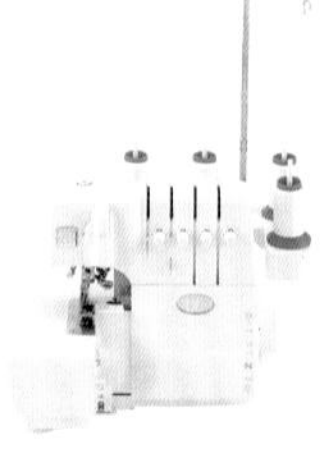

為了不使布邊綻開鬚邊，處理布邊用的機器。針織材質也可以使用。

Point
Lesson

紙型上的記號

紙型上的線條與記號都各自有其意義，
如果瞭解它們，製作上會更加順暢。

- 布紋線……直布紋方向。
- 摺雙……對摺的摺疊線。
- 完成線……依照完成尺寸所描繪的線條，不含縫份。
- 合印記號……兩片以上的布料對齊用的記號。
- 返摺線……代表返摺位置的線條。
- 貼邊線……接合貼邊的位置。
- 抽摺……以粗針目車縫並抽出縐褶。
- 拉伸……需要一邊拉伸一邊車縫。
- 縮縫……縮縫部分。
- 褶子……從斜線較高處倒向較低的方向。
- 鈕釦……縫釦子的位置。
- 釦眼……開釦眼的位置。
- 尖褶……線與線對齊車縫，製作立體感。

協力廠商／家庭用縫紉機……Janome・工業用縫紉機……Brother・拷克機……Babylock

Point
Lesson

關於針織布料

製作T恤與連帽外套時使用的針織布料，
其布料特性與處理方式，與一般布料有點不同。

針織布料的特性

針織布料是以編織而成的，縱向與橫向都有伸縮性。因編織方法不同，而分成針織或毛圈等更細的分類。

彈性

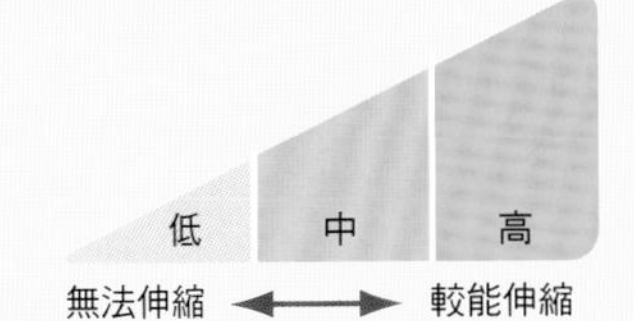
低
中
高
無法伸縮
較能伸縮

購買針織布料時常會看到「彈性」，指的是可伸縮的比率。代表這個材質可伸縮的程度。不太能夠伸縮的代表彈性小，較能伸縮則為彈性較大。

縫製針織布料需要準備的工具

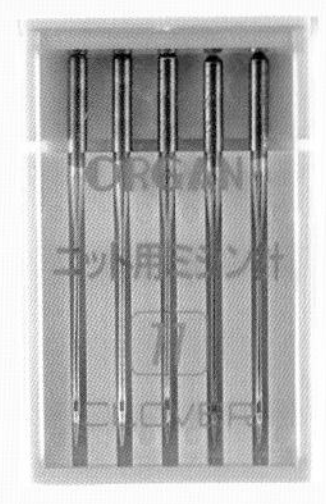

針織布用車縫針

從外觀很難看得出來，實際上針尖較圓滑，不易傷害針織材質的編織線。

レジロン
300m

彈性線

針織布料用的車縫線，稍微帶有一點伸縮性，較能配合布料移動。如果用普通的線車縫，衣物穿脫時，布料一伸縮就會容易斷線。

車縫領口

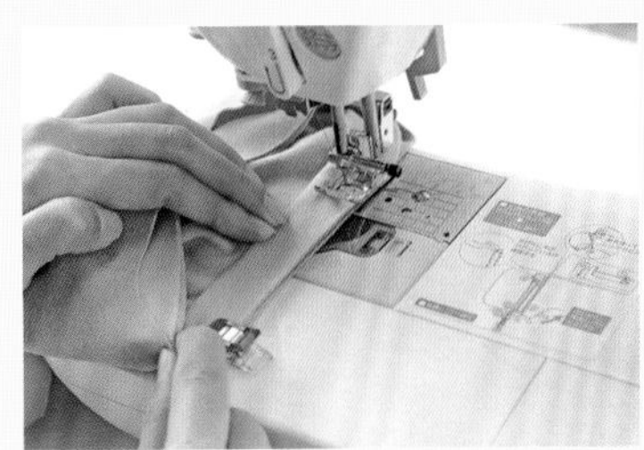

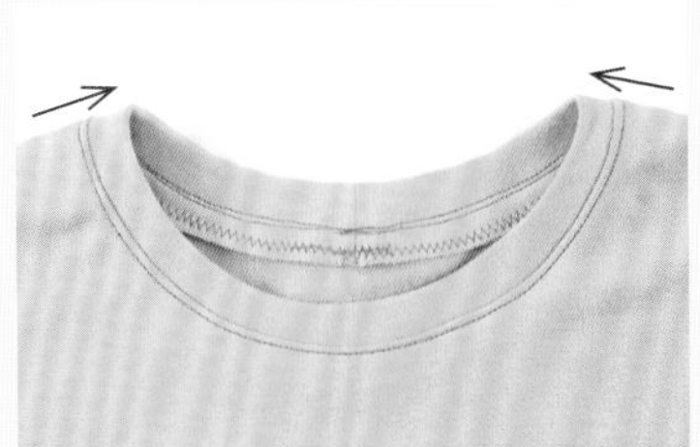

領圍布、袖口布與衣身縫合時，要先作好記號，配合衣身部位的長度，一邊拉伸領圍布與袖口布一邊車縫。以這樣的方式進行車縫，縫合好的布料會往內側收，成品會很漂亮。

Point
Lesson

拉鍊

褲子前面與洋裝後面開口所使用的拉鍊。
以下說明較常使用到的拉鍊種類與其部位名稱。

下止

一般拉鍊

常用於褲子前側及裙子上的拉鍊，車縫時請換用拉鍊壓布腳。

上止
拉鍊齒
拉鍊布
拉鍊頭
拉鍊尾

夾克拉鍊

沒有拉鍊尾，左右可分開的拉鍊。適合像連帽外套這類前開型的服飾使用。

隱形拉鍊

不希望縫線與拉鍊齒被看到時使用的拉鍊。常用於洋裝與裙子上。

World

SIDE

BACK

r

中國風服裝

Han Chinese clothing

使用大量提花布料，成品看起來很豪華的服飾。衣身上有尖褶設計，所以剪裁會合身俐落。身體裡側與外側的脇邊處都縫了綁繩，穿脫也很方便容易。

Design　留衣工房

How to make　▸▸ P.88

布料提供　オカダヤ

SIDE

BACK

和服&袴

Kimono & Hakama

女性穿著的和服。留有身八口（通風口）與袖子縫合。除了袖子與領子的一小部分以外，其餘部分只要車縫直線就可完成。袴也是以四方形的布料摺疊後，車縫直線就可作成。以熨斗小心仔細地燙好褶子，成品看起來會很有質感。

Design	宵の星
How to make	▸▸ 和服P.90・袴P.92
布料提供	坪金商事

U 西洋劍

Sword

初學者也能輕易完成，材料和作法都很簡單。劍刃部分為方格紙，劍柄部分為水管。劍首與護手的劍格為泡綿製成，是女性也能輕鬆拿取的輕盈重量。

Design GYAKUYOGA
How to make ▸▸ P.46

※主要用於cosplay攝影用，請勿用來揮舞。

Illustration/miya

半手套

Short gloves

只覆蓋手指的短版手套。製作的時候請選用經緯方向都有彈性的雙向針織材質。

Design　USAKOの洋裁工房
How to make ▸▸ P.75
布料提供　大塚屋

軟呢帽

Fedora

帽冠上有從前面延伸到後方的褶線的帽款。貼上帽子專用的黏著襯，帽型會更加硬挺不易變形。

Design　neconoco
How to make ▸▸ P.95

和服袖

arm cover

和服袖子款式的袖套。上端可以依照自己的手臂尺寸製作，穿過鬆緊帶固定。

Design　neconoco
How to make ▸▸ P.94

袖套

arm guard

忍者或戰鬥角色常用到的道具。利用魔鬼氈固定穿脫，手指的位置則以鬆緊帶固定。如果選用人工皮革之類的材質來製作，可營造出狂野的氣息。

Design　USAKOの洋裁工房
How to make ▸▸ P.94

Lesson 4

u 西洋劍 ▸▸ P.44

{ 原寸紙型 }

紙型6面　u-1 劍刃・u-2 劍格・u-3 劍首

{ 完成尺寸 }

劍刃長度80cm・把手長度30cm

{ 用具 }

美工刀・切割墊・十字起子・鋸子・熱融槍・砂紙・刷子・紙杯・小號水彩筆

{ 材料 }

・方格紙　2片・厚度1cm的泡綿　45×45cm
・人造皮革　2×100cm
・直徑1.8cm的塑膠管
・直徑0.5cm的鋁棒 100cm 一支
（同尺寸的木棒也可以）
・熱融膠　彩色　10條　透明 1條
・三秒膠　2條・稀釋劑　250ml
・黏著劑　G17 170ml 一管
・噴漆　金色・銀色 各適量
・紙膠帶 適量・Mr.Color顏料　大紅色 適量

1. 組裝劍刃

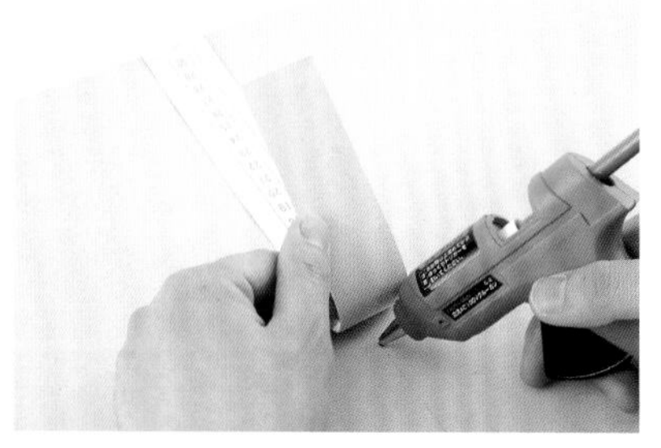

1 方格紙一張的長度不夠，所以要縱向接合兩張方格紙。裁剪一條約5cm寬的方格紙貼在兩張接合處。

2 將劍刃的紙型放在步驟**1**作好的紙上，描繪裁剪出劍刃所需的兩片紙片。

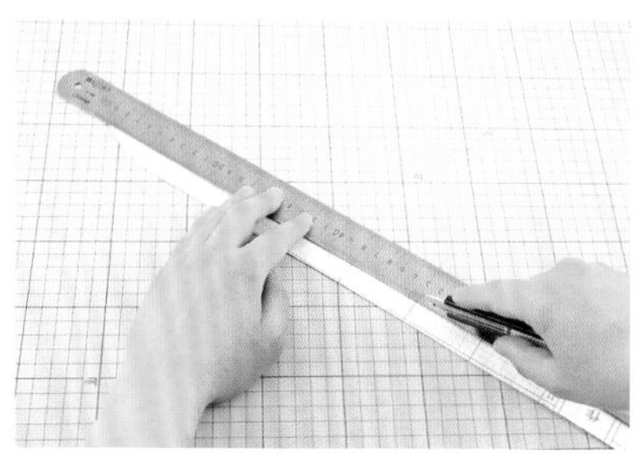

3 以美工刀從正面沿著劍刃中心線，輕輕地劃一道線。小心不要切開到背面。

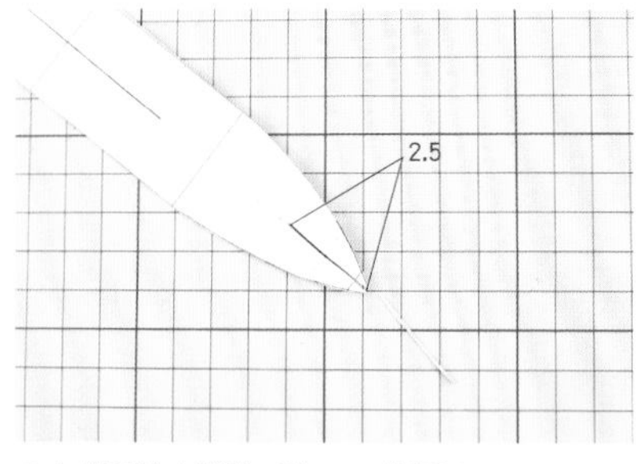
2.5

4 在劍刃的尖端劃一道2.5cm的切口。

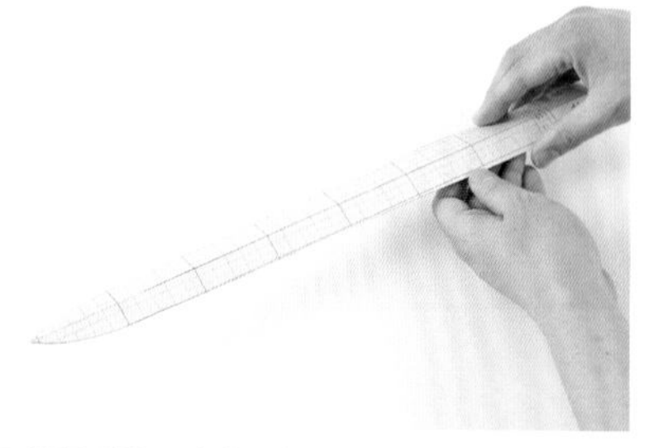

5 輕輕地摺，剛剛以美工刀輕輕劃出的那道線即為摺線。

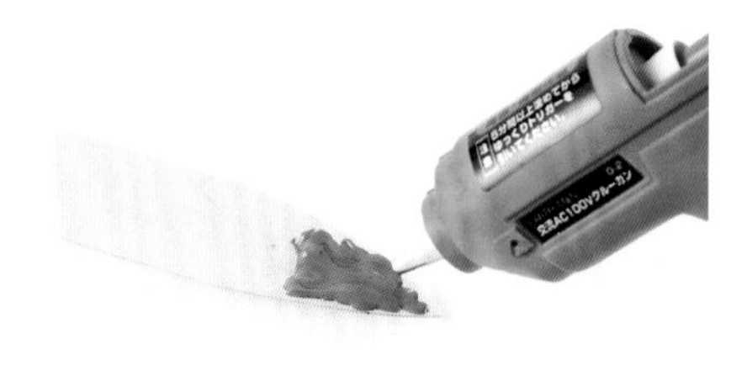

6 為了接合尖端切口，在背面側塗上熱融膠。為了增加強度，可以多塗一些沒有關係。

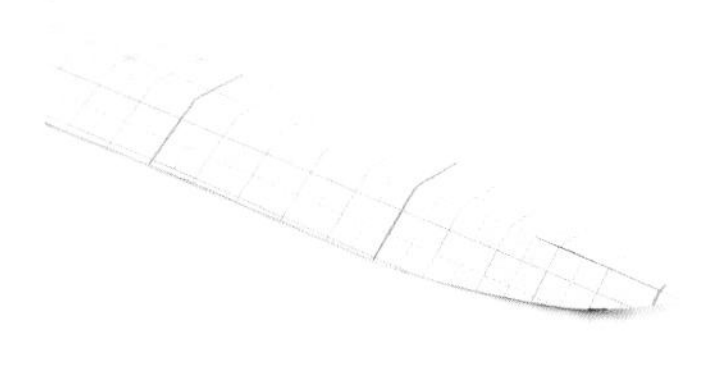

7 從正面看，尖端處會稍微有點弧度。再依照相同的方式製作另一片。

2. 貼上主軸

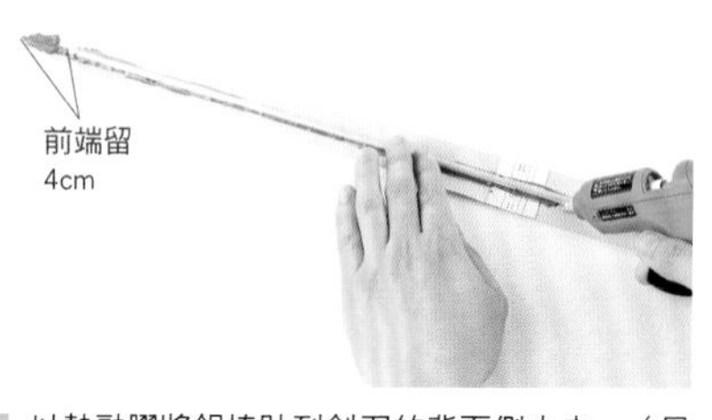
前端留
4cm

1 以熱融膠將鋁棒貼到劍刃的背面側中央。（只需貼一片）

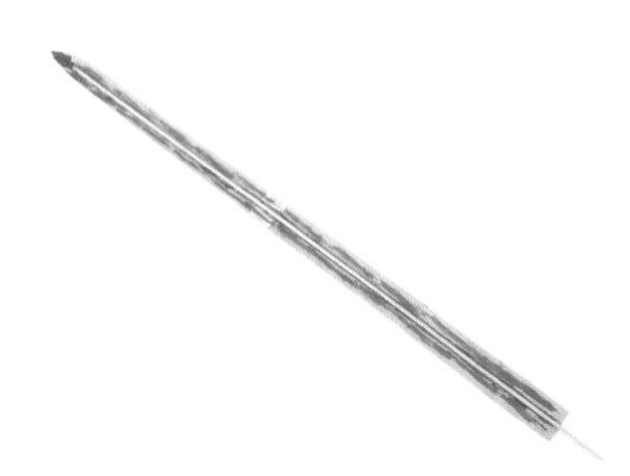

2 貼好鋁棒之後。於劍刃的背面側薄薄地再塗上一層熱融膠進行補強。還要再貼合另一片劍刃，所以周圍先不要塗膠。

3. 貼合兩片劍刃

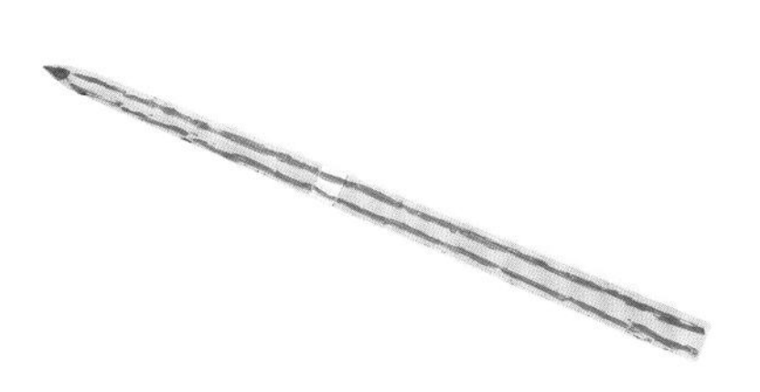

3 另一片劍刃同樣也整面薄薄地塗上熱熔膠補強。

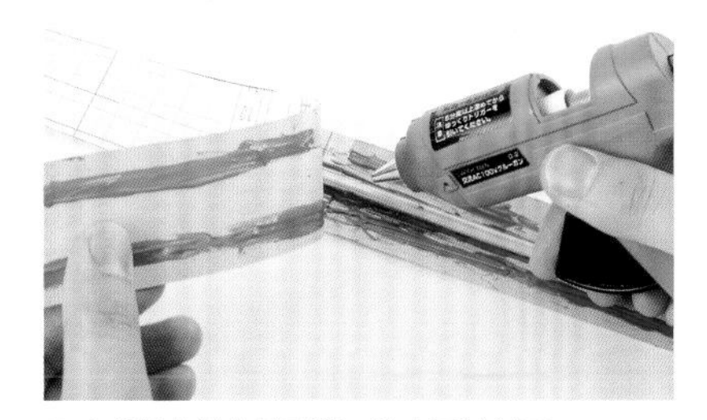

1 在鋁棒上塗上熱融膠，接合兩片劍刃。

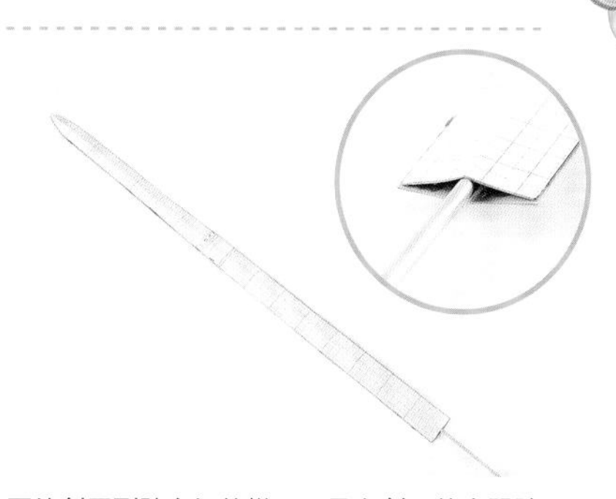

2 兩片劍刃剛貼合好的樣子。只有劍刃的中間貼合的狀態。

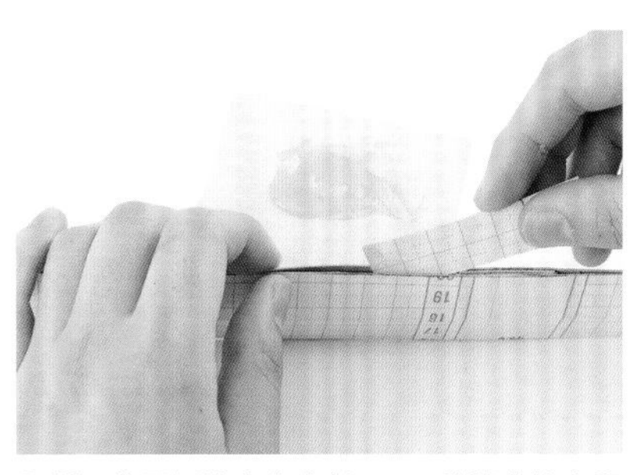

3 劍刃的兩側塗上黏著劑G17，讓邊緣沒有間隙，緊密地貼合。

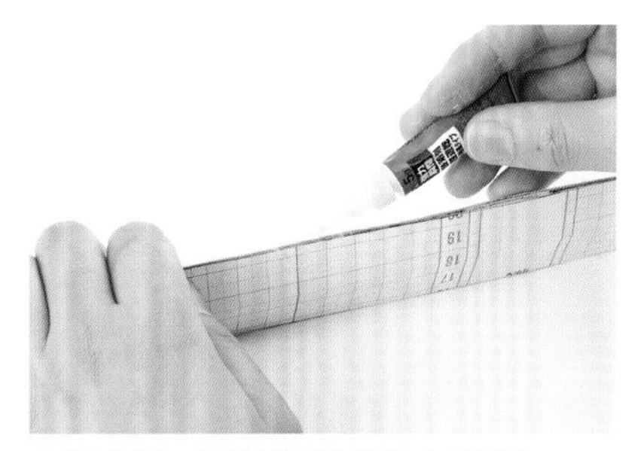

4 為了補強，再於劍刃的兩側塗上瞬間膠。

4. 製作劍格

1 以紙型在泡綿上畫好並裁切兩片劍格。以鉛筆先畫出圖案的草稿。

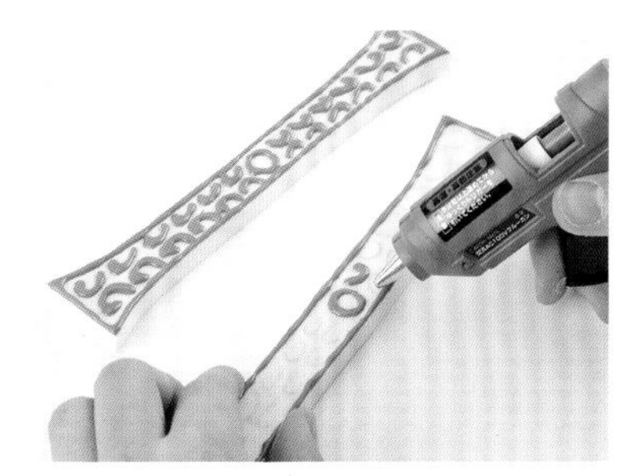

2 熱融膠慢慢地沿著草稿畫出圖案。描好圖案之後，稍待一會兒讓熱融膠完全乾掉固定。

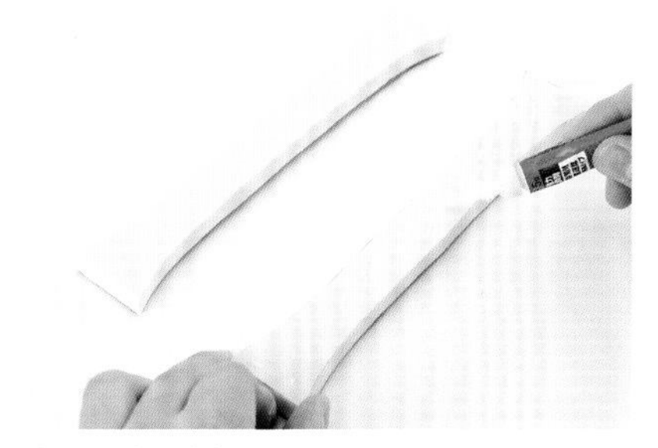

3 以三秒膠貼合兩片。

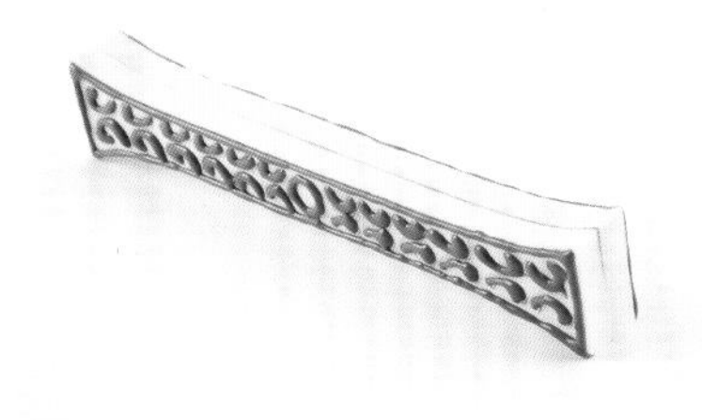

4 劍格剛接合的樣子。

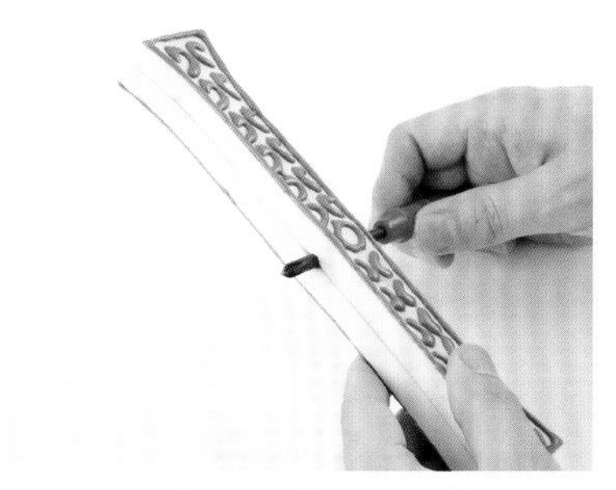

5 以螺絲起子在劍格中心處，鑽一個劍刃中心的鋁棒穿得過去的小孔。

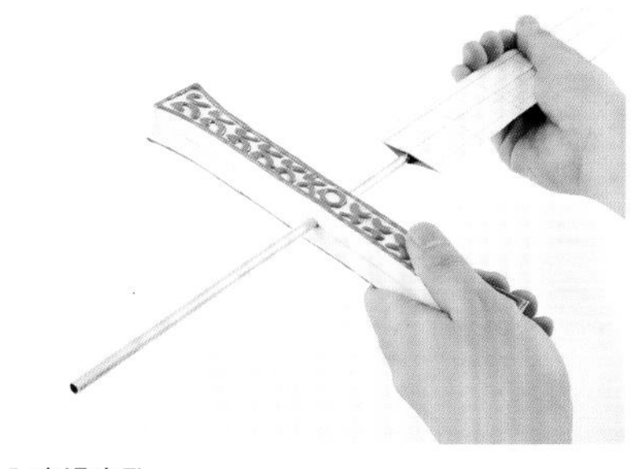

6 穿過小孔。

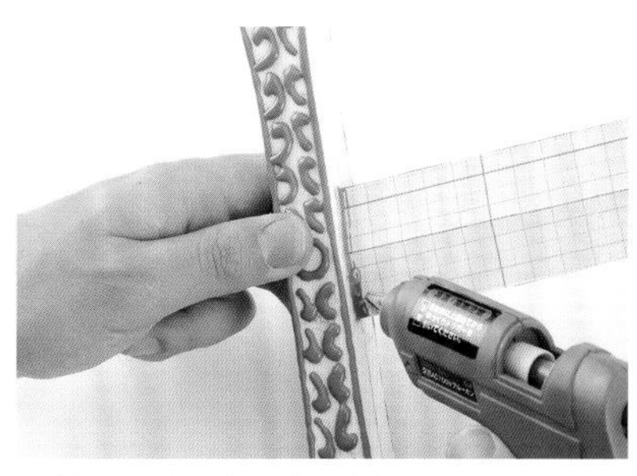

7 劍刃的根部塗滿熱融膠補強。

5. 製作劍柄

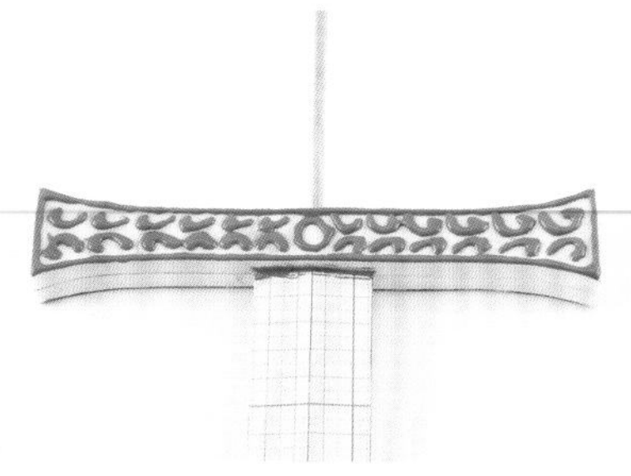

8 劍格完成了。

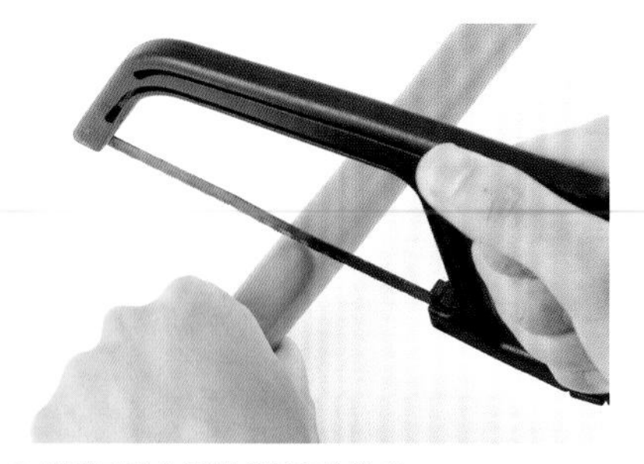

1 以鋸子將水管鋸成需要的長度。

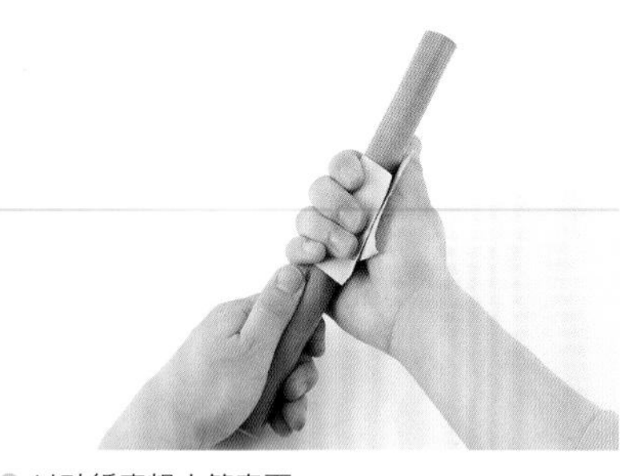

2 以砂紙磨粗水管表面。

3 在水管裡灌進熱融膠。

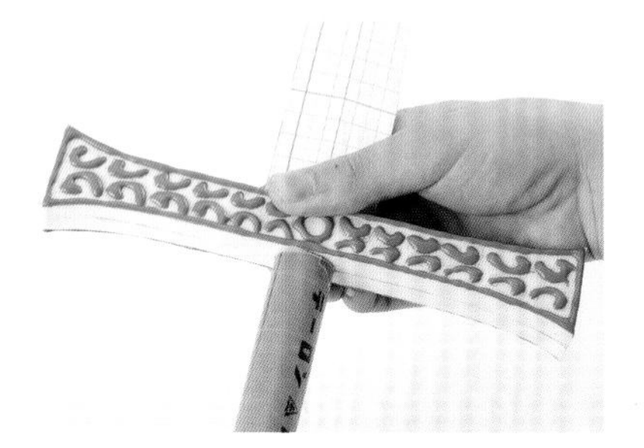

4 趁著熱融膠還沒乾之前將鋁棒插進水管中。

5 劍格的根部也塗上熱融膠。

6. 製作劍柄

6 水管的另一側也一樣灌入熱熔膠，讓鋁棒可以固定在水管中。

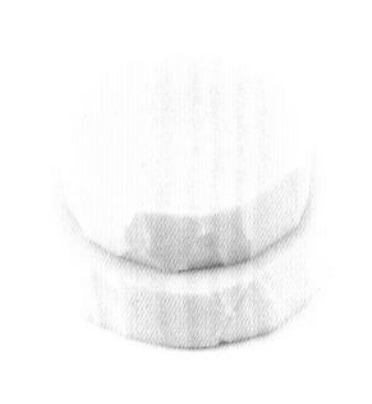

1 以泡綿切出兩個劍柄的零件，以三秒膠黏合。

2 將劍柄用熱融膠黏在前端。

7. 塗上底漆

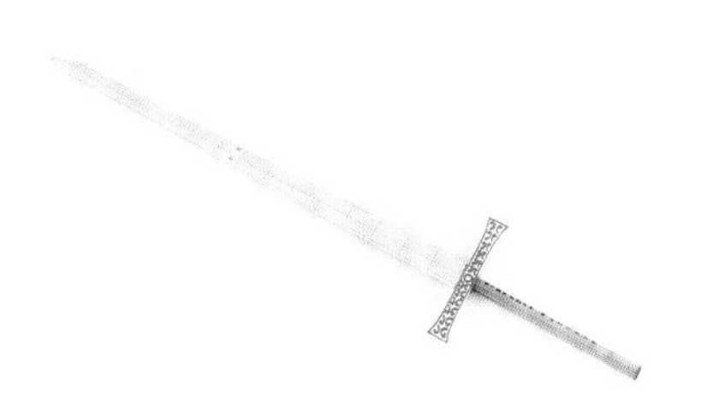

3 劍的形狀已經大致出來了。

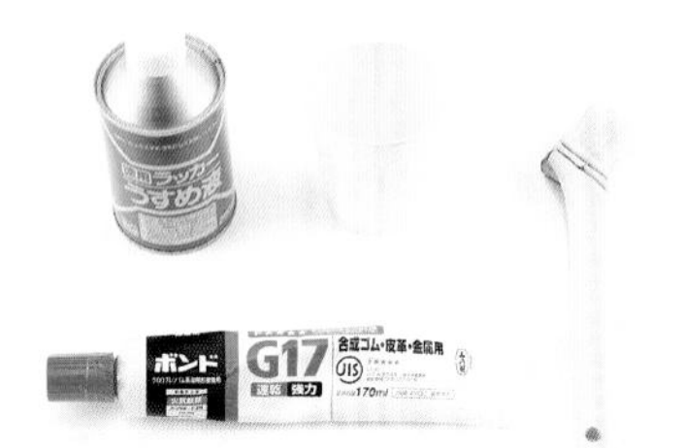
ボンド
G17

1 準備可以增強黏著力的底漆。

2 在紙杯裡倒入1：1的黏著劑G17與稀釋劑，慢慢的攪拌混合均勻。

8. 塗色

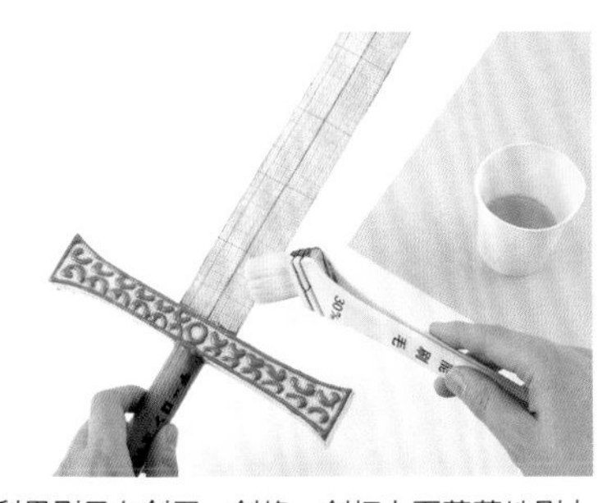

3 利用刷子在劍刃、劍格、劍柄上面薄薄地刷上黏著劑G17。仔細地重複塗上底漆三至四次。靜置乾燥四至五小時。

1 在劍刃上噴上銀色噴漆。

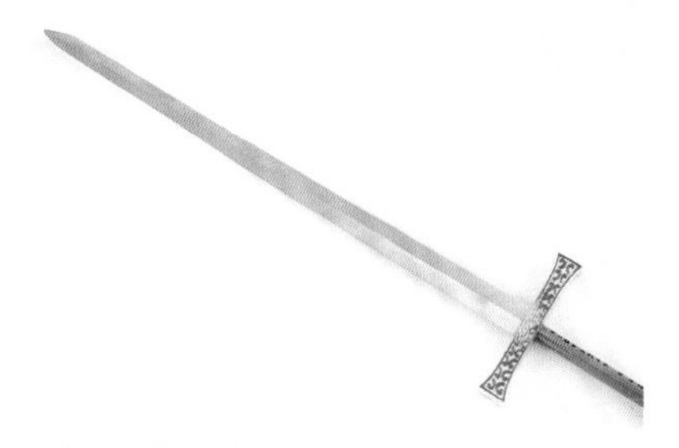

2 等待噴漆完全乾燥。

3 等到銀色的噴漆乾了之後，在劍刃與劍柄上纏上紙膠帶。

4 在劍格跟劍柄上噴上金色噴漆。

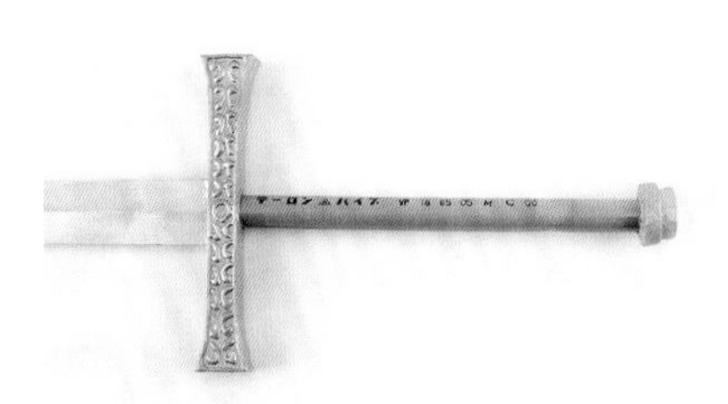

5 劍格跟劍柄都均勻噴上金色漆，等漆料乾了以後，撕掉紙膠帶。

9. 劍柄的部分纏上人造皮革

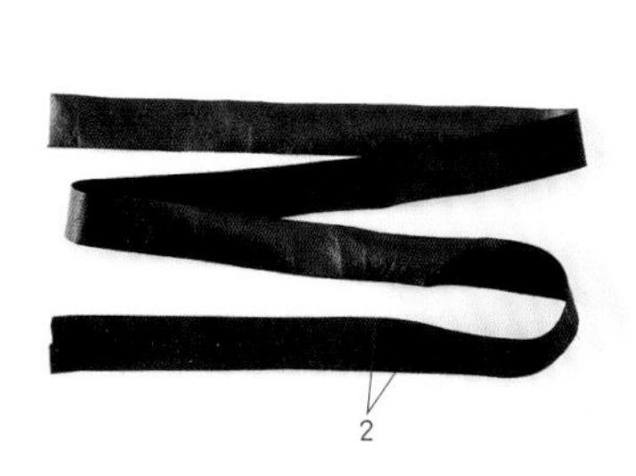
2

1 將人造皮革剪成2×100cm寬的長條狀。

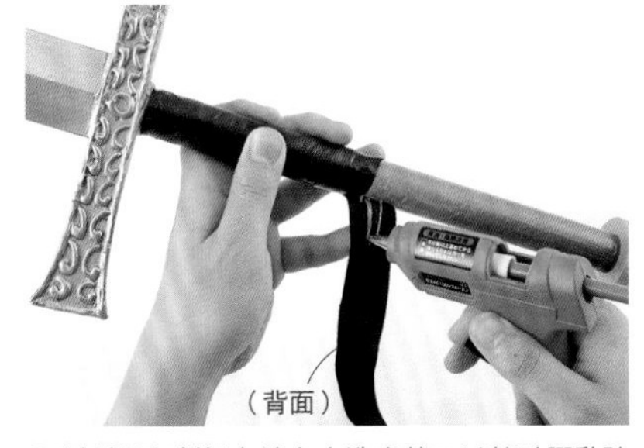
（背面）

2 斜斜地在劍柄上纏上人造皮革，以熱融膠黏貼固定。

3 劍柄纏上人造皮革的樣子。

10. 裝飾

1 以透明熱融膠在劍格的正中心點出一個半圓球狀，花一些時間等待熱融膠冷卻固定。

2 在透明的熱融膠上塗上大紅色的Mr.Color顏料。

完成

Step 3

讓作業更順暢的工具

接下來將介紹可在不易縫製的材質上車縫得很漂亮的工具、能很簡單就作出裝飾的用具、與縮短製作時間的各種工具。

使車縫更漂亮的工具

製作服裝時常會選用各式各樣不同的材質，像人造皮革或天鵝絨、輕薄材質……如果直接進行車縫，有時會太滑或是太澀，無法順暢地送布，此時就要選用能幫助車縫的工具。

A. 塑膠壓布腳

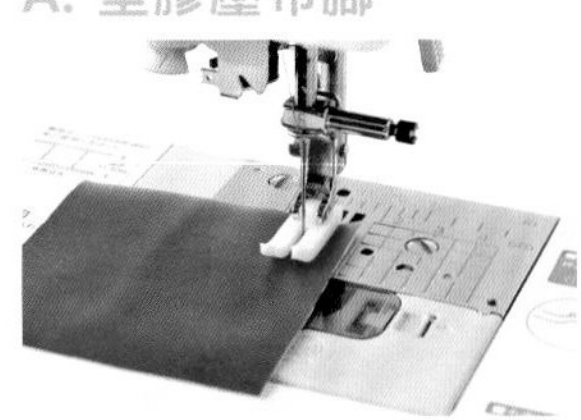

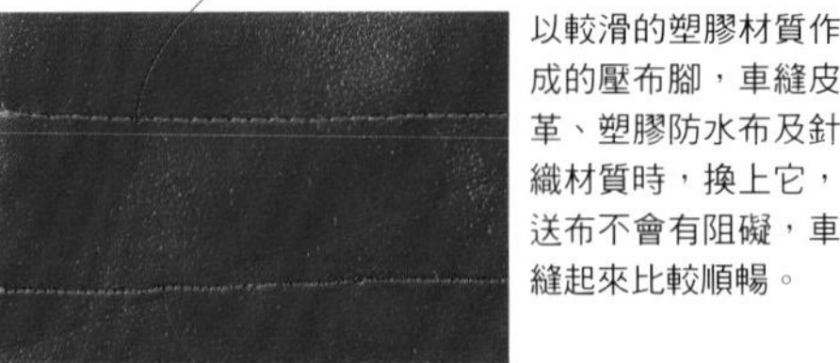
塑膠壓布腳
萬用壓布腳

以較滑的塑膠材質作成的壓布腳，車縫皮革、塑膠防水布及針織材質時，換上它，送布不會有阻礙，車縫起來比較順暢。

B. 塑膠Z字縫壓布腳

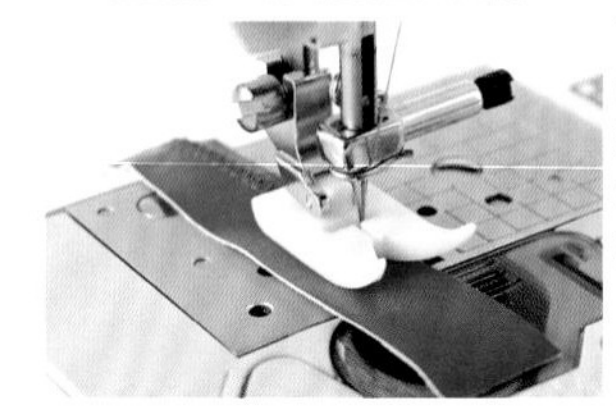

下針的空間比一般的塑膠壓布腳大一點，所以針可以左右移動作出漂亮的Z字形車縫。

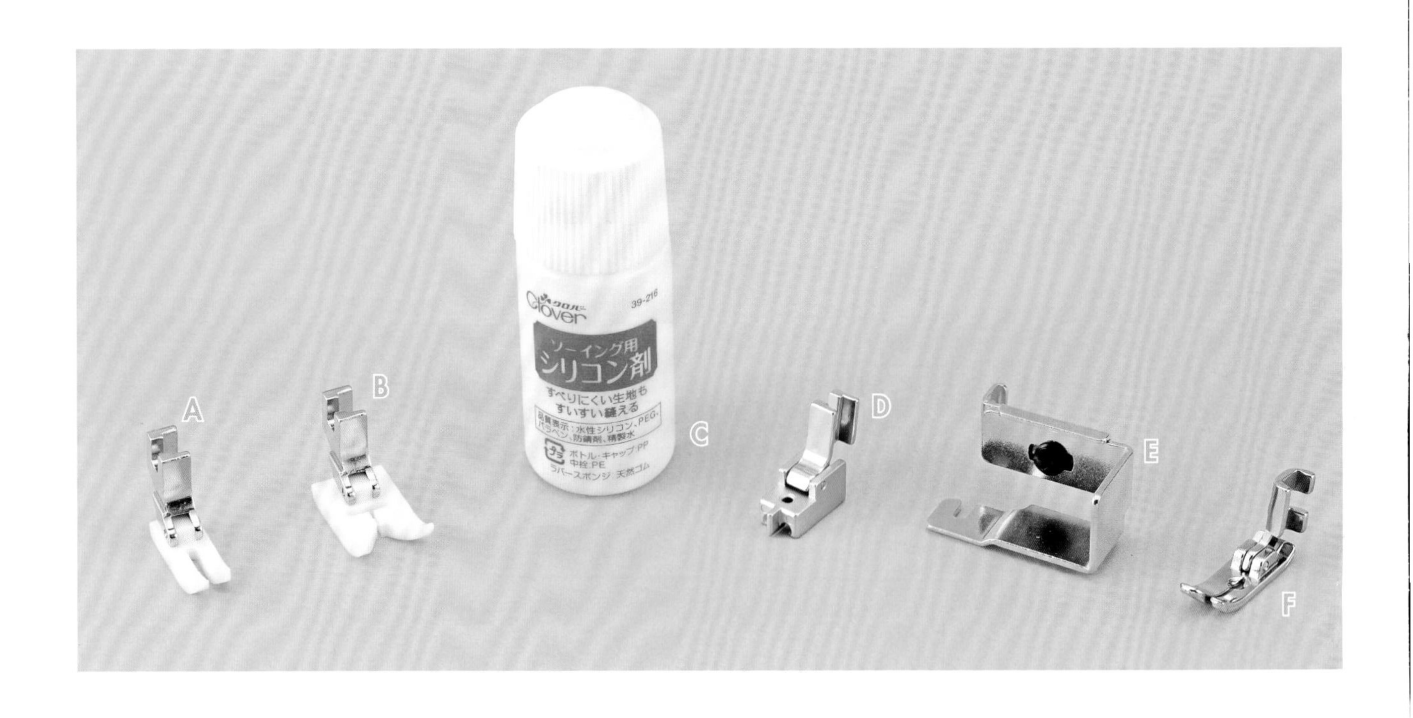
A
B
C
D
E
F
Clover
39-216
ソーイング用
シリコン剤
すべりにくい生地も
すいすい縫える

C. 矽立康潤滑劑

車縫皮革、塑膠防水膠膜處理材質、針織等不易順暢送布的材質時，在車針、布料及針板上塗抹矽立康潤滑劑可幫助送布順暢。

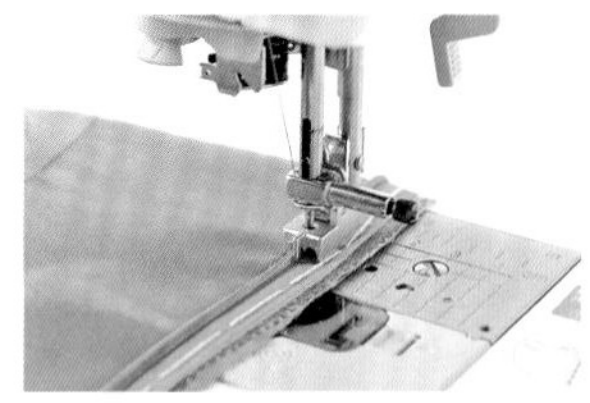

D. 隱形拉鍊壓布腳

車縫隱形拉鍊時使用的壓布腳。可以車縫在拉鍊布的溝槽上，漂亮地車好隱形拉鍊。

E. 天鵝絨用壓布腳

表面有絨毛車縫時容易變形扭曲的布料，換上專用壓腳後就能順利地車縫。除了天鵝絨之類的布料以外，針織布料也適用。

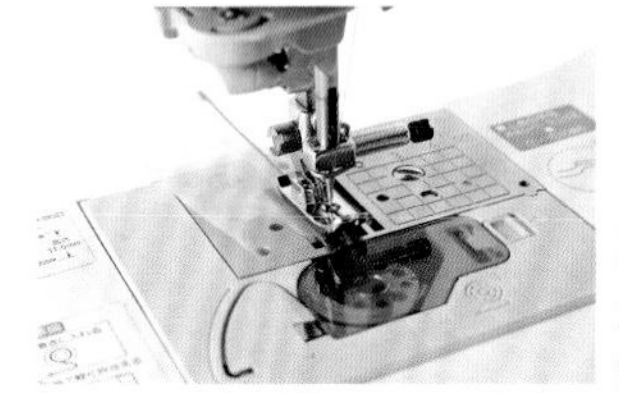

F. 薄布用壓布腳

車縫較薄布料時使用，可防止跳針或是布料陷落絞入針板內。

工具提供／矽立康潤滑劑……Clover・壓布腳……河口

簡單就能作出裝飾的工具

也有一些可以幫忙作出衣物裝飾跟帽子的工具。如果在市售商品中找不到完全符合要求的工具，先選擇最接近自己想要的感覺的東西來作作看。

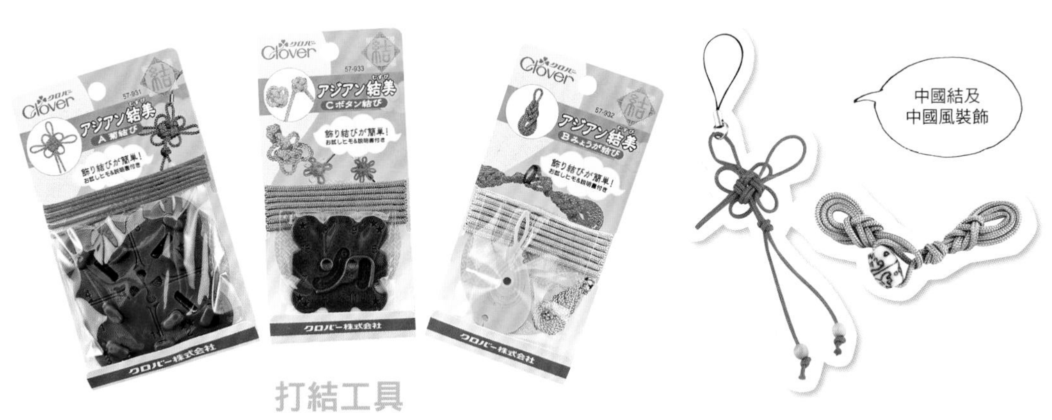
中國結及
中國風裝飾

打結工具

將繩子依照板子上標示的順序穿過，就可以作出有中式風格的中國結飾。總共有八種不同的款式。

Sweet Rose Plate
適合當成
洋裝的配件

甜蜜布作玫瑰型板

依照順序摺疊，然後拉扯縫線，就可以作成一朵玫瑰裝飾。若選擇緞布、雪紡、紗布等輕薄的布料來製作，會作出具蓬鬆感的玫瑰花。有S．M．L三種尺寸，請依照需要選擇適用的大小尺寸。

適用於日式
衣物的裝飾

布花速成型板

布料裁剪後夾著型板，依照順序縫，就可以作出日式布花。有尖形花瓣、圓形花、菱形等款式，每一款都有S&L尺寸。

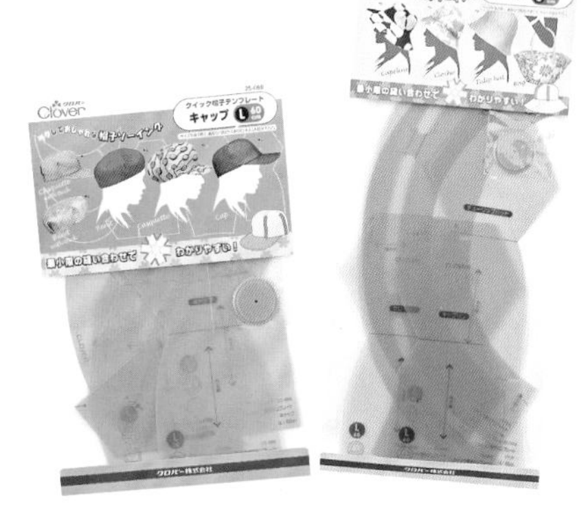

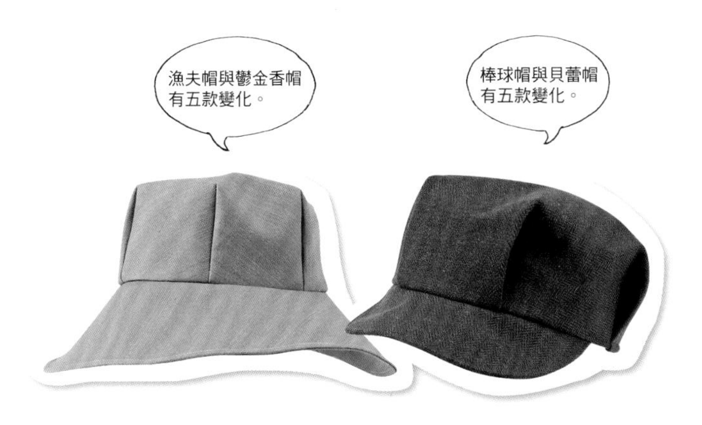
漁夫帽與鬱金香帽
有五款變化。
棒球帽與貝蕾帽
有五款變化。

帽子速成型板

使用速成型板的話，不需紙型也可以作出棒球帽、漁夫帽、貝蕾帽、獵帽等款式。如果有戴假髮或髮片再戴上帽子，建議選擇L尺寸。帽冠與帽沿組合搭配可作出五款帽子。

工具提供／Clover

縮短作業時間的工具

想要完成漂亮作品卻沒有時間的人，
以下將介紹一些可以縮短作業時間的工具。

穿帶器

腰圍部位要穿入鬆緊帶時使用的工具。
緊緊夾著鬆緊帶，簡單地就能穿過去。

滾邊器

布條穿過滾邊器，兩邊就會往內摺，
可以簡單地作出滾邊條。

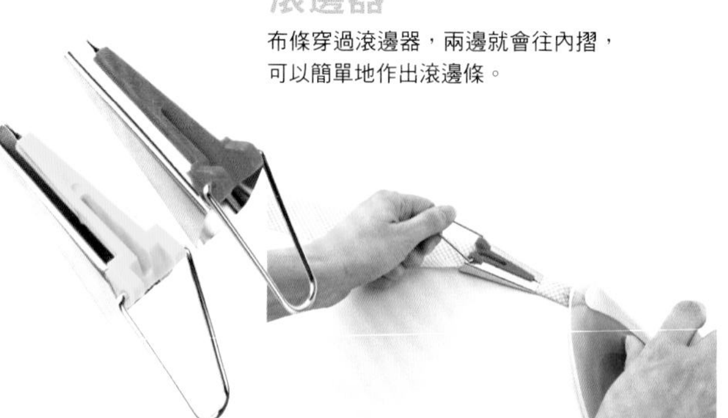

返裡針

前端的小鉤子，可以勾住布料邊緣拉出來。
能夠迅速地翻到正面。

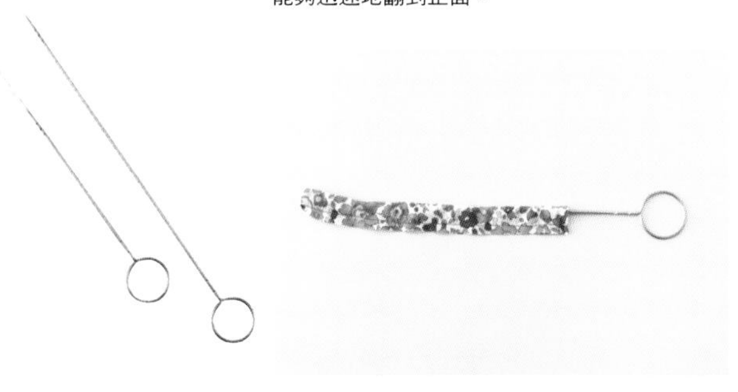

熱接著線

因為熱度而融化，可黏合布料的線。
一般用於暫時固定拉鍊或是蕾絲、裝飾繩等。

フジックス
メルター
熱接着糸
2号（330dtex×1×2）
7g（約100m）

點線器

用來作記號的工具。兩片布料正面朝外，
中間夾著複寫紙，從上方沿著線滾動，就
能在布料背面作上記號。

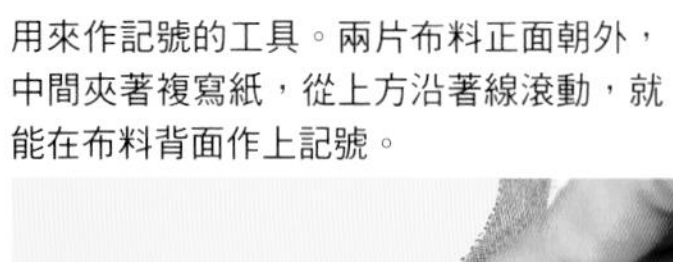

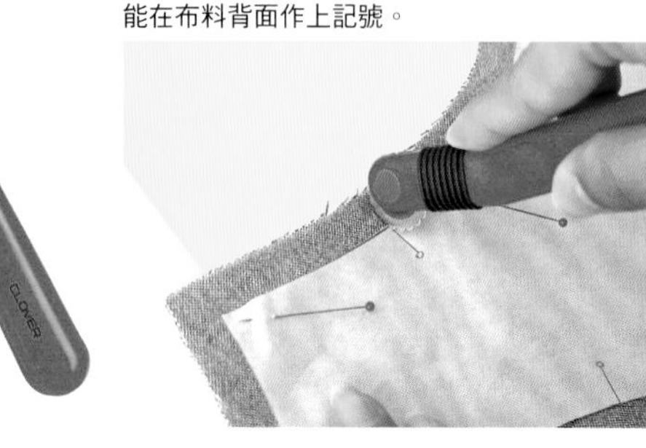

雙頭點線器

可以一次畫好縫份線及完成線的工具。
可以0.5cm為單位移動改變兩片滾輪之
間的距離。

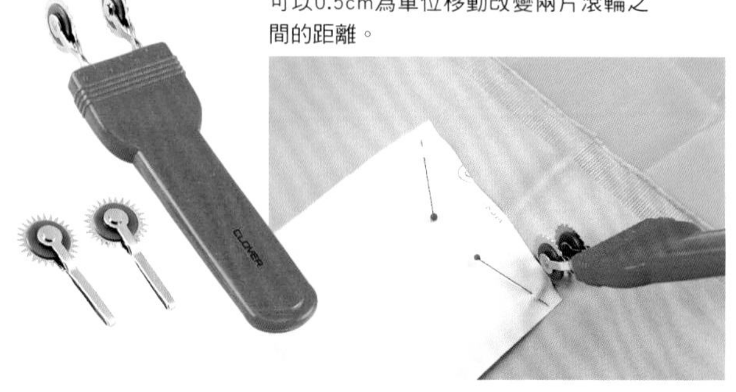

縫份燙尺

上面有0.5cm的方格標示的尺。可用於下襬等
部位，可一邊熨燙一邊摺入固定寬度。

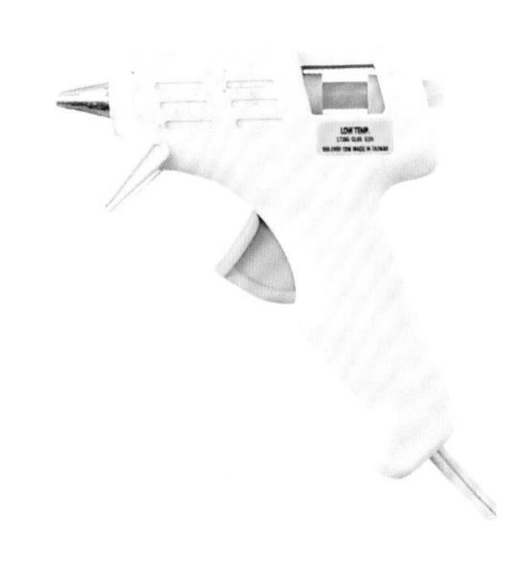

馬上就
可以黏合

熱融槍

將棒狀的熱融膠融化進行黏合，大約幾十秒之後就會凝固黏著。另外，不只可以用來黏合，還可以利用它突起的狀態來描繪圖案。

CLOVER'S LOVE
ほつれ
ストップ液
液をつけるだけで
ほつれを防止!
内容量25ml
クロバー株式会社

只要塗在
布邊即可

防綻液

只要在布料或是緞帶邊緣塗上一點點，就可以防止布邊縫線綻開。

ボンド
Gクリヤー
速乾
透明

最適合拿來
接合裝飾

G clear

透明快乾的黏著劑，布料、皮革甚至泡綿都能用。可用於黏合固定裝飾時。

Clover
アイロン接着シート
Iron Bond Sheet

熨燙貼合徽章
布標之類的裝飾

熱燙貼紙

兩面都附黏著劑，以熨斗熨燙之後就可融化黏合。用來貼徽章等裝飾圖樣非常方便。

Clover
57-899
水溶性両面接着テープ
＜6mm幅×20m巻＞
両面テープ
クロバー株式会社

用來暫時
固定布料

水溶性雙面膠帶

兩面都有黏著劑的膠帶。因為是水溶性的膠，所以只要用水洗過就可以完整乾淨地溶解掉。可以用於像拉鍊這類需要疏縫固定的部位。

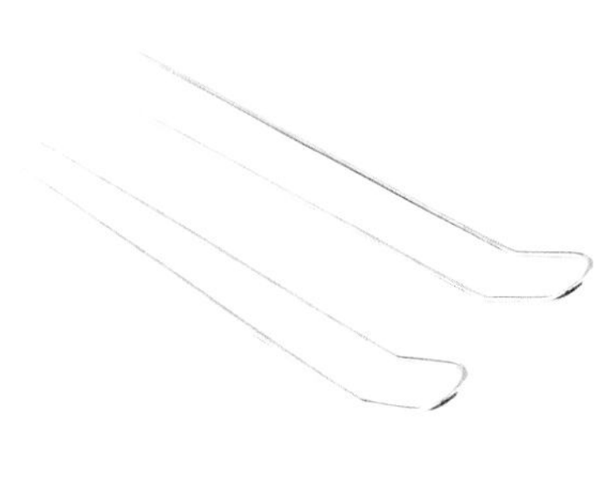

用於輕薄的
材質上非常方便

雙針待針

像薄紗之類的輕薄材質如果以珠針固定，很容易脫落。兩根針的設計可以緊緊地夾住，用於容易變型移動的絨毛布料也很方便。

針都被磁力
牢牢吸住！

磁針盒

因為磁力讓珠針都朝同方向聚集。不需要一直拔針收針，也不須擔心珠針散落。

工具提供／ 熱接著線……Fujix、熱融槍與G clear以外的工具……Clover

Step 4

裝飾的方法

本書所介紹的只是服飾的基本款式。若想要作出接近自己想像中的作品，可以試著加上蕾絲或是滾邊，來作裝飾搭配。

蕾絲

很常使用於女性服飾上的蕾絲，
請選擇符合角色形象的蕾絲款式。

蕾絲的種類

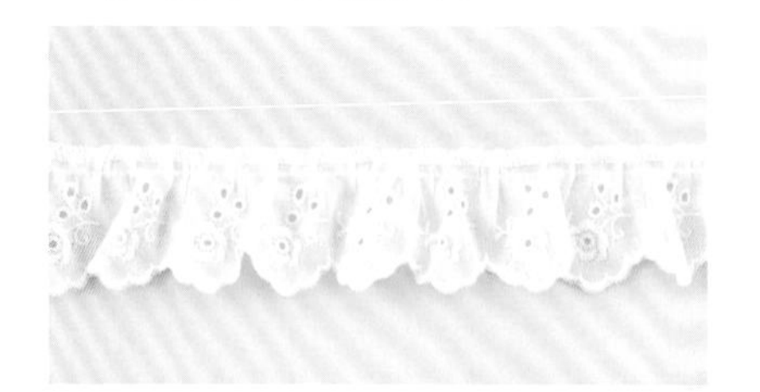

棉布蕾絲

純棉材質上面有繡花鏤空的蕾絲。

化學處理蕾絲

刺繡之後，溶掉刺繡以外的部分而製成的蕾絲，有很多不同的花樣。

棉麻蕾絲

由棉麻材質的線編織而成的蕾絲。

網紗蕾絲

網紗機編織而成，特色是比其他種類的蕾絲較薄。

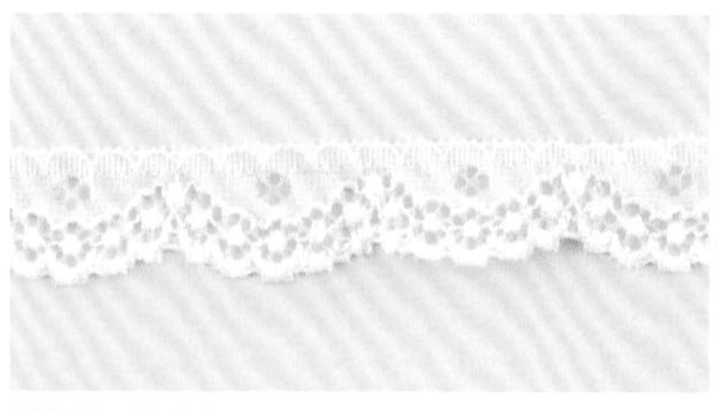

彈性蕾絲

有彈性的蕾絲，若想要裝飾在針織材質上，建議選用這種彈性蕾絲。

縫上蕾絲的方法

車縫蕾絲邊緣固定

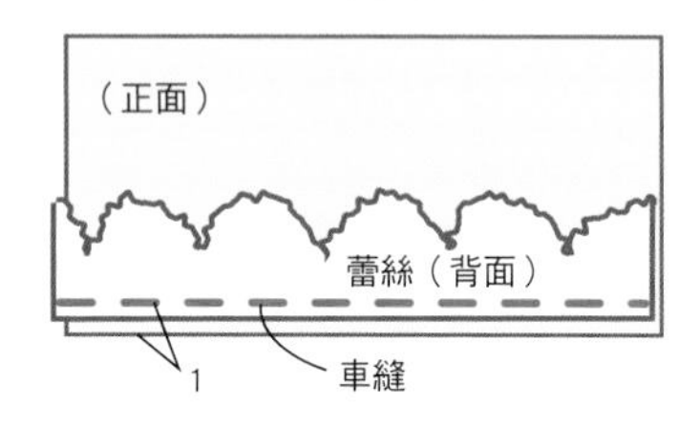
（正面）
蕾絲（背面）
1
車縫

1. 蕾絲與布料正面相對對齊，車縫邊緣。

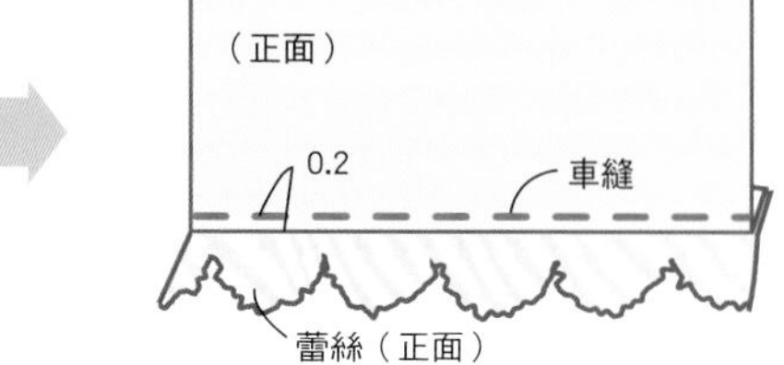
（正面）
0.2
車縫
蕾絲（正面）

2. 將蕾絲翻回正面，縫份倒向上側，於正面再壓一道裝飾線。

將蕾絲疊在布料上車縫固定

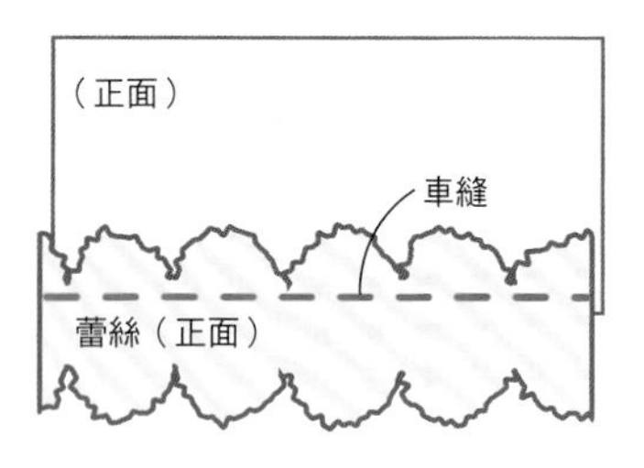
（正面）
車縫
蕾絲（正面）

適用於兩側都很漂亮，露出來被看見也沒關係的蕾絲種類，將蕾絲疊在布料上車縫固定。

以布料用黏著劑黏上蕾絲

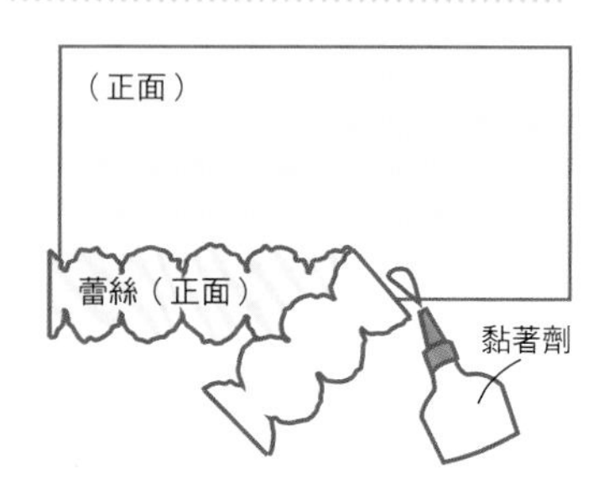
（正面）
蕾絲（正面）
黏著劑

在布料與蕾絲之間塗上黏著劑，固定蕾絲。

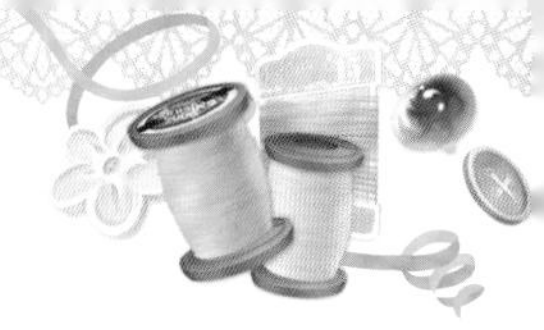

滾邊斜布條

來製作包邊很方便的斜布條吧！
只要抓到曲線跟直角的縫製訣竅，就可以縫得很漂亮。

製作斜布條的方法

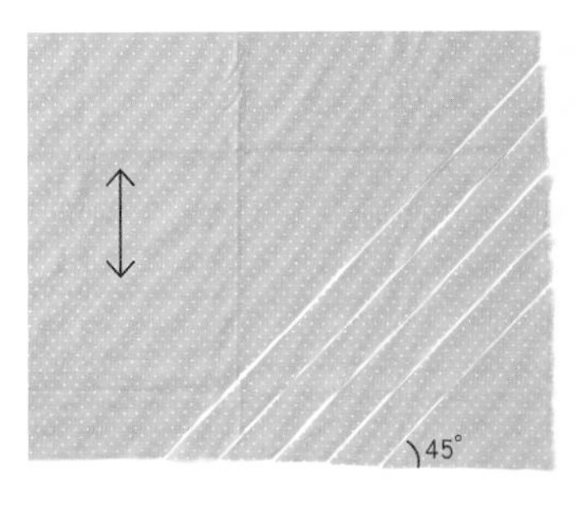
45°

1. 平行地畫出與布紋線呈45°的直線（寬度視需要決定），然後剪下來。

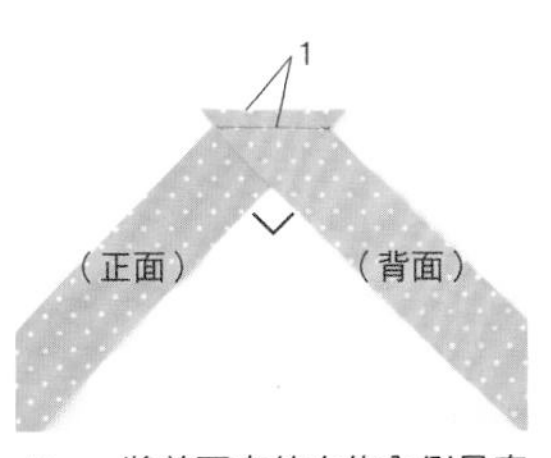
1
（正面）
（背面）

2. 將剪下來的布條內側呈直角對齊，縫合。

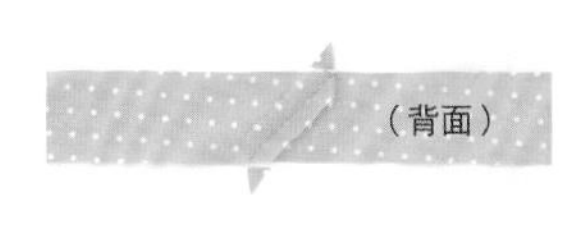
（背面）

3. 燙開縫份，剪掉突出的部分。

（正面）

4. 斜布條製作完成。

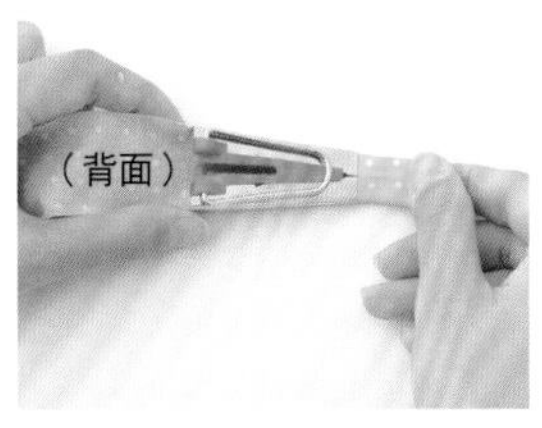
（背面）

5. 將斜布條背面朝上穿入滾邊器，抓著邊緣拉出。

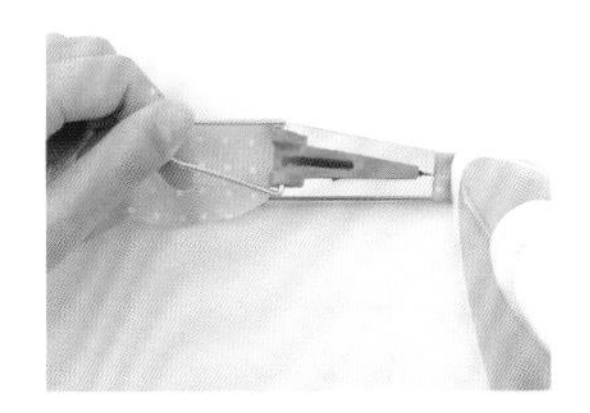

6. 一邊拉滾邊器，一邊熨燙拉出來的斜布條。

7. 滾邊斜布條完成。如果不使用滾邊器，就將兩側對齊中心線摺入熨燙。

Step4 ▸ Arrange-ment

縫製方法

以斜布條處理縫份

布邊往裡側摺入，從正面看完全看不到斜布條。

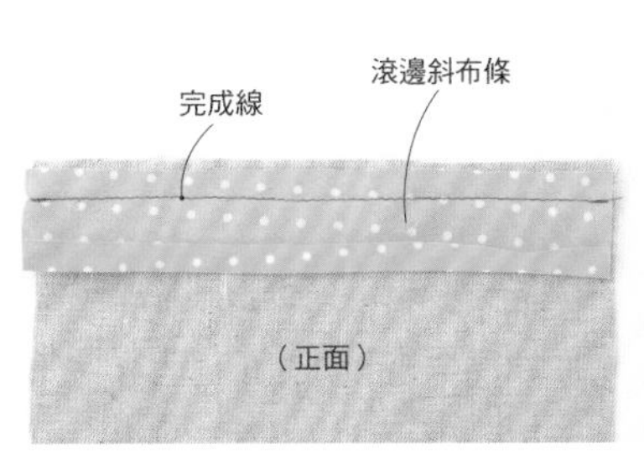
滾邊斜布條
完成線
（正面）

1. 完成線與滾邊斜布條的摺線對齊，正面相對縫合。

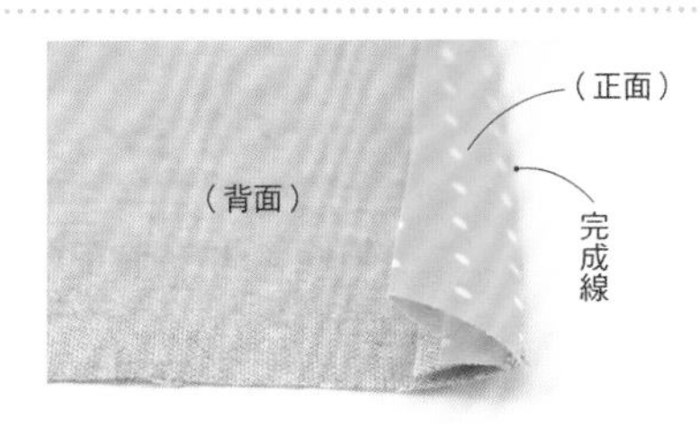
（正面）
（背面）
完成線

2. 以斜布條遮住縫份，沿著完成線將滾邊斜布條摺進布料的背面側，以熨斗整燙定型。

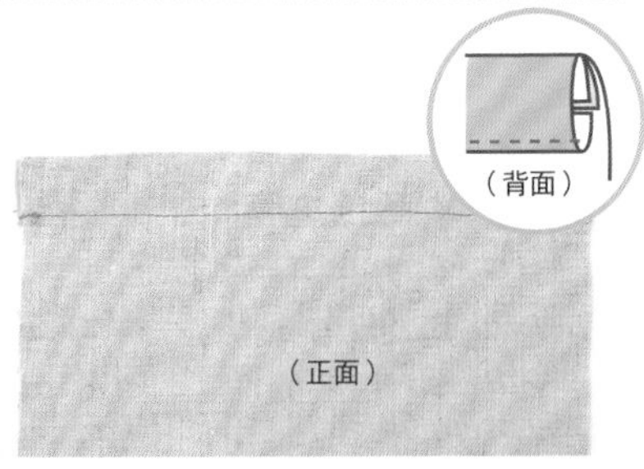
（背面）
（正面）

3. 沿著滾邊斜布條摺線旁的溝槽車縫，從正面完全看不到斜布條。

以滾邊處理縫份

以滾邊斜布條包住布邊的方式，從正面看得到滾邊斜布條。

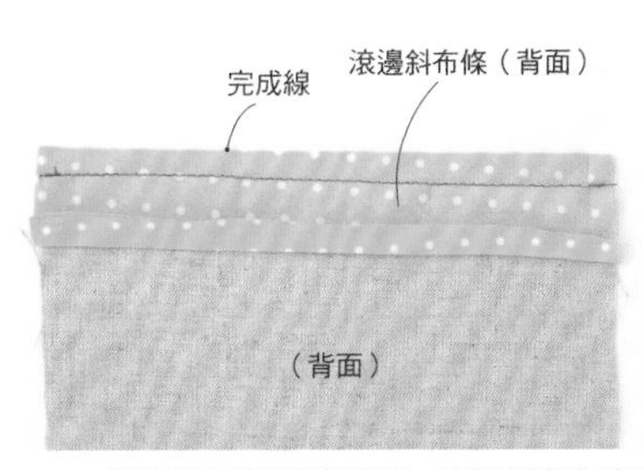
滾邊斜布條（背面）
完成線
（背面）

1. 滾邊斜布條與布邊對齊，車縫於滾邊斜布條的摺線上。

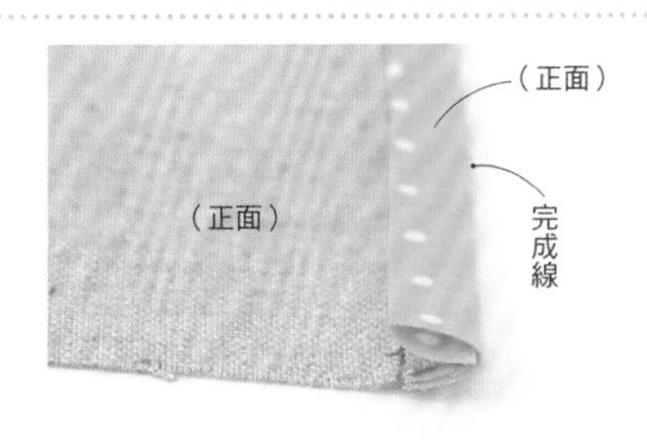
（正面）
（正面）
完成線

2. 包住布邊，以滾邊斜布條蓋住縫線，摺到完成線。

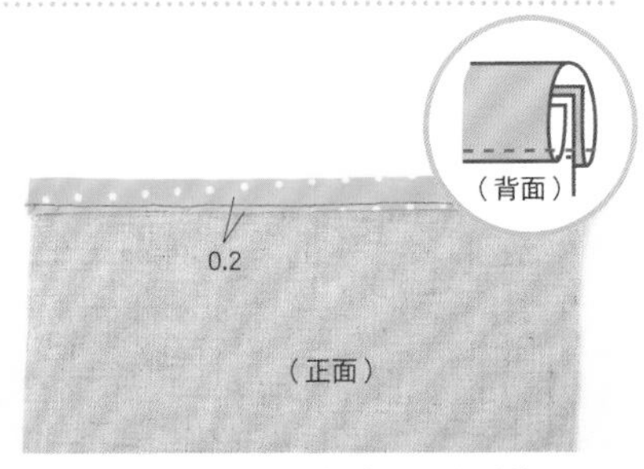
（背面）
0.2
（正面）

3. 從正面車縫一道離摺線0.2cm的縫線。

縫至曲線上

以滾邊的方式，將滾邊斜布條縫到曲線的布邊上。

{ 外凸曲線的縫製方式 }

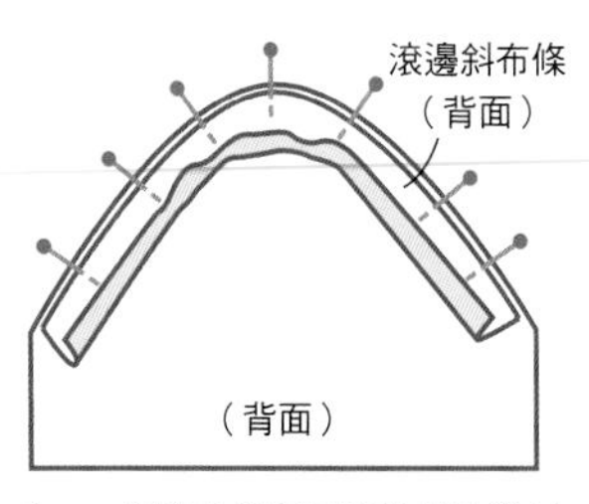
滾邊斜布條
（背面）
（背面）

1. 對齊布邊但不要拉伸滾邊斜布條，以珠針固定。

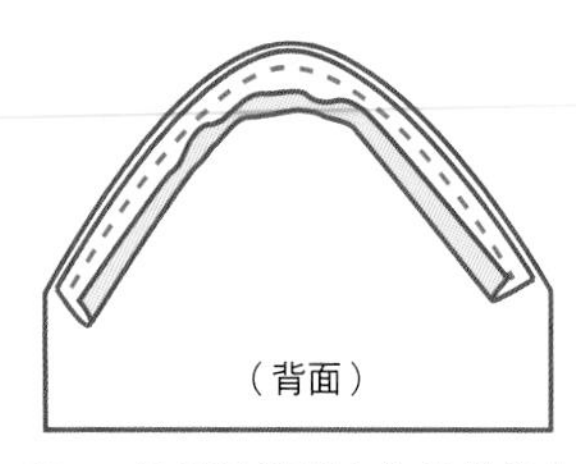
（背面）

2. 沿著滾邊斜布條的褶線車縫。

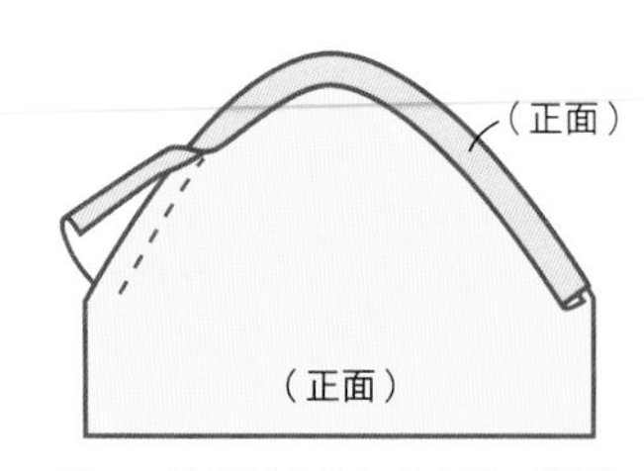
（正面）
（正面）

3. 滾邊斜布條包住布邊，翻回正面。

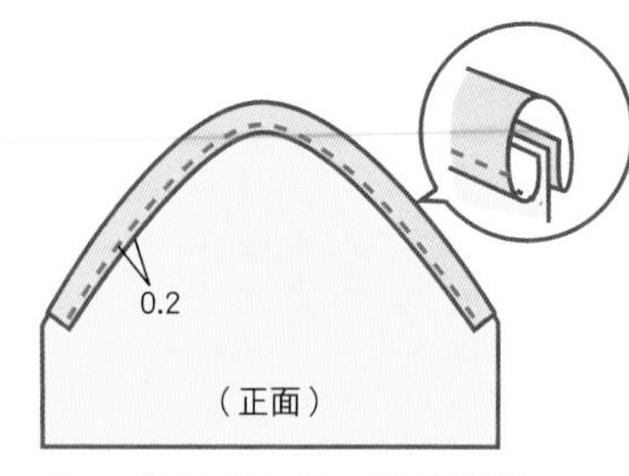
0.2
（正面）

4. 從正面車縫一道離褶線0.2cm的縫線。

{ 內凹曲線的縫製方式 }

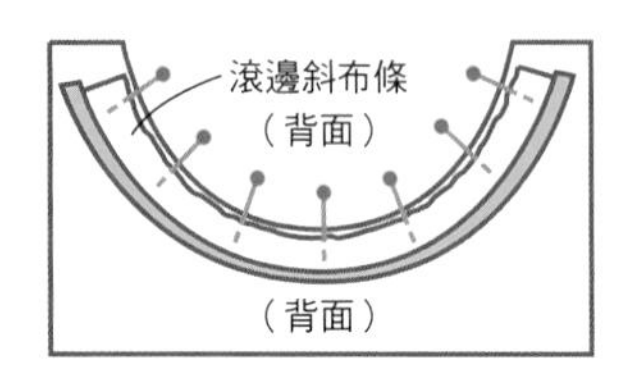
滾邊斜布條
（背面）
（背面）

1. 稍微拉伸斜布條對齊布邊，以珠針固定。

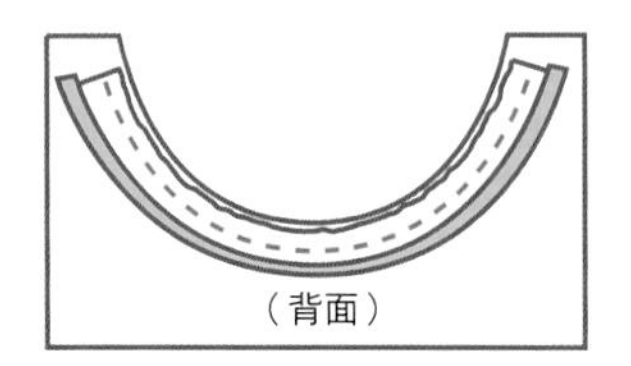
（背面）

2. 沿著滾邊斜布條的褶線車縫。

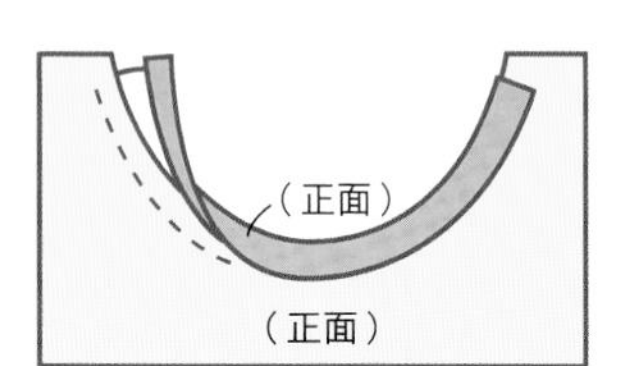
（正面）
（正面）

3. 滾邊斜布條包住布邊，翻回正面。

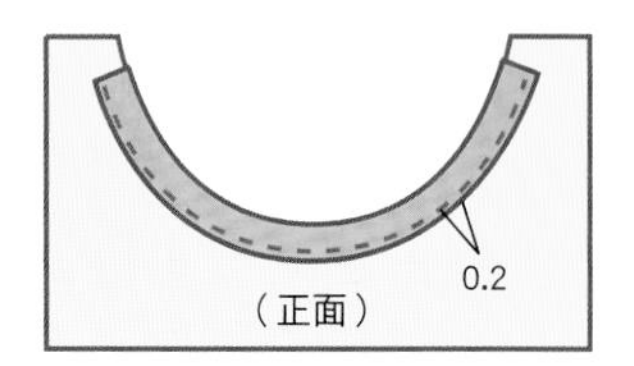
0.2
（正面）

4. 從正面車縫一道離褶線0.2cm的縫線。

縫到直角上

以滾邊的方式，將滾邊斜布條縫到直角的布邊上。

{ 外凸的直角縫製方式 }

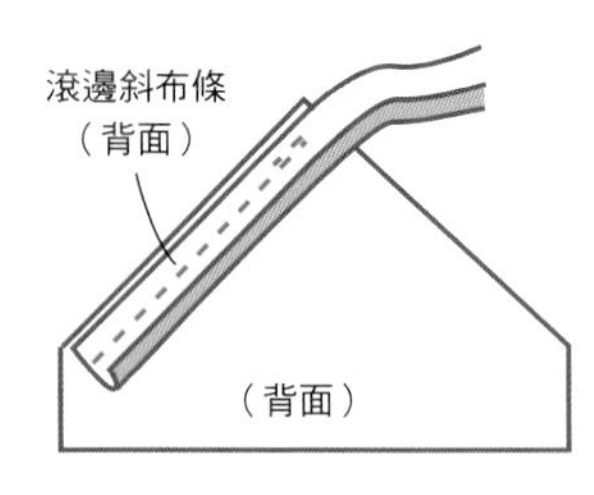
滾邊斜布條
（背面）
（背面）

1. 滾邊斜布條對齊邊，車縫到直角位置進行回針縫。

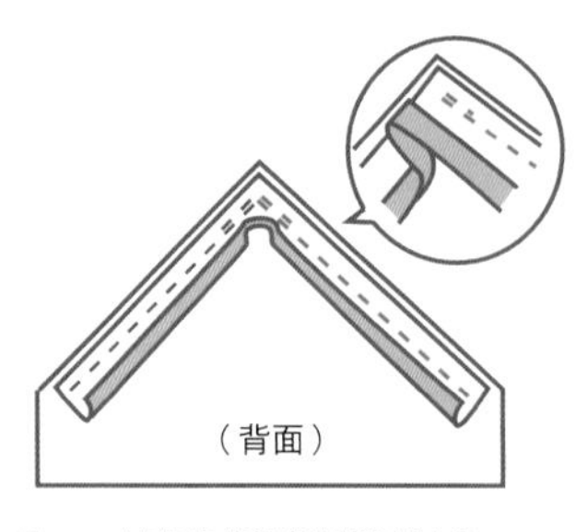
（背面）

2. 於直角處摺疊滾邊斜布條，並進行回針縫後繼續車縫。

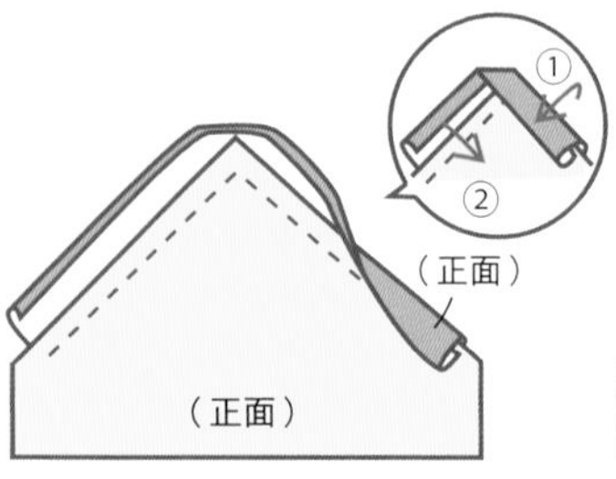
①
②
（正面）
（正面）

3. 滾邊斜布條翻到正面，依照①→②的順序摺疊滾邊斜布條。

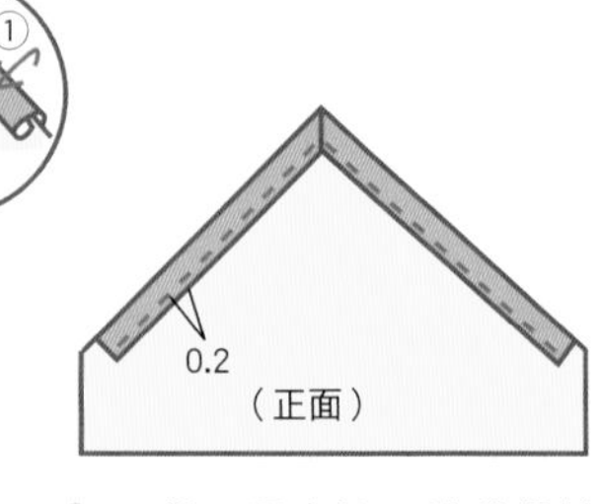
0.2
（正面）

4. 從正面車縫一道離褶線0.2cm的縫線。

{ 內凹的直角縫製方式 }

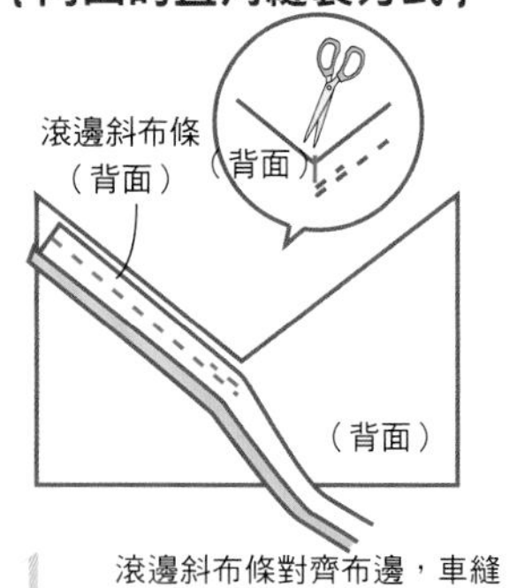
滾邊斜布條
（背面）
（背面）
（背面）

1. 滾邊斜布條對齊布邊，車縫到直角位置進行回針縫。在直角處剪牙口。

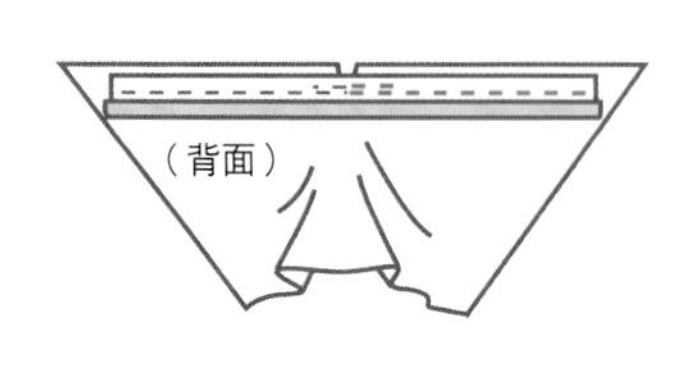
（背面）

2. 將布邊拉成直線從回針處繼續車縫。

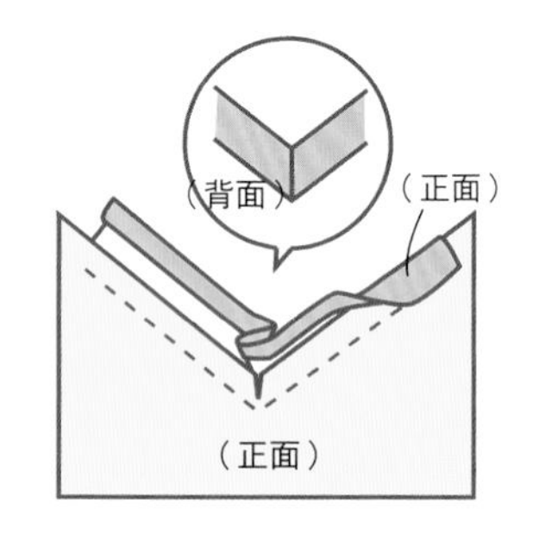
（背面）
（正面）
（正面）

3. 滾邊斜布條往上摺，在直角處摺疊，翻回正面。

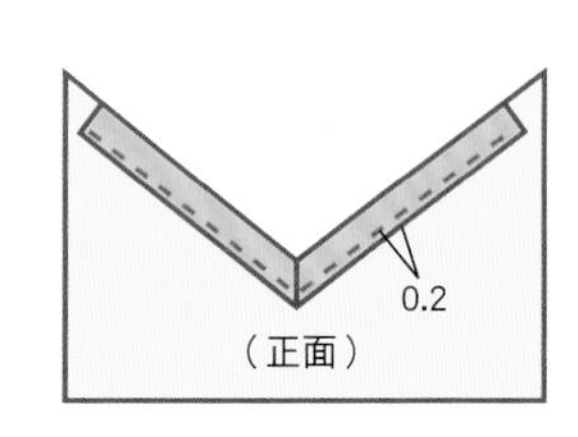
0.2
（正面）

4. 整理直角處形狀，從正面車縫一道離褶線0.2cm的縫線。

花邊

很常用於裙子或袖口的花邊。
可以依據角色形象，作成抽褶或是荷葉邊。

抽褶

縮縫布料讓布料產生縐褶的方法。均勻車縫接合，成品看起來才會蓬鬆好看。

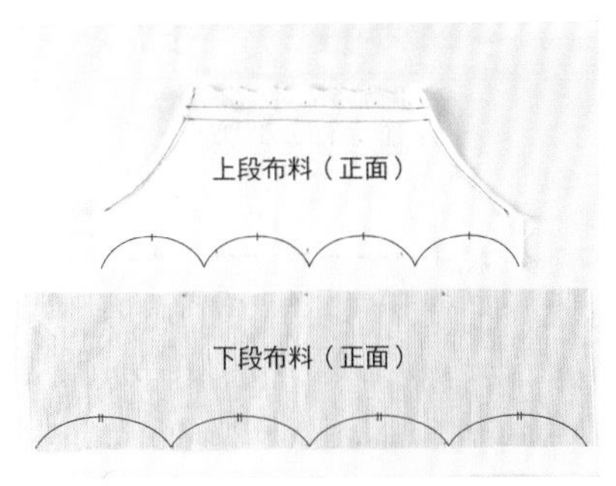
上段布料（正面）
下段布料（正面）

1. 上下段布料各自在縫份上作出四等分的記號。

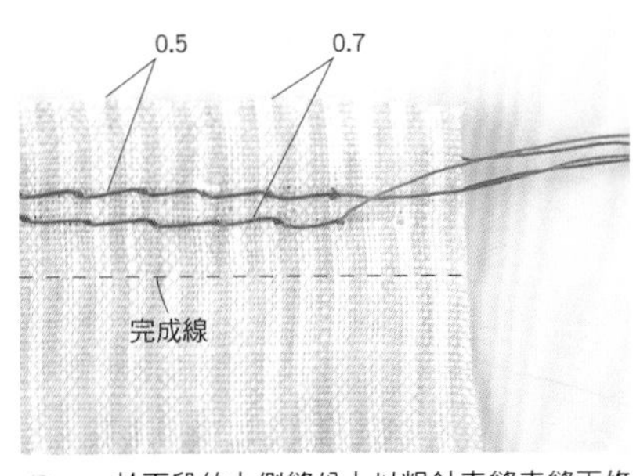
0.5
0.7
完成線

2. 於下段的上側縫份上以粗針車縫車縫兩條縫線。

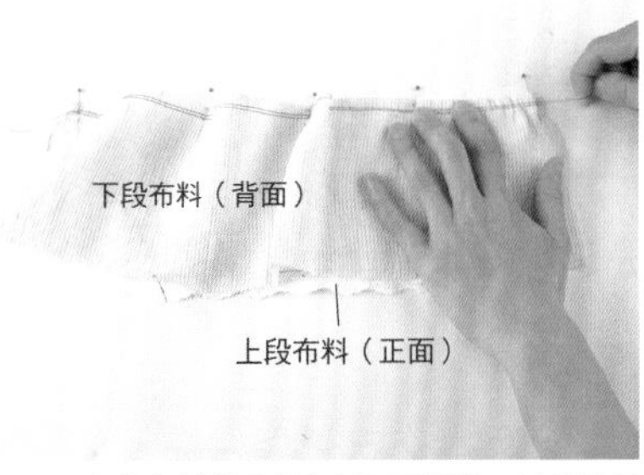
下段布料（背面）
上段布料（正面）

3. 上段布料與下段布料正面相對，以珠針固定兩側與中心點，一起拉扯兩條縫線的上線。

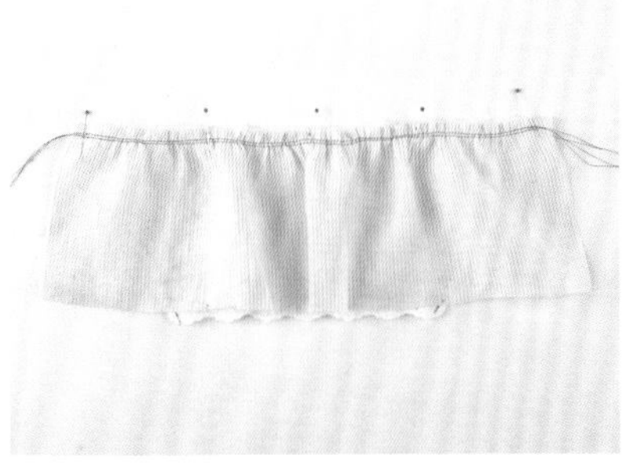

4. 調整抽摺使摺疊份均勻。

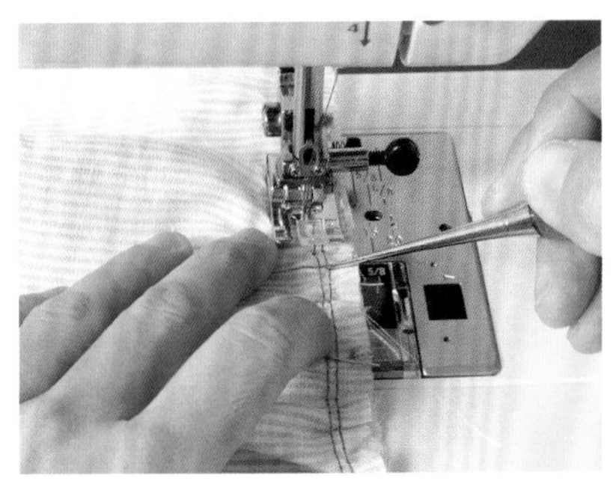

5. 以錐子一邊壓著褶子，一邊沿著完成線車縫。先以熨斗熨燙定型一下，車縫起來會比較容易。

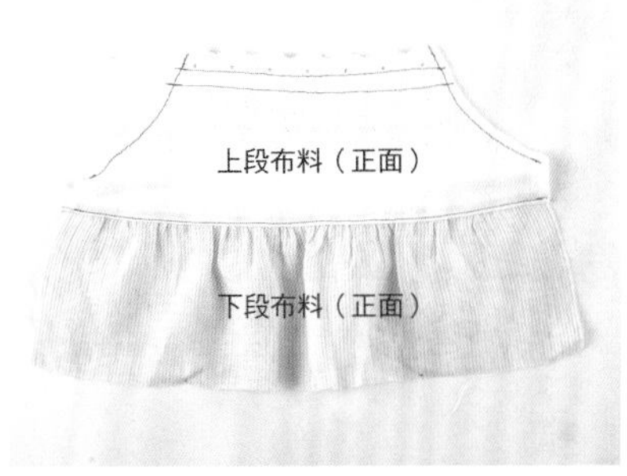
上段布料（正面）
下段布料（正面）

6. 抽摺完成！抽掉粗針車縫的縫線。

荷葉邊

像牽牛花花瓣帶有波浪的形狀，縫合部分很簡單、直接。

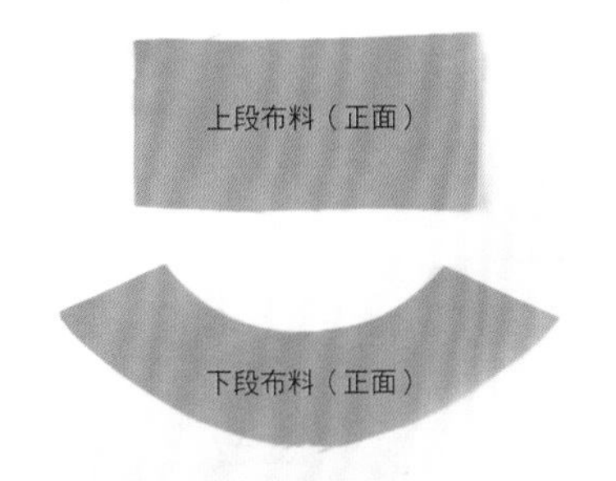
上段布料（正面）
下段布料（正面）

1. 荷葉邊是曲線的圓弧部分，將曲線拉直就會作出波浪狀。

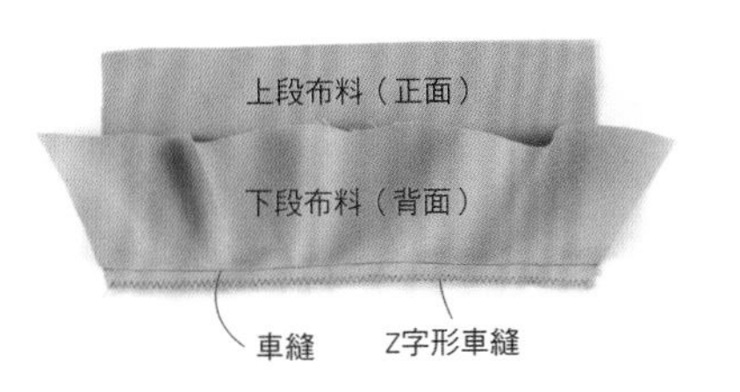
上段布料（正面）
下段布料（背面）
車縫
Z字形車縫

2. 上段布料與下段布料正面相對，以珠針固定弧度較短的一側。沿著完成線車縫之後，兩片布料的縫份處一起進行Z字形車縫。

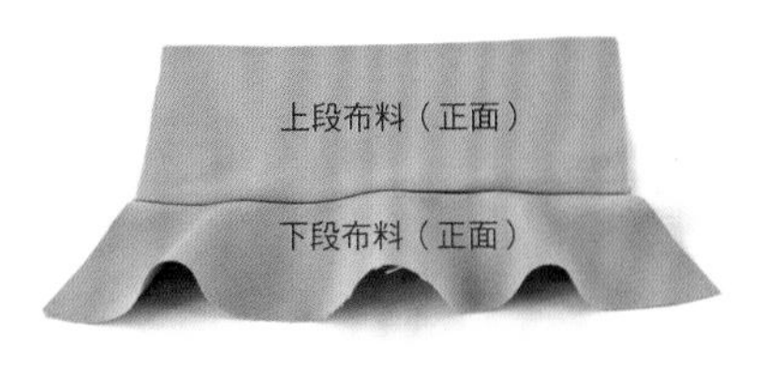
上段布料（正面）
下段布料（正面）

3. 縫好荷葉邊了！

緞帶・編繩

為了讓服裝看起來更加華麗，加上緞帶或編繩裝飾會有很好的效果。
以下將介紹縫製方法。

種類

緞帶
緞面的材質，帶有光澤感是其特色，具有彈性。

織帶
有橫向溝紋，較有厚度的緞帶，價格較高。

絨布緞帶
絨布材質製成，具有高級感。

金蔥編繩
帶有金銀光澤的編繩，最適合裝飾邊緣。

亮片帶
亮片串成的帶子。

縫製方法

車縫兩端

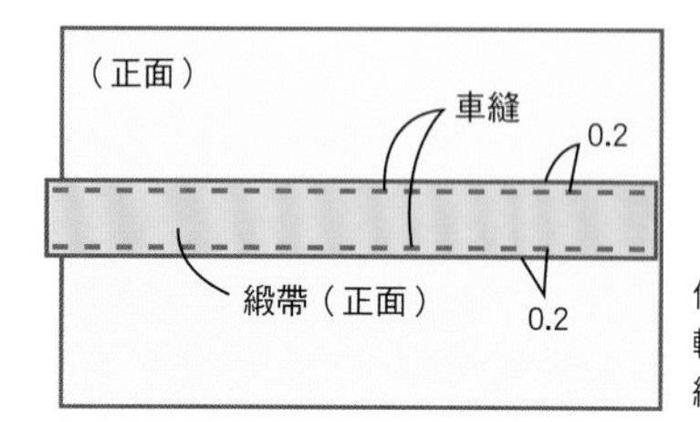
（正面）
車縫
0.2
緞帶（正面）
0.2

像絨布緞帶這類寬度較寬的緞帶，建議車縫兩端固定。

只車縫中心線

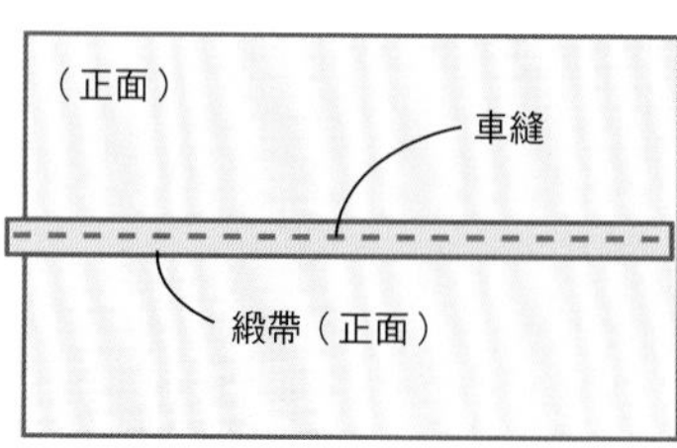
（正面）
車縫
緞帶（正面）

較細的緞帶，車縫中心線固定即可。

手縫固定

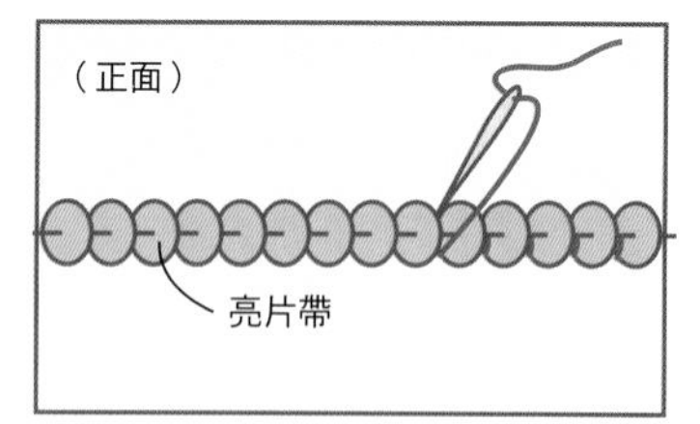
（正面）
亮片帶

像亮片帶這類的裝飾帶，如果以縫紉機車縫會破掉，所以要用手縫，挑縫中間的縫線固定。

以黏著劑固定

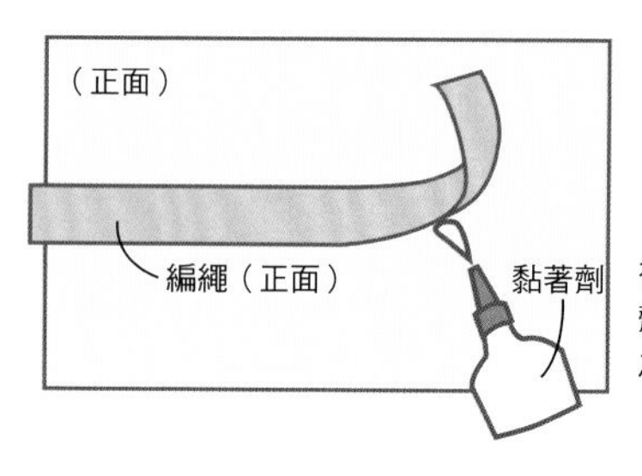
（正面）
編繩（正面）
黏著劑

在空隙裡塗上黏著劑，在黏著劑完全乾之前不要移動編繩。

加上圖案

有時因為服裝需要，很難在市面販售的材料中找到需要的圖案。
接下來將介紹幾種可以在布料上作出喜歡的圖樣的方法。
白色基底布料是化纖斜紋布，深色的則為棉織斜紋布。

印刷後貼上貼紙

A·one
アイロンプリントシート
51126
布地になじむ超高画質プリント!
アイロンで簡単転写!
アイロンプリントシート
インクジェットプリンタ専用

轉印貼紙

將噴墨印表機印出的圖案，轉印或是直接貼上的方法。這方法適用於需要好幾個完全一模一樣的圖案，或是要製作較精緻圖案時的情況。需注意適用於淺色系布料的轉印紙，如果貼到顏色較深布料上時，圖案可能會看不清楚。（如右圖）

裁剪之後貼上

デザイン
サンプル入

熱燙印紙

以剪刀隨興地剪下圖案，經過熨斗加熱就可貼住固定，表面有點絨毛的熱燙印素材，很適合用於T恤或連帽運動衣等。也有已經裁剪成制服或隊服上數字形狀的熱燙印貼紙。

不織布

裁剪手工藝用不織布然後貼上。材料很容易取得，布邊也不會綻開，非常簡單就可完成。可以沿著邊緣車縫固定，市面上也有附背膠的不織布，或是直接撕開就可黏貼的款式。

人造皮革

剪下不會鬚邊的人造皮革，車縫固定。但是直接進行車縫可能會無法順利送布。車縫時請換成皮革壓布腳並搭配矽立康潤滑劑。

以顏料描繪

pébéo
Setacolor
opaque
Couleur pour tissus
Colour for fabrics
BLEU D'ORIENT 56
ORIENTAL BLUE
www.pebeo.com

布料用水性壓克力顏料

適用於棉布、麻布、絲質、牛仔等布料的顏料，也可洗滌。如果使用壓克力顏料，乾了以後表面會有一點粗糙，但也還不致於影響布料的感覺。顏料乾了以後請以熨斗燙一下。

DecoArt
SoSoft
NEW
Fabric Paint
Acrílicos para Telas
Tinta para Tecido
Colore per stoffa
Peinture pour tissu
Wisteria/Glycine

布用顏料

完成效果看起來很柔和的不透明顏色，不論在哪一種布料上都可以使用。布料上也可以混色製作不同的色調，乾了之後不需再熨燙。

以筆描繪

布用畫筆

可在耐水的布料上描繪的畫筆，深色的布料上也可以使用。如果換成較細的筆頭就能畫出細緻的圖案，洗滌或乾洗都沒有問題。

以熱融槍畫出圖案

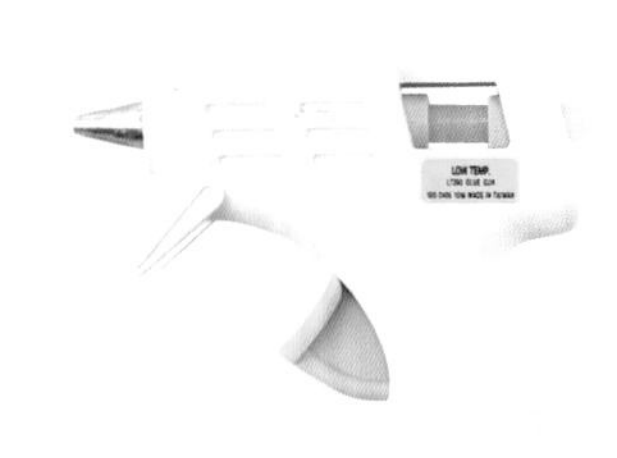

熱融槍

利用棒狀的膠條受熱融化後擠出來，作成立體的圖案。有透明、各種色彩或內含有亮片的各種不同熱融膠條。

以手繪染料畫出圖案

DYLON
COLORFUN
SOFT
FABRIC
PAINT

手繪染料

畫畫的顏料一樣可以混色。比壓克力顏料的效果柔和，顏料乾了之後請以熨斗熨燙或是吹風機加熱處理。要塗在深色布料上時，如果沒有先用白色顏料打底之後再塗上，顏色會不太容易上得去。（如右圖）

以噴漆作出圖案

ガス抜きキャップがついて、新しくなった!
新・布スプレー
布スプレー
Spray on any fabric
●布にスプレー、簡単アート●
No.9
スウィートピンク
MARVY

布用噴漆

蓋上刻好圖樣的模板，在布料上噴出圖案。不透明的效果，所以在深色布料上也很顯色。噴上圖案後，觸感會比原來的材質硬一點。使用時，請一定要注意空氣流通。

Point

用在人造皮革上

可以在人造皮革或是塑膠防水布料上，描繪圖案或是塗上顏色。

以布用印台蓋出圖案

VersaCraft
For fabric, paper, wood and more!

布用印台

非常適合棉麻材質的布用印台。只要沾上印泥，就能簡單地蓋出圖案。聚酯纖維材質較不易吸附墨水，建議先在碎布上試蓋看看。

Point

使用橡皮擦印章

像圓形或是四方形這類簡單的形狀，可以切割橡皮擦代替印章，簡單地就能蓋上圖案。

雞眼釦・鉚釘釦

衣物裝飾上常會用到的雞眼釦與鉚釘釦的安裝方法，也要學會喔！
需要用到槌子，作業時一定要小心。

雞眼釦

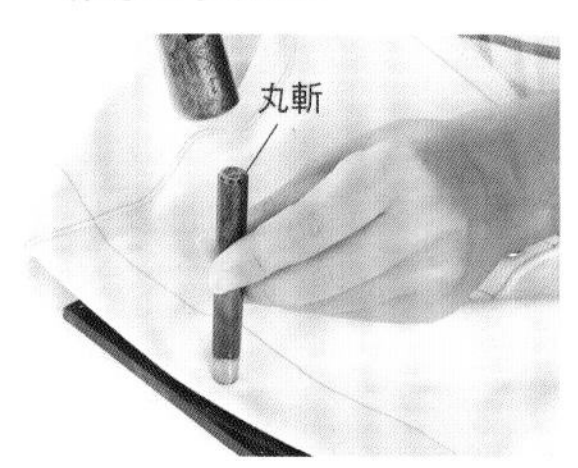

丸斬

1. 利用像丸斬這類的打洞工具，在要裝上雞眼釦的位置打洞。

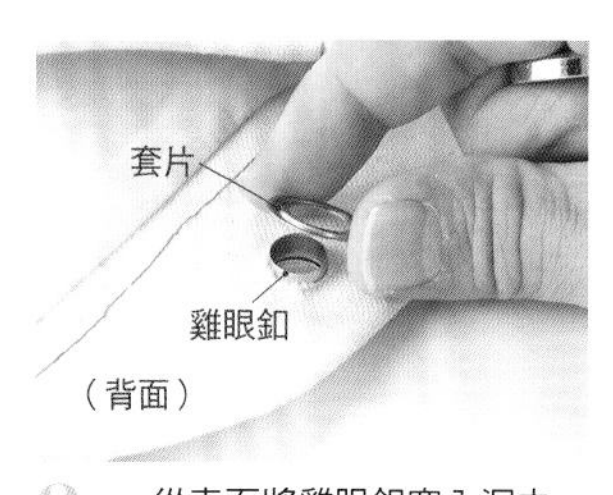

套片
雞眼釦
（背面）

2. 從表面將雞眼釦塞入洞中，於背面裝上套片。

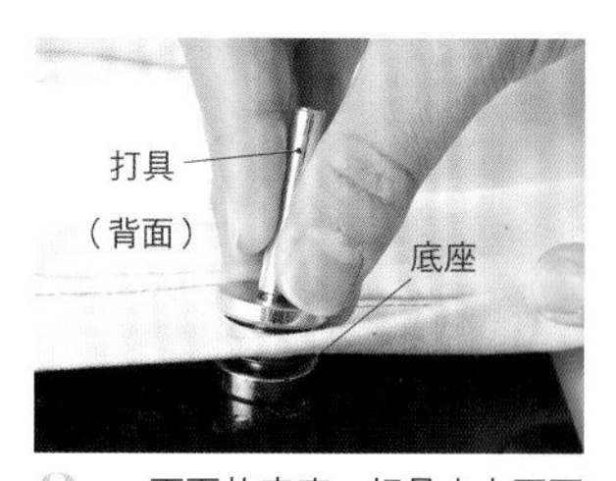

打具
（背面）
底座

3. 下面放底座，打具由上而下疊在雞眼釦上，以槌子敲打。

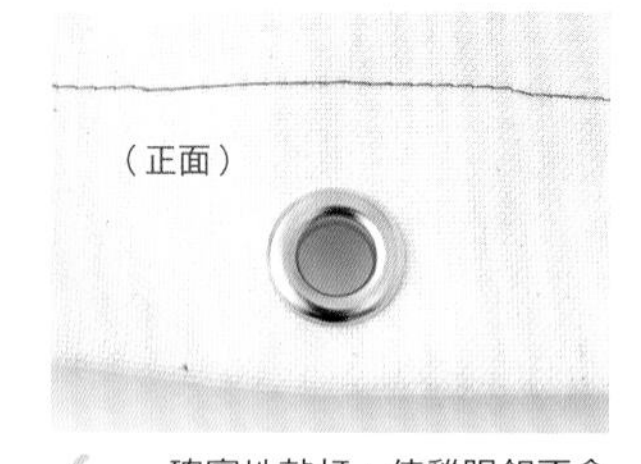

（正面）

4. 確實地敲打，使雞眼釦不會鬆動牢牢地釦住。

鉚釘釦

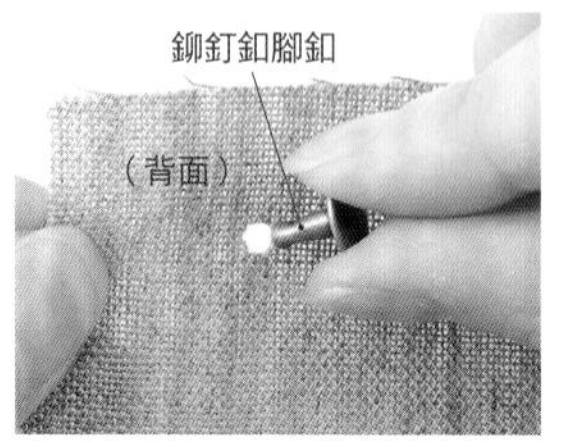

鉚釘釦腳釦
（背面）

1. 以丸斬之類的工具打洞之後，將腳釦插入洞中。

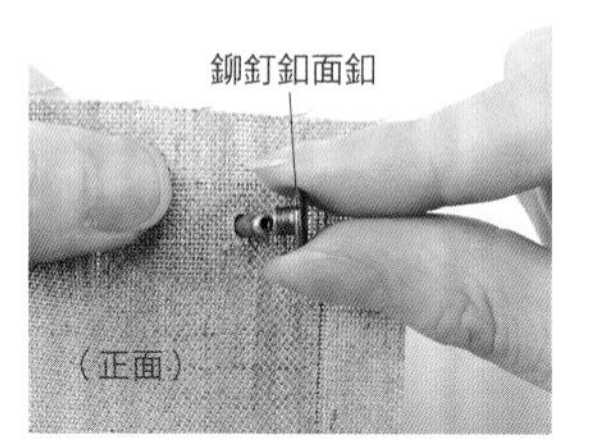

鉚釘釦面釦
（正面）

2. 從正面裝上面釦。

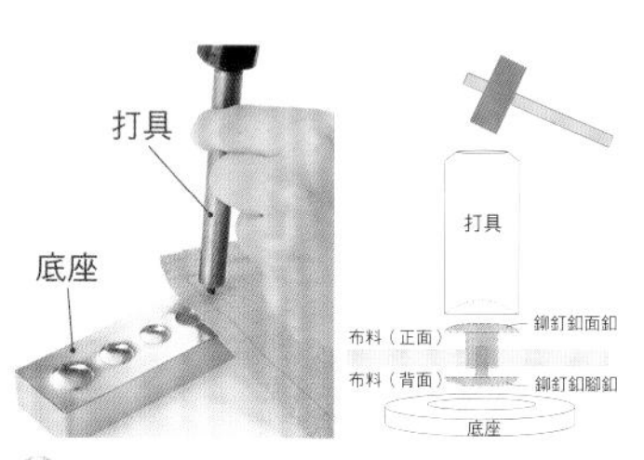

打具
底座
打具
布料（正面）
鉚釘釦面釦
布料（背面）
鉚釘釦腳釦
底座

3. 放上底座，疊上打具，以槌子捶打固定。

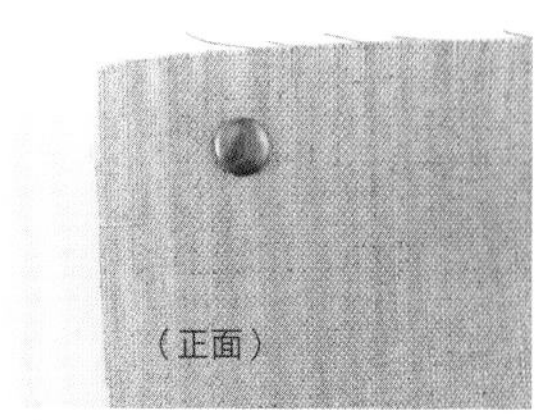

（正面）

4. 鉚釘釦裝好了！

暗釦

在開口處用來固定的暗釦。
要牢牢地縫上才不會一下子就脫落了。

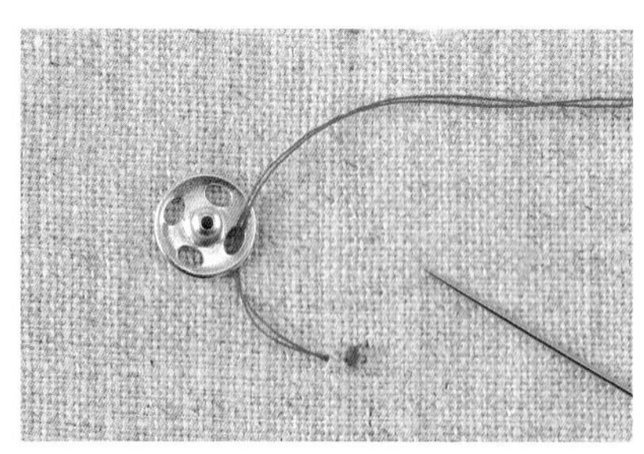

1. 穿線打結，在暗釦中心位置出針，並穿過暗釦的孔。

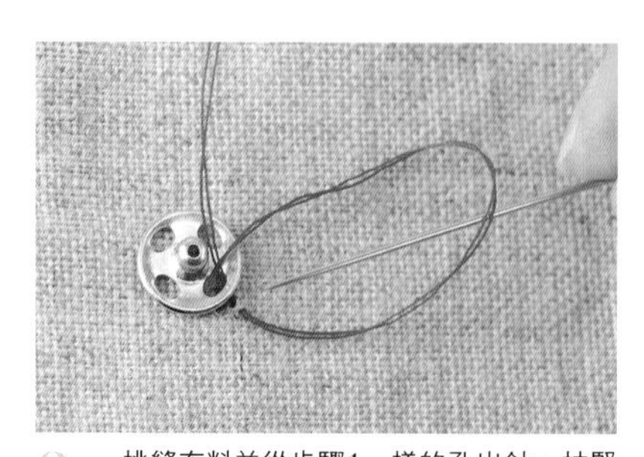

2. 挑縫布料並從步驟1一樣的孔出針。拉緊縫線，針從線圈中穿過拉緊縫線。

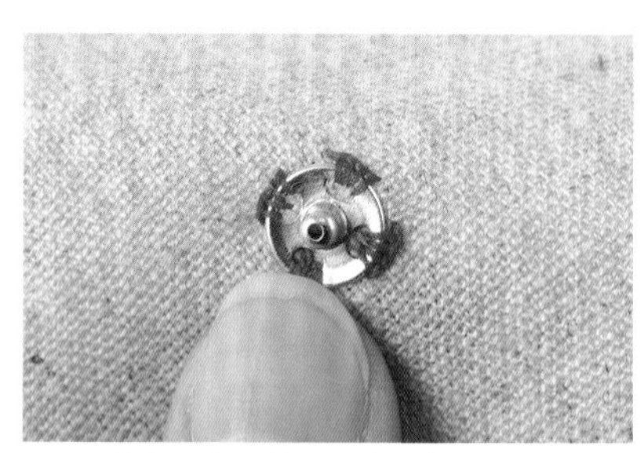

3. 每個洞都須繞四次線，每個洞都縫製固定。

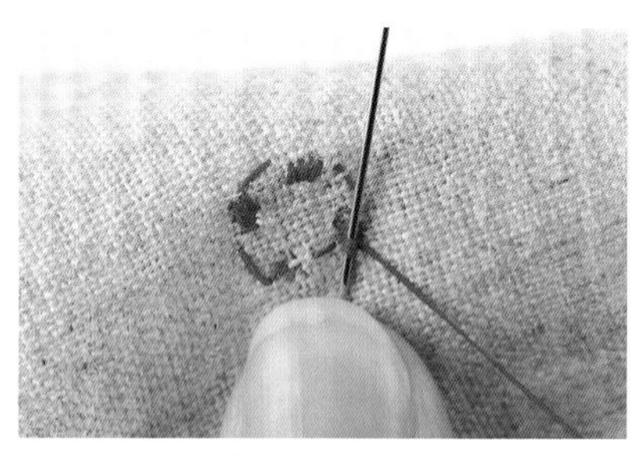

4. 最後針從背面出針，打結。

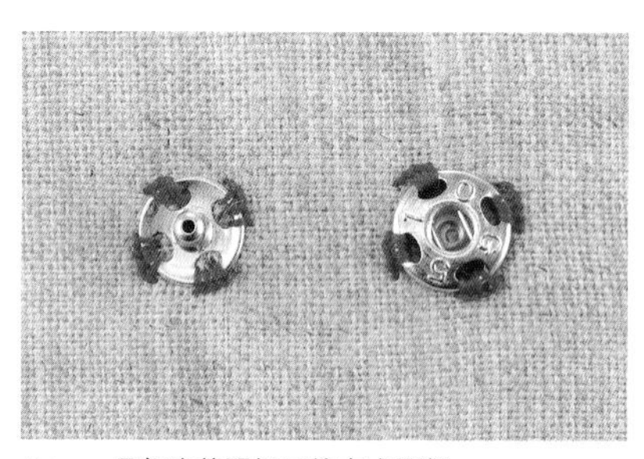

5. 母釦也依照相同的方式縫製。

剪接

cosplay服飾可以靠剪接配色，呈現出不同視覺感受。
接下來將詳細說明直線、鋸齒、曲線剪接的訣竅。

基本的剪接

直線的剪接。

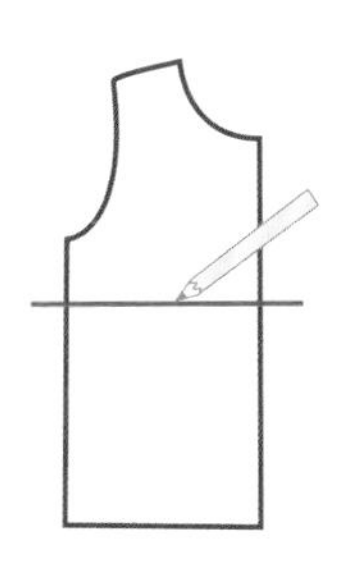

1. 在不含縫份的紙型上，在剪接的位置畫出直線。

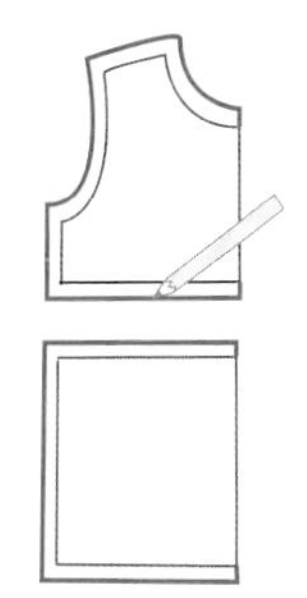

2. 將紙型切開，各自在周圍加上縫份。

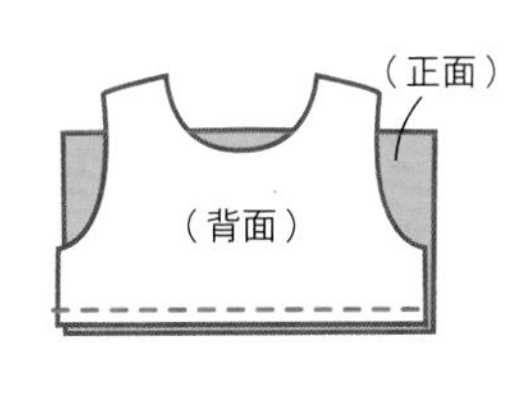
（正面）
（背面）

3. 上下布料正面相對對齊縫合。

鋸齒狀的剪接

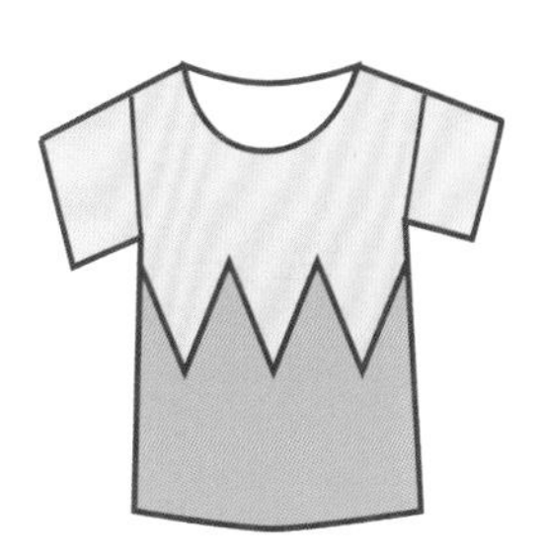

鋸齒狀剪接的重點在於尖端處的處理。

1. 參考基本的直線剪接方法，紙型分別加上縫份。

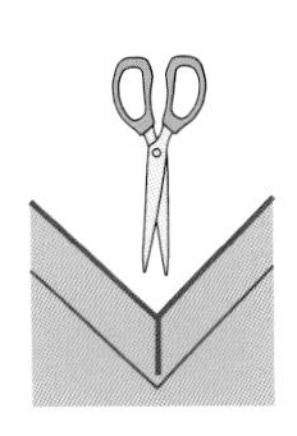

2. 在內凹角的縫份上剪牙口。

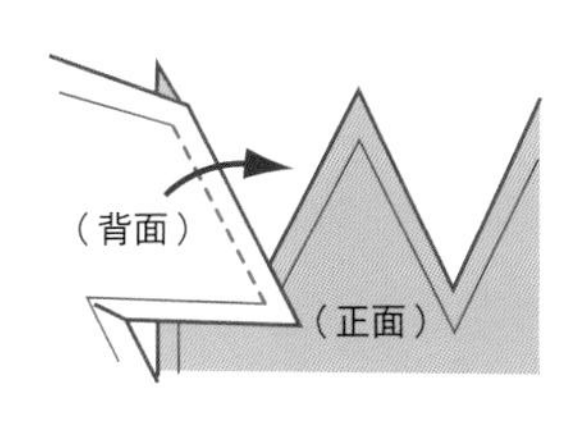
（背面）
（正面）

3. 布料正面相對，從這端的尖角車到另一端的尖角。將灰色布料沿著箭頭方向倒下。

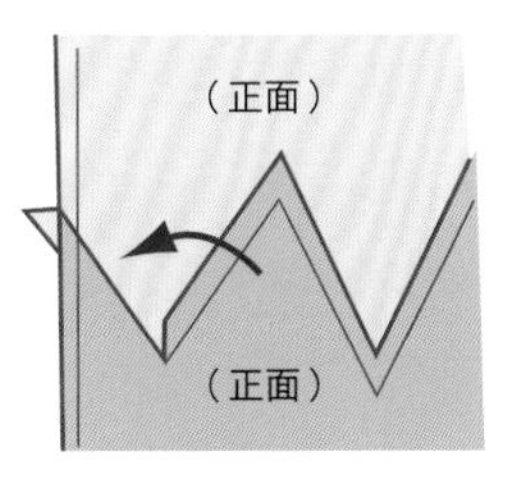
（正面）
（正面）

4. 接著繼續將綠色的布料沿著箭頭方向倒下，布料正面相對對齊。

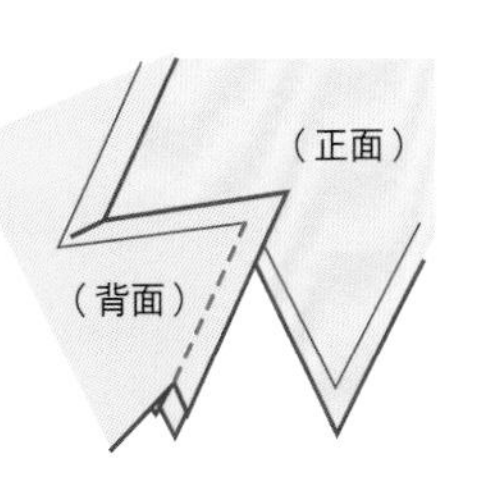
（正面）
（背面）

5. 依著完成線，從這端的尖角車縫到另一端的尖角。

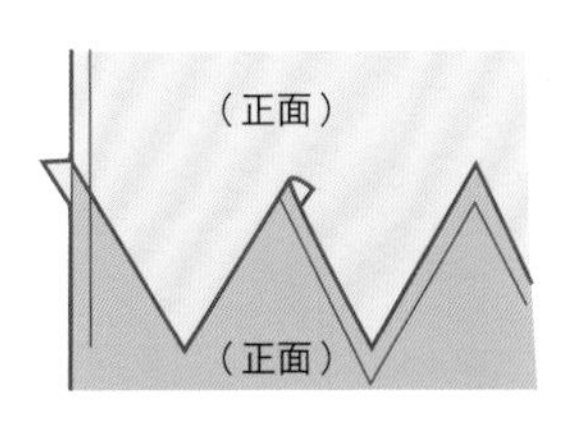
（正面）
（正面）

6. 縫好一個尖角了。接著重複3至5的步驟繼續縫合。

曲線的剪接

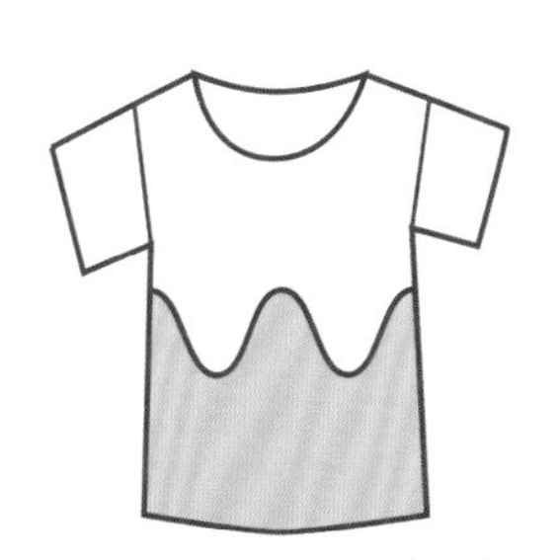

曲線的剪接，圓弧處的縫合為重點。

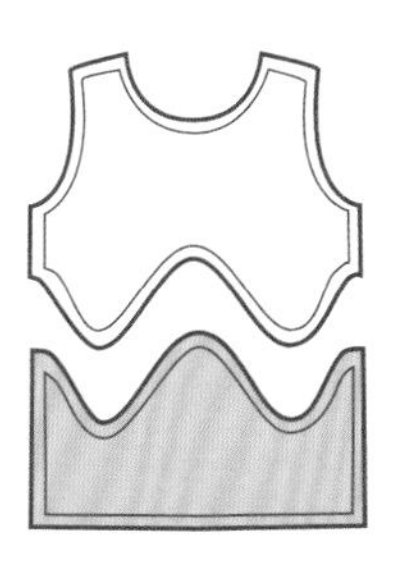

1. 參考基本的直線剪接方法，紙型分別加上縫份。

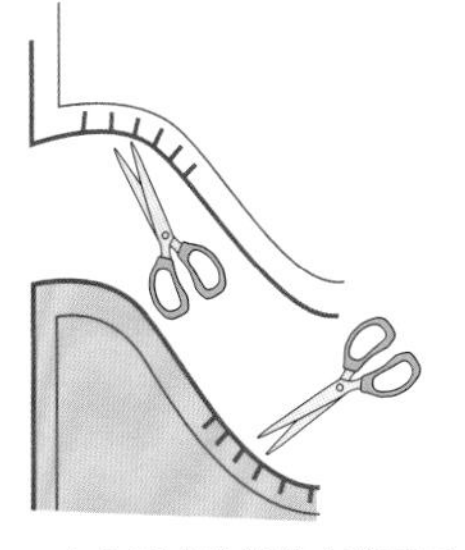

2. 在內凹處的縫份上剪牙口。

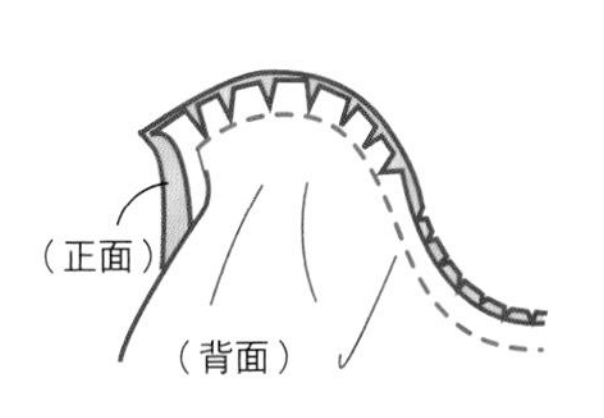
（正面）
（背面）

3. 打開內凹部分的縫份，布料正面相對對齊縫合。密密地別上珠針，車縫時會比較容易。

鈕釦

也可以當成裝飾重點的鈕釦，請依服飾風格選擇。
這裡將為大家介紹服飾上常用到的鈕釦種類、釦眼的縫製方式，還有接縫鈕釦的方法。

鈕釦的種類

塑膠鈕釦

四孔、二孔或附釦腳，有各種種類與各式形狀大小。清洗也OK，拿來當成襯衫上的釦子最適合。

金屬鈕釦

金屬或表面鍍上金屬加工過的鈕釦。表面有雕花裝飾的種類，適合用在制服或軍服上。

包釦

表面以布料或皮革包覆住的釦子。以市售的包釦工具，就可以作出與自己服裝材質花色相同的包釦。

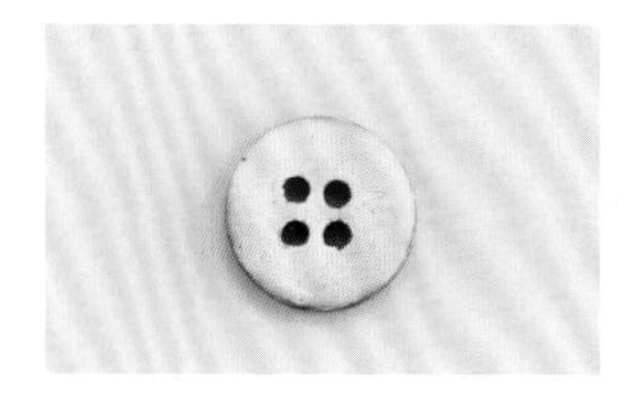

木釦

木頭材質的鈕釦。由於木紋自然的顏色，有些偏淺茶色或深茶色，顏色都不太相同，帶有自然質樸的氣息。

釦眼的縫製方式

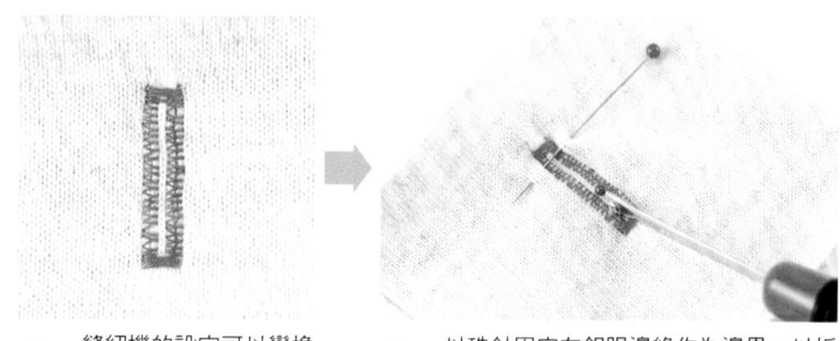

1. 縫紉機的設定可以變換釦眼縫線的花樣。
2. 以珠針固定在釦眼邊緣作為邊界，以拆線器割破布料時小心不要拆斷釦眼的縫線。

釦眼的大小

直徑

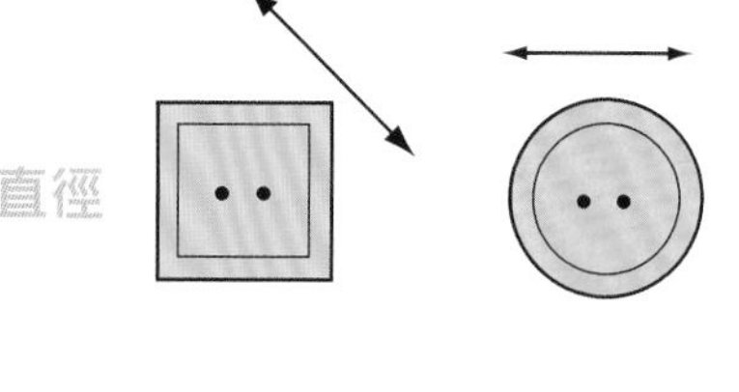

厚度

釦眼的大小為「鈕釦的直徑」加上「鈕釦的厚度」。

縫上鈕釦的方法

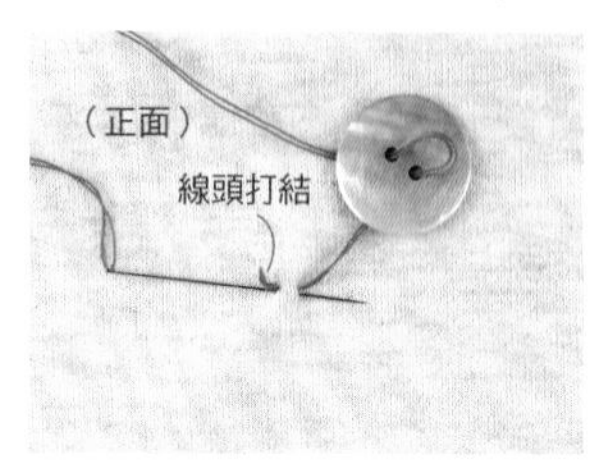
（正面）
線頭打結

1. 從正面挑縫布料一針，從鈕釦孔出針，另一個洞入針。再一次挑縫布料。

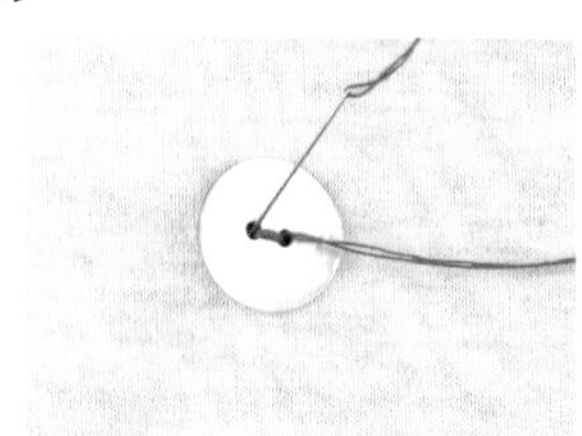

2. 與1一樣穿過鈕釦孔。重複這樣的步驟兩至三次。

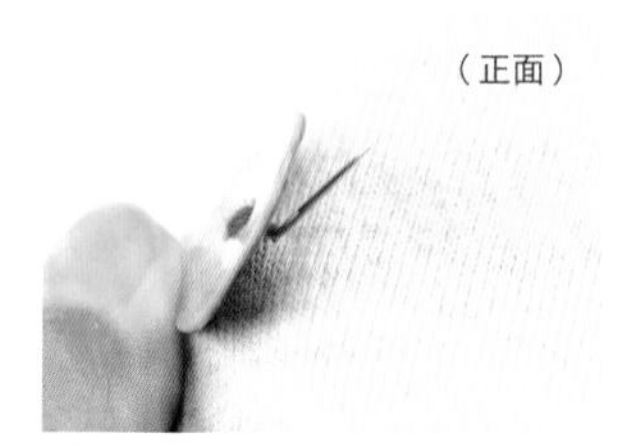
（正面）

3. 從鈕釦側邊出針到正面。

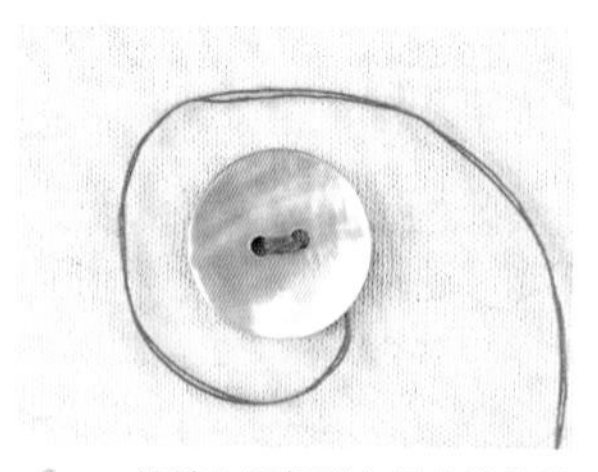

4. 縫線在鈕釦跟布料之間繞幾圈。

5. 線從上往下捲。

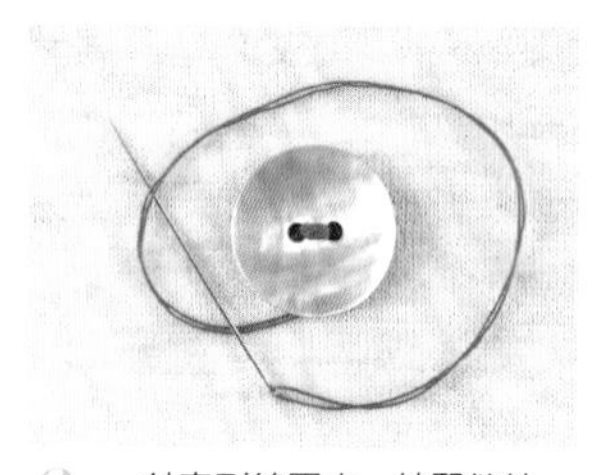

6. 針穿到線圈中，拉緊縫線。

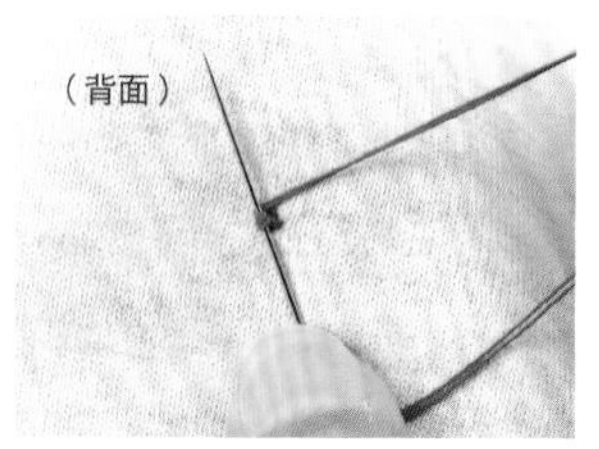
（背面）

7. 針穿到背面側，打結後剪線。

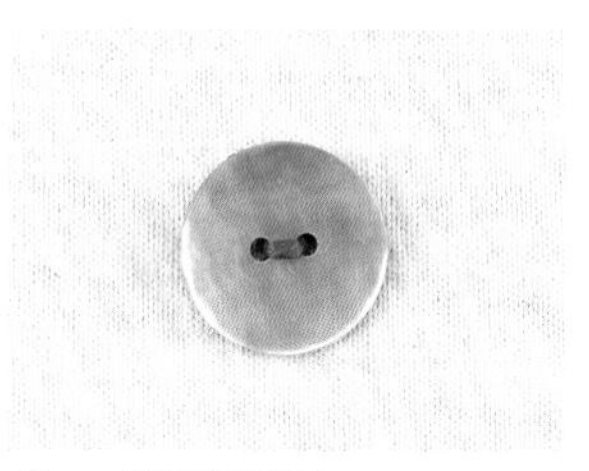

8. 釦子縫好了！

How to make

關於尺寸

本書所附的紙型有S・M・L・LL四種尺寸。
各尺寸的詳細對照請參閱下表。

	S	M	L	LL
胸圍	80	83	87	90
腰圍	61	64	67	70
臀圍	88	91	94	97
身高	156	158	160	162

穿著作品的人台模型穿的是9號尺寸（B83・W64・H91）。

作法頁面上所標記的完成尺寸衣長是從NP（肩頸點）到下襬的長度。
褲長＆裙長則是包含腰帶的長度。

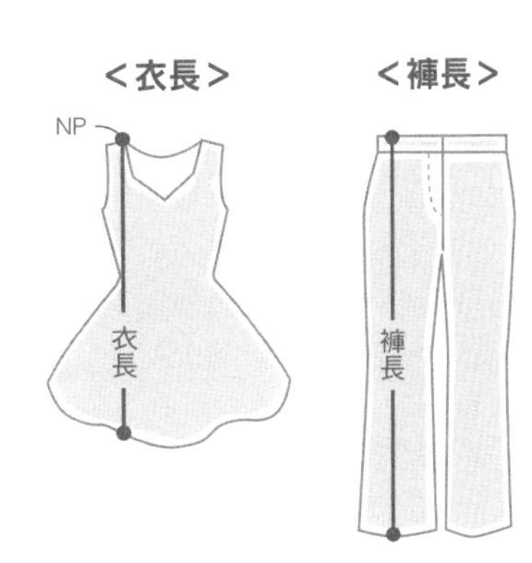

<衣長>
<褲長>
NP
衣長
褲長

關於材料與裁布圖

- 材料跟尺寸的部分有多個標記數字時，從左邊或上方開始代表S・M・L・LL。
- 圖示說明若無特別指定，單位皆為cm。
- 裁布圖是以M尺寸為基準製作。要製作其他尺寸時，可能會因為使用布料不同而有若干差異，請一定要將紙型先放到布料上確認過後再開始製作。
- 只由直線構成的部分，或已經標記尺寸在裁布圖中的部分，就不另外附紙型。請參閱裁布圖上所標記的尺寸，直接在布料上畫線（別忘了另加縫份）之後直接裁剪。
- 原寸紙型皆不含縫份。
  請參閱裁布圖的指示，另外再加上縫份。

P.14

高腰百褶裙

{原寸紙型}

紙型1面　a-1 前中心・a-2 前脇邊・a-3 後中心・a-4 後脇邊
a-5 前裙片・a-6 後裙片

{完成尺寸} 由左至右為 S／M／L／LL

腰圍　66／69／72／75cm
裙長　46／47／48／49cm

{材料}

・棉布　110×175cm（各尺寸共通）
・黏著襯　80×40cm
・隱形拉鍊　長度23cm 1條
・裙鉤　1組

裁布圖

棉布

110cm

後中心裡布（2片）
前中心裡布
後脇邊裡布（2片）
右脇邊
左脇邊
前脇邊裡布（2片）
前脇邊表布（2片）
前脇邊表布（2片）
後中心表布（2片）
175cm（各尺寸共通）
摺雙
摺雙
前中心表布（1片）
後裙片（1片）
前裙片（1片）

85cm

＊縫份皆為1.5cm。
＊〰〰 為進行Z字形車縫處理縫份。
（腰圍裡布為接合裙片那側）
＊▭ 代表要貼黏著襯。
＊前後裙片可利用紙型接合成一整片後進行裁布。

製作順序

1 參考裁布圖裁剪布料
於指定位置貼上黏著襯，處理縫份

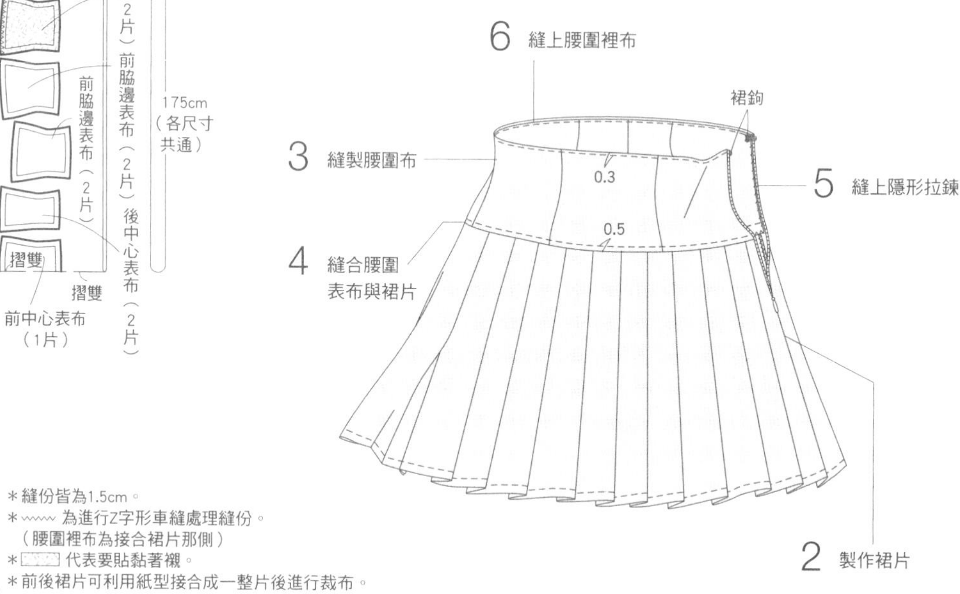
6 縫上腰圍裡布
裙鉤
3 縫製腰圍布
0.3
5 縫上隱形拉鍊
0.5
4 縫合腰圍
表布與裙片
2 製作裙片

2 製作裙片

③熨燙並摺疊褶子。
④在縫份處以較粗針車縫固定。
前中心線
0.7
右脇邊（褶線裡側）
①處理腰圍以外部位的布邊。
前裙片（正面）

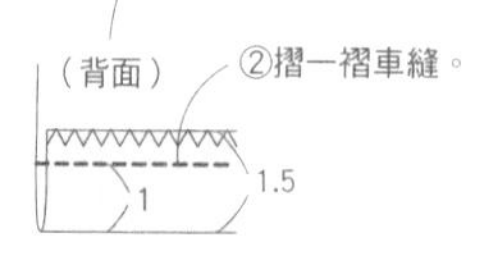
（背面）
②摺一褶車縫。
1
1.5

⑤後裙片也依照相同方式摺疊褶子。

後裙片（正面）
⑥布料正面相對車縫右脇邊。
右脇邊（褶線裡側）
開口止點
前裙片（背面）
左脇邊
⑦左脇邊處由裙襬開始車縫到開口止點。

3 縫製腰圍布

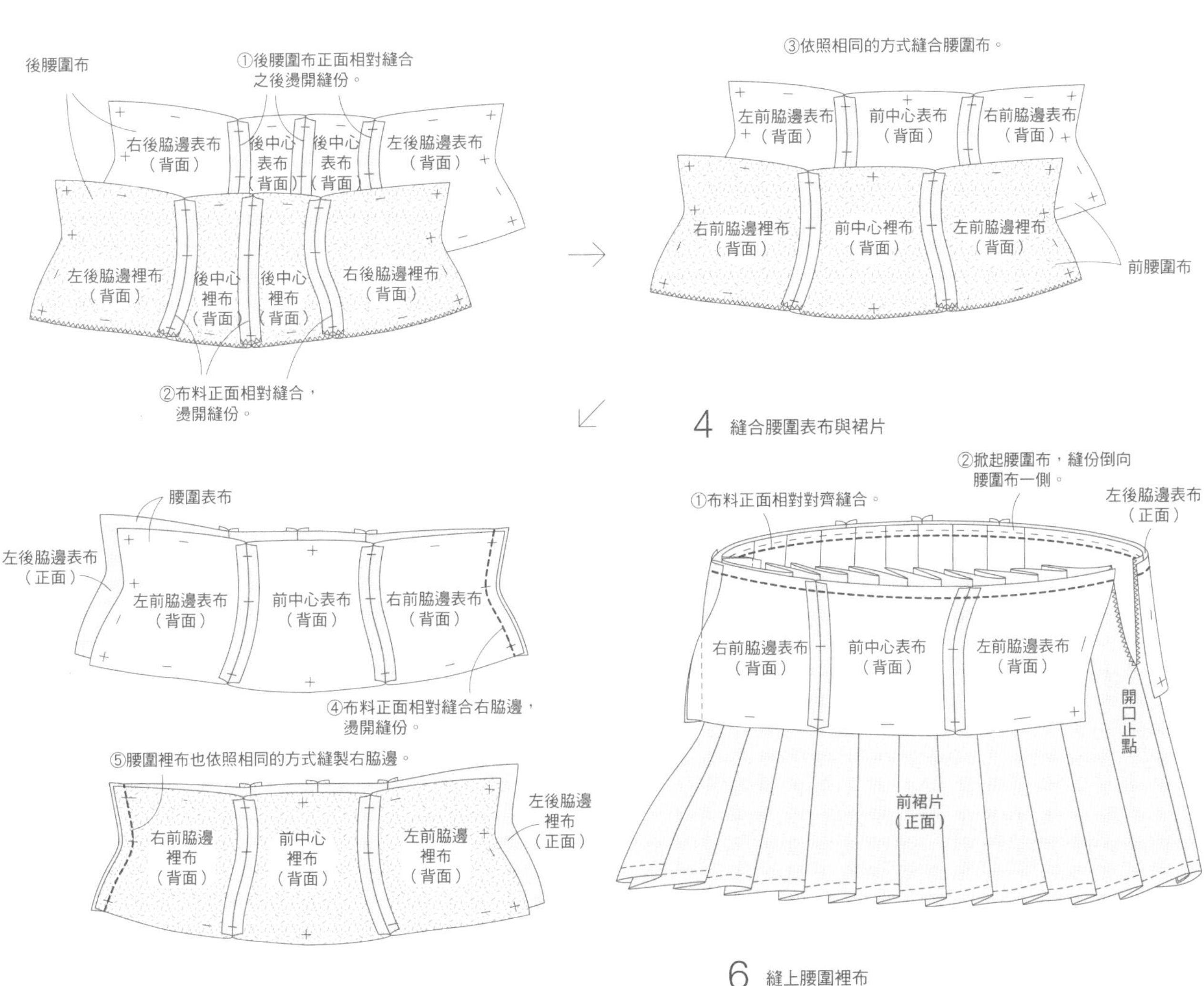

後腰圍布
①後腰圍布正面相對縫合
之後燙開縫份。
右後脇邊表布
（背面）
後中心
表布
（背面）
後中心
表布
（背面）
左後脇邊表布
（背面）
左後脇邊裡布
（背面）
後中心
裡布
（背面）
後中心
裡布
（背面）
右後脇邊裡布
（背面）
②布料正面相對縫合，
燙開縫份。
③依照相同的方式縫合腰圍布。
左前脇邊表布
（背面）
前中心表布
（背面）
右前脇邊表布
（背面）
右前脇邊裡布
（背面）
前中心裡布
（背面）
左前脇邊裡布
（背面）
前腰圍布
腰圍表布
左後脇邊表布
（正面）
左前脇邊表布
（背面）
前中心表布
（背面）
右前脇邊表布
（背面）
④布料正面相對縫合右脇邊，
燙開縫份。
⑤腰圍裡布也依照相同的方式縫製右脇邊。
右前脇邊
裡布
（背面）
前中心
裡布
（背面）
左前脇邊
裡布
（背面）
左後脇邊
裡布
（正面）
②掀起腰圍布，縫份倒向
腰圍布一側。
①布料正面相對對齊縫合。
左後脇邊表布
（正面）
右前脇邊表布
（背面）
前中心表布
（背面）
左前脇邊表布
（背面）
開口止點
前裙片
（正面）

4 縫合腰圍表布與裙片

5 縫上隱形拉鍊

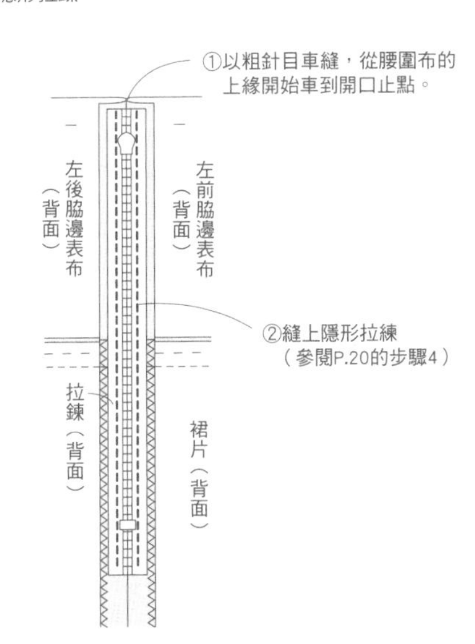

①以粗針目車縫，從腰圍布的
上緣開始車到開口止點。
左後脇邊表布（背面）
左前脇邊表布（背面）
②縫上隱形拉鍊
（參閱P.20的步驟4）
拉鍊（背面）
裙片（背面）

6 縫上腰圍裡布

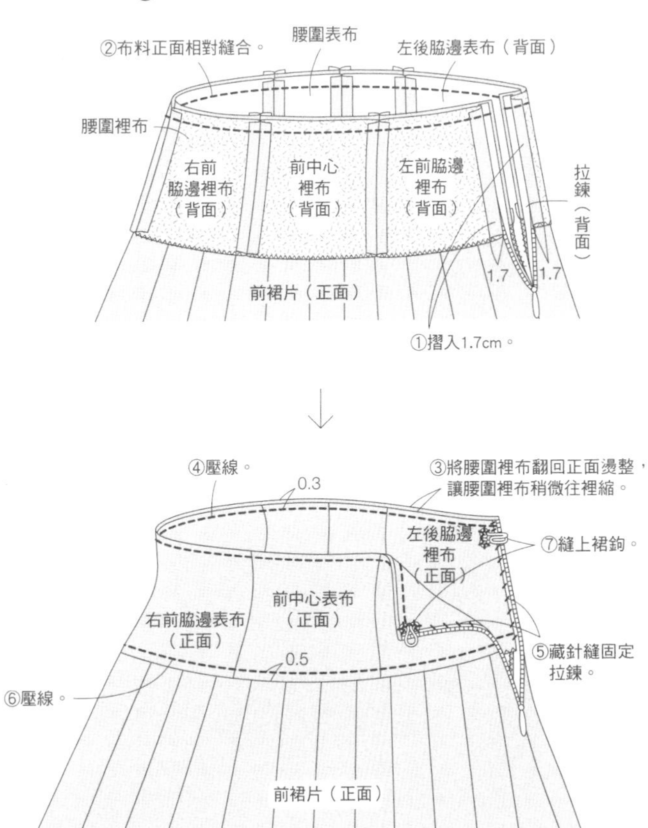

②布料正面相對縫合。
腰圍表布
左後脇邊表布（背面）
腰圍裡布
右前
脇邊裡布
（背面）
前中心
裡布
（背面）
左前脇邊
裡布
（背面）
拉鍊（背面）
1.7
1.7
前裙片（正面）
①摺入1.7cm。
④壓線。
0.3
③將腰圍裡布翻回正面燙整，
讓腰圍裡布稍微往裡縮。
左後脇邊
裡布
（正面）
⑦縫上裙鉤。
前中心表布
（正面）
右前脇邊表布
（正面）
0.5
⑤藏針縫固定
拉鍊。
⑥壓線。
前裙片（正面）

P.16

短褲

{ 原寸紙型 }

紙型3面　e-1 褲子前片・e-2 褲子後片・e-3 腰帶

{ 完成尺寸 } 由左至右為 S／M／L／LL

腰圍　66／68／70／73cm
臀圍　88／91／94／97cm
褲長　27.5／28.5／29.5／30.5cm

{ 材料 }

・丹寧針織布料　170×55／60cm（S・M／L・LL）
・針織布料用黏著襯　30×25cm
・直徑2cm的鈕釦　1個
・2.5cm寬的鬆緊帶　30cm
・針織用車線

裁布圖

丹寧針織布料（裡側有毛圈）寬170cm

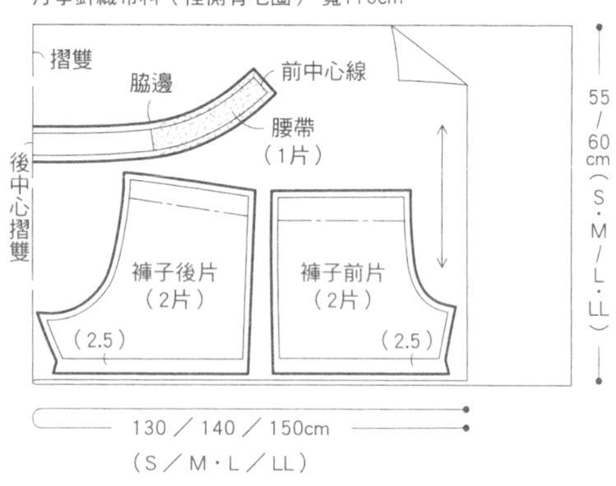

摺雙
脇邊
前中心線
腰帶
（1片）
後中心摺雙
褲子後片
（2片）
褲子前片
（2片）
(2.5)
(2.5)
55／60cm（S・M／L・LL）

130／140／150cm
（S／M・L／LL）

＊（　）內為縫份尺寸，除了指定處之外，縫份皆為1cm。
＊▭代表要貼黏著襯。

製作順序

1 參考裁布圖裁剪布料，於指定位置貼上黏著襯。

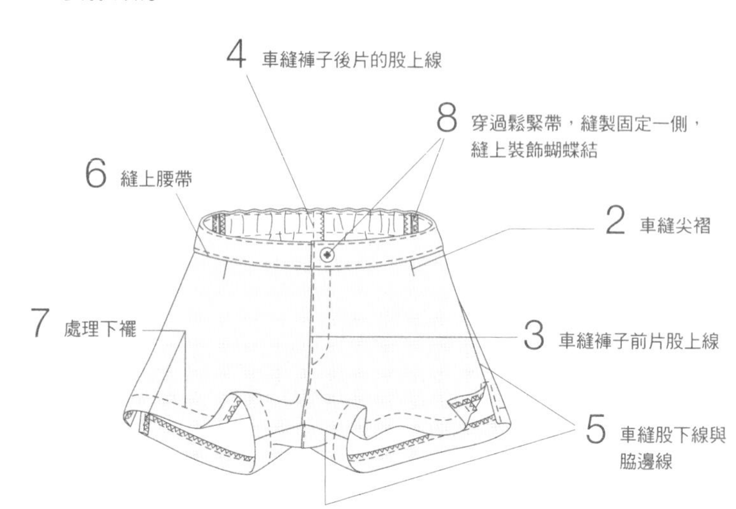

4 車縫褲子後片的股上線
8 穿過鬆緊帶，縫製固定一側，縫上裝飾蝴蝶結
6 縫上腰帶
2 車縫尖褶
7 處理下襬
3 車縫褲子前片股上線
5 車縫股下線與脇邊線

2 車縫尖褶

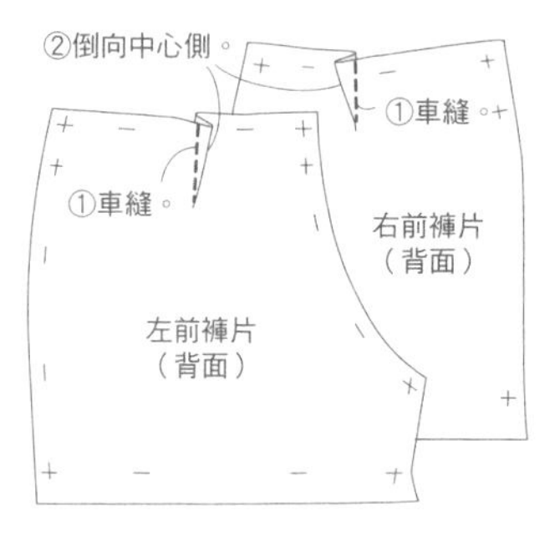

②倒向中心側。
①車縫。
①車縫。
右前褲片
（背面）
左前褲片
（背面）

3 車縫褲子前片股上線

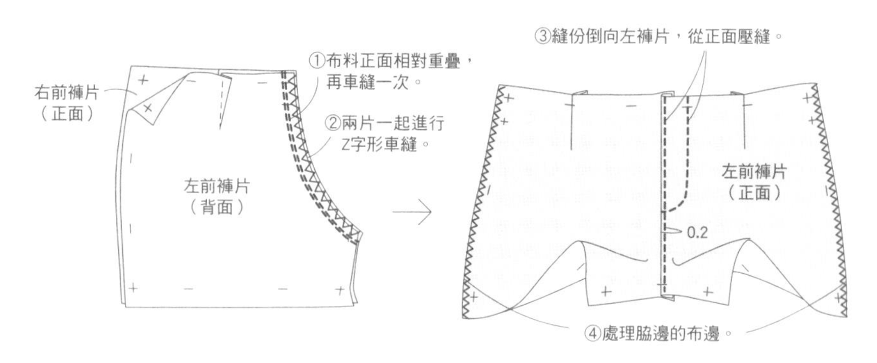

右前褲片
（正面）
①布料正面相對重疊，再車縫一次。
②兩片一起進行Z字形車縫。
左前褲片
（背面）
③縫份倒向左褲片，從正面壓縫。
左前褲片
（正面）
0.2
④處理脇邊的布邊。

4 車縫褲子後片的股上線

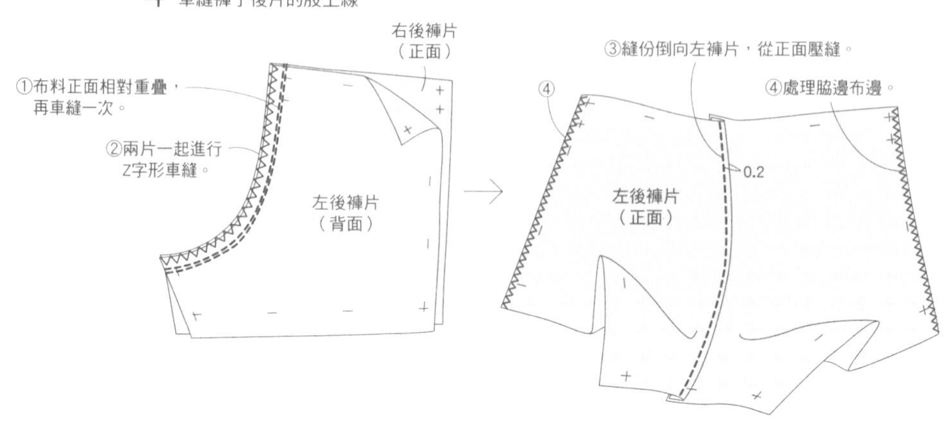

右後褲片
（正面）
①布料正面相對重疊，再車縫一次。
②兩片一起進行Z字形車縫。
左後褲片
（背面）
③縫份倒向左褲片，從正面壓縫。
④
④處理脇邊布邊。
0.2
左後褲片
（正面）

5 車縫股下線與脇邊線

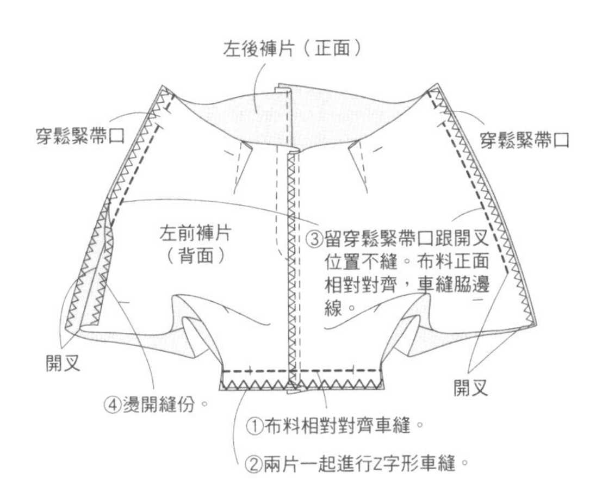

左後褲片（正面）
穿鬆緊帶口
穿鬆緊帶口
左前褲片
（背面）
③留穿鬆緊帶口跟開叉
位置不縫。布料正面
相對對齊，車縫脇邊
線。
開叉
開叉
④燙開縫份。
①布料相對對齊車縫。
②兩片一起進行Z字形車縫。

6 縫上腰帶

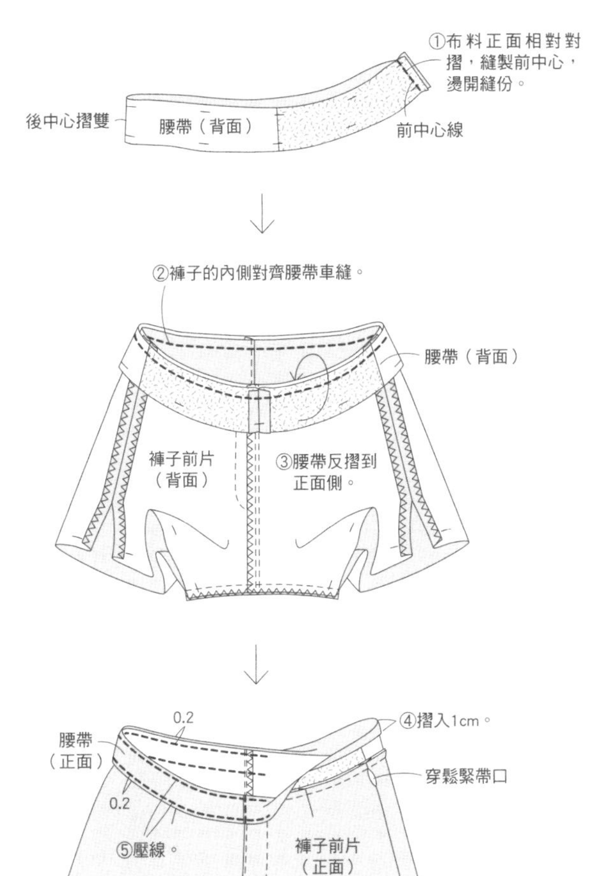

①布料正面相對對
摺，縫製前中心，
燙開縫份。
後中心摺雙
腰帶（背面）
前中心線
②褲子的內側對齊腰帶車縫。
腰帶（背面）
褲子前片
（背面）
③腰帶反摺到
正面側。
0.2
④摺入1cm。
腰帶
（正面）
穿鬆緊帶口
0.2
⑤壓線。
褲子前片
（正面）

7 處理下襬

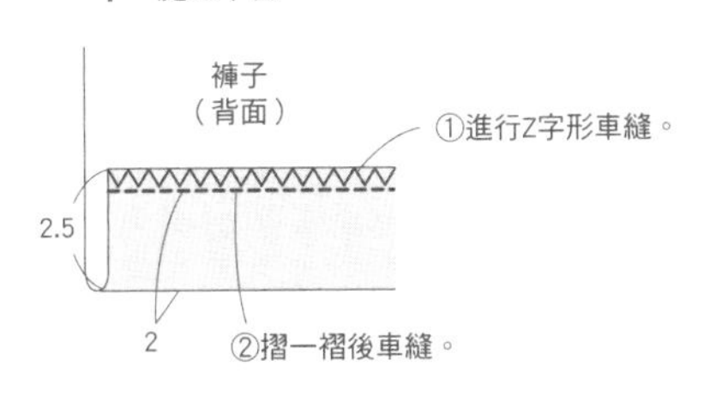

褲子
（背面）
①進行Z字形車縫。
2.5
2
②摺一褶後車縫。

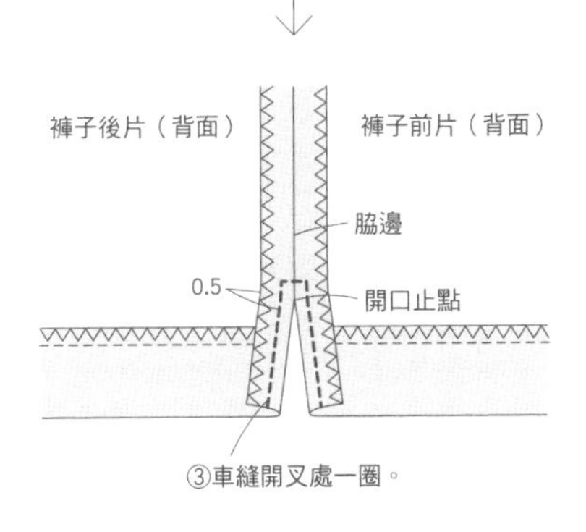

褲子後片（背面）
褲子前片（背面）
脇邊
0.5
開口止點
③車縫開叉處一圈。

8 穿過鬆緊帶，縫製固定一側，縫上裝飾蝴蝶結

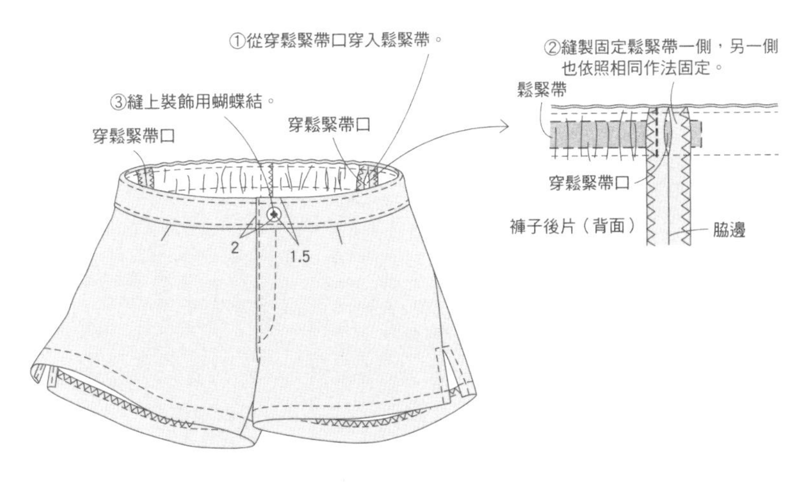

①從穿鬆緊帶口穿入鬆緊帶。
③縫上裝飾用蝴蝶結。
穿鬆緊帶口
穿鬆緊帶口
2
1.5
②縫製固定鬆緊帶一側，另一側
也依照相同作法固定。
鬆緊帶
穿鬆緊帶口
褲子後片（背面）
脇邊

連帽斗篷

{ 原寸紙型 }

紙型3面　d-1 前片．d-2 後片．d-3 帽子
d-4 前貼邊．d-5 後貼邊

{ 完成尺寸 }

衣長　37cm

{ 材料 }

．絨布　90×135cm
．黏著襯　40×40cm

裁布圖

絨布

後貼邊（1片）
(0)
摺雙
前貼邊（2片）
(0)
帽子（2片）
摺雙
前片（2片）
(2)
135cm
摺雙
後片（1片）
(2)
90cm

＊（　）內為縫份尺寸，除了指定處之外，縫份皆為1cm。
＊▭ 代表要貼黏著襯。
＊〰 代表要先以Z字形車縫處理縫份。

製作順序

1 參考裁布圖裁剪布料
於指定部位貼上黏著襯，處理縫份

2 縫製衣身

3 縫製帽子

4 縫製貼邊

5 縫上帽子，
縫上貼邊

6 於領圍、前端、
下襬壓裝飾線

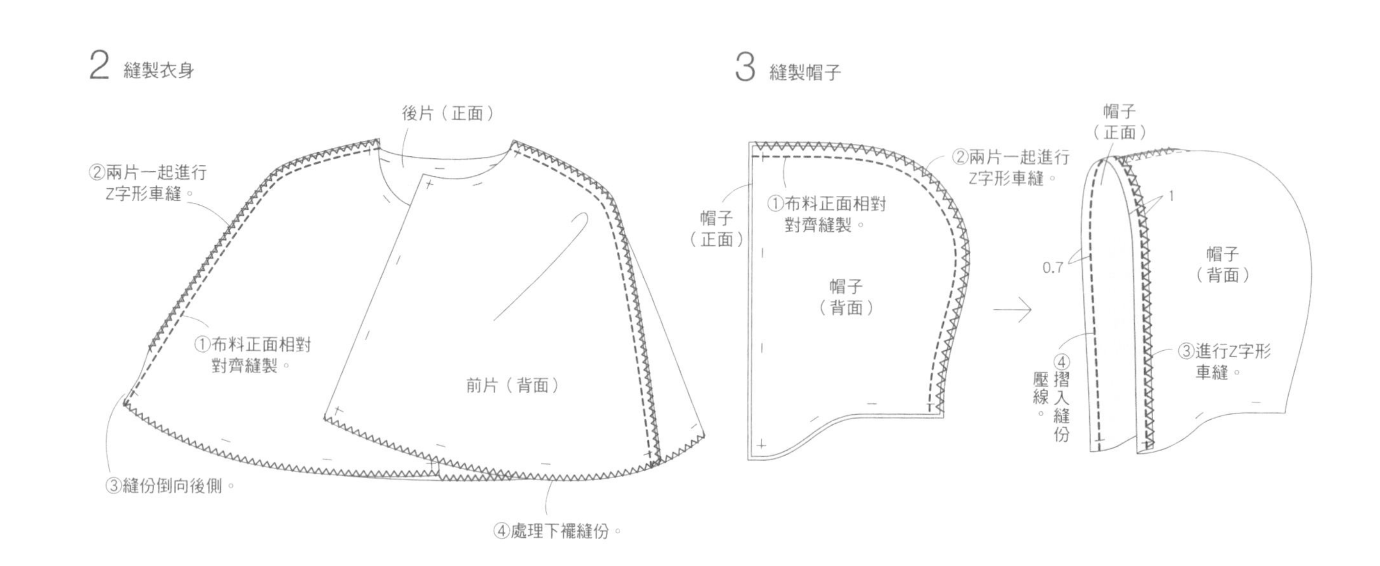

2 縫製衣身
後片（正面）
②兩片一起進行Z字形車縫。
①布料正面相對對齊縫製。
前片（背面）
③縫份倒向後側。
④處理下襬縫份。
3 縫製帽子
①布料正面相對對齊縫製。
帽子（正面）
帽子（背面）
②兩片一起進行Z字形車縫。
帽子（正面）
1
0.7
帽子（背面）
④摺入縫份壓線。
③進行Z字形車縫。

4 縫製貼邊

5 縫上帽子，縫上貼邊

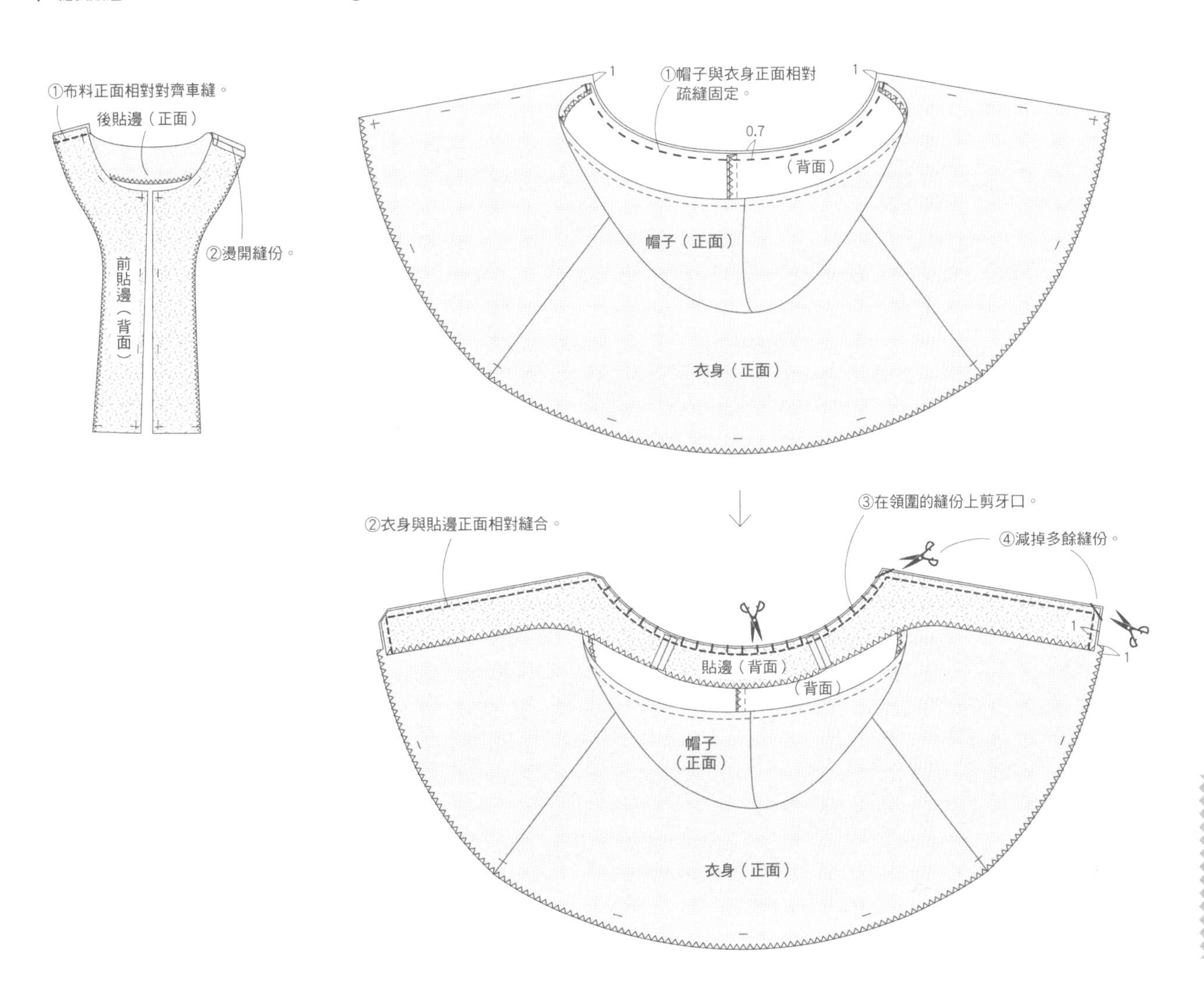
①布料正面相對對齊車縫。
後貼邊（正面）
②燙開縫份。
前貼邊（背面）
1
1
①帽子與衣身正面相對
疏縫固定。
0.7
（背面）
帽子（正面）
衣身（正面）
②衣身與貼邊正面相對縫合。
③在領圍的縫份上剪牙口。
④減掉多餘縫份。
1
1
貼邊（背面）
（背面）
帽子
（正面）
衣身（正面）

6 於領圍、前端及下襬壓裝飾線

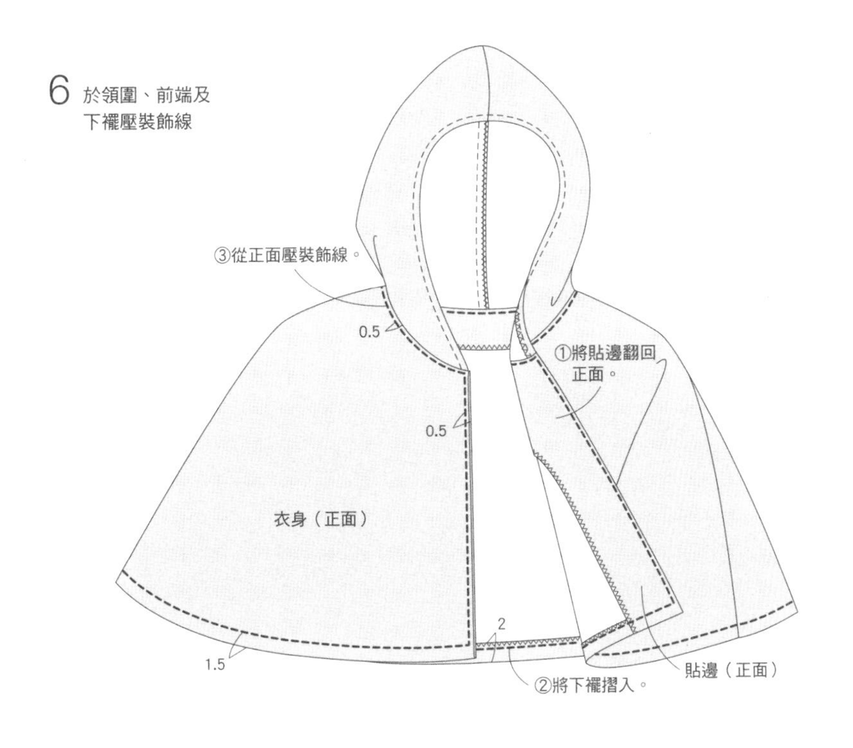
③從正面壓裝飾線。
0.5
0.5
①將貼邊翻回
正面。
衣身（正面）
2
1.5
②將下襬摺入。
貼邊（正面）

水手服

{ 原寸紙型 }

紙型3面　b-1 前片・b-2 後片・b-3 外袖・b-4 內袖・b-5 領子・b-6 前貼邊
b-7 後貼邊・b-8 袖口布・b-9 胸襠布・b-10 蝴蝶結上布・b-11 蝴蝶結下布
b-12 蝴蝶結中央布

{ 完成尺寸 } 由左至右為 S／M／L／LL

胸圍　86／89／92／95cm
腰圍　83.5／86.5／89.5／92.5cm
衣長　49／50／51.5／53cm

{ 材料 }

・化纖斜紋布料（藍色）　147×145／145／150／155cm
・化纖斜紋布料（黃色）　147×40cm
・黏著襯　90X70cm
・暗釦　5組
・隱形拉鍊　30cm 1條

製作順序　1 參考裁布圖裁剪布料。於指定部位貼上黏著襯，處理縫份

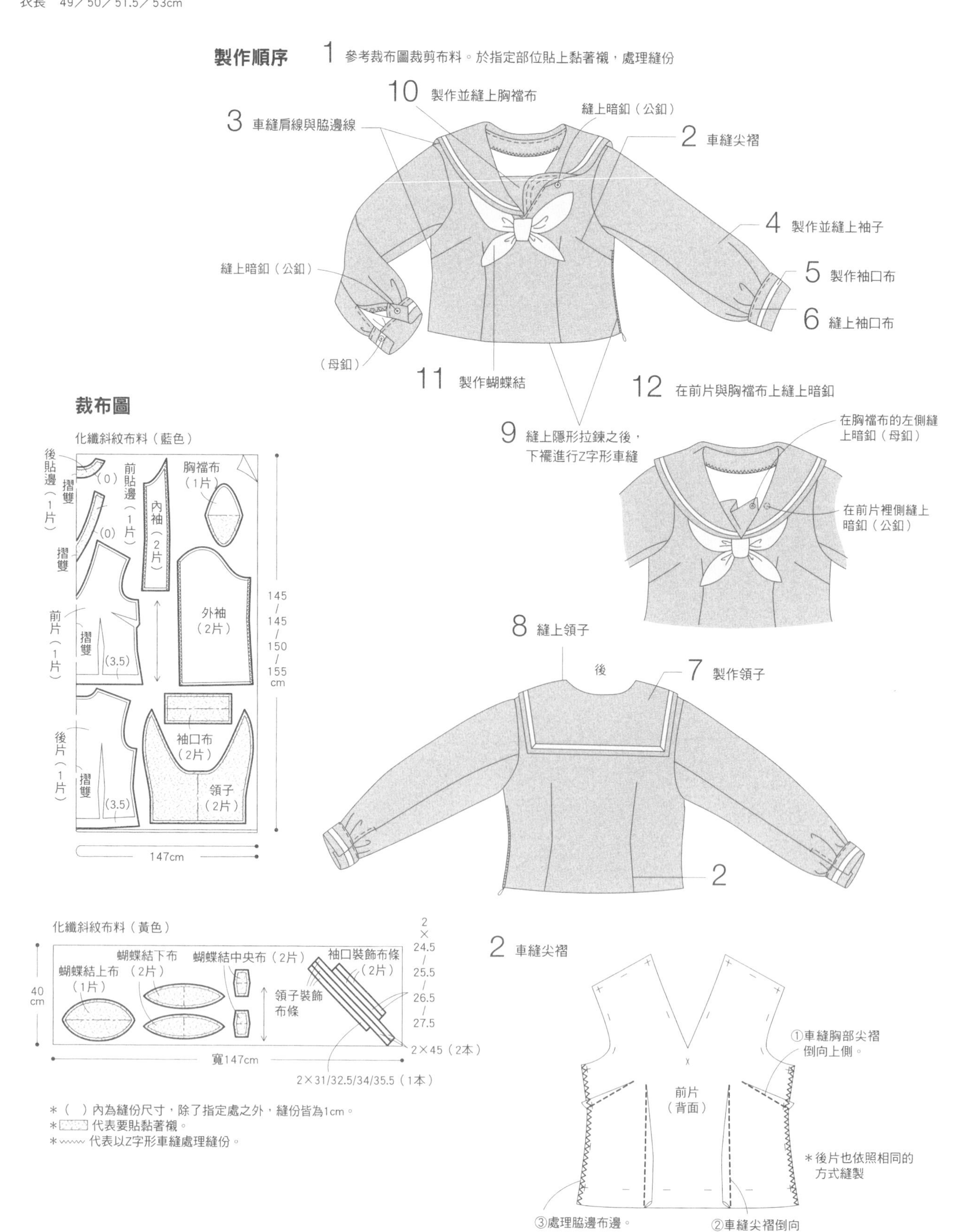

10 製作並縫上胸襠布
縫上暗釦（公釦）
3 車縫肩線與脇邊線
2 車縫尖褶
4 製作並縫上袖子
縫上暗釦（公釦）
5 製作袖口布
6 縫上袖口布
（母釦）
11 製作蝴蝶結
12 在前片與胸襠布上縫上暗釦
9 縫上隱形拉鍊之後，下襬進行Z字形車縫
在胸襠布的左側縫上暗釦（母釦）
在前片裡側縫上暗釦（公釦）
8 縫上領子
後
7 製作領子
2
裁布圖
化纖斜紋布料（藍色）
後貼邊（1片）
摺雙
(0)
前貼邊（1片）
內袖（2片）
胸襠布（1片）
摺雙
前片（1片）
摺雙
(3.5)
外袖（2片）
145／145／150／155cm
後片（1片）
摺雙
(3.5)
袖口布（2片）
領子（2片）
147cm
化纖斜紋布料（黃色）
蝴蝶結下布（2片）
蝴蝶結中央布（2片）
袖口裝飾布條（2片）
蝴蝶結上布（1片）
領子裝飾布條
40cm
2×24.5／25.5／26.5／27.5
2×45（2本）
寬147cm
2×31/32.5/34/35.5（1本）
2 車縫尖褶
①車縫胸部尖褶倒向上側。
前片（背面）
＊後片也依照相同的方式縫製
③處理脇邊布邊。
②車縫尖褶倒向中心側。

＊（　）內為縫份尺寸，除了指定處之外，縫份皆為1cm。
＊▒ 代表要貼黏著襯。
＊〰 代表以Z字形車縫處理縫份。

3 車縫肩線與脇邊線

4 製作並縫上袖子

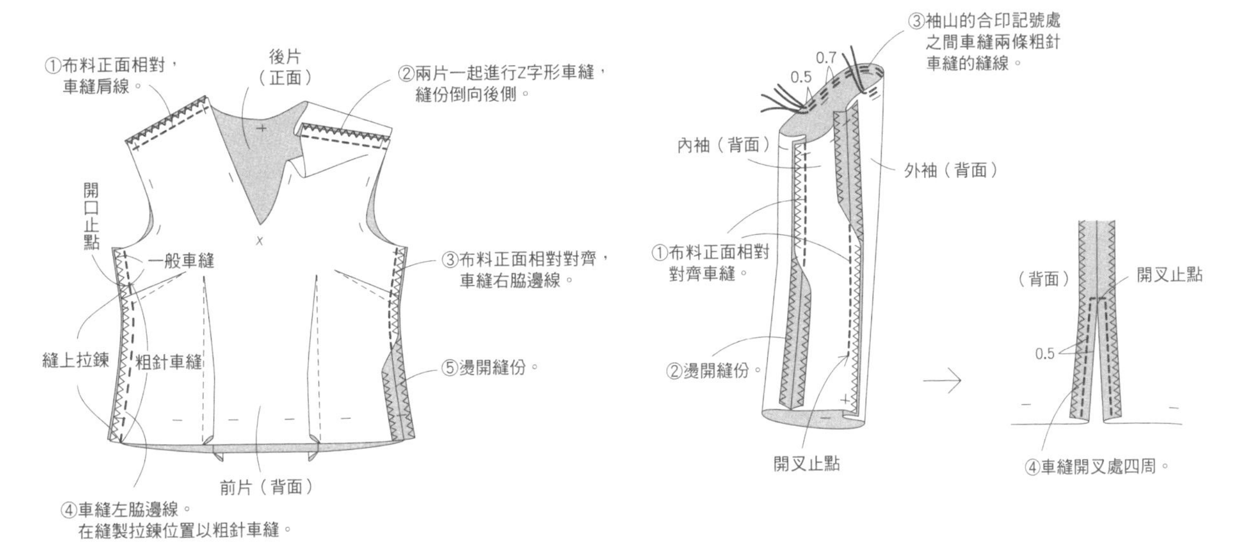
①布料正面相對，
車縫肩線。
後片
（正面）
②兩片一起進行Z字形車縫，
縫份倒向後側。
開口止點
一般車縫
③布料正面相對對齊，
車縫右脇邊線。
縫上拉鍊
粗針車縫
⑤燙開縫份。
前片（背面）
④車縫左脇邊線。
在縫製拉鍊位置以粗針車縫。
③袖山的合印記號處
之間車縫兩條粗針
車縫的縫線。
0.7
0.5
內袖（背面）
外袖（背面）
①布料正面相對
對齊車縫。
（背面）
開叉止點
0.5
②燙開縫份。
開叉止點
④車縫開叉處四周。

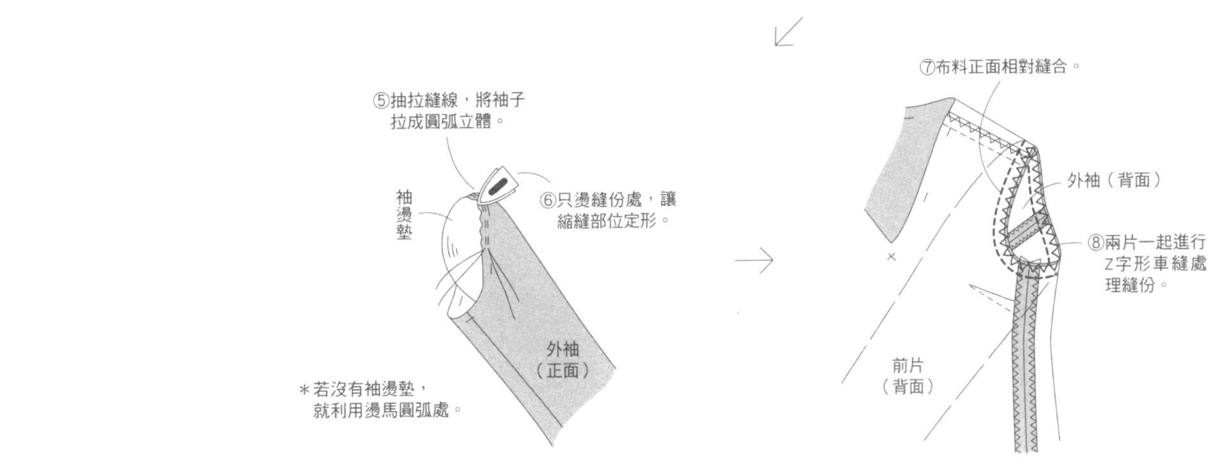
⑤抽拉縫線，將袖子
拉成圓弧立體。
袖燙墊
⑥只燙縫份處，讓
縮縫部位定形。
外袖
（正面）
＊若沒有袖燙墊，
就利用燙馬圓弧處。
⑦布料正面相對縫合。
外袖（背面）
⑧兩片一起進行
Z字形車縫處
理縫份。
前片
（背面）

5 製作袖口布

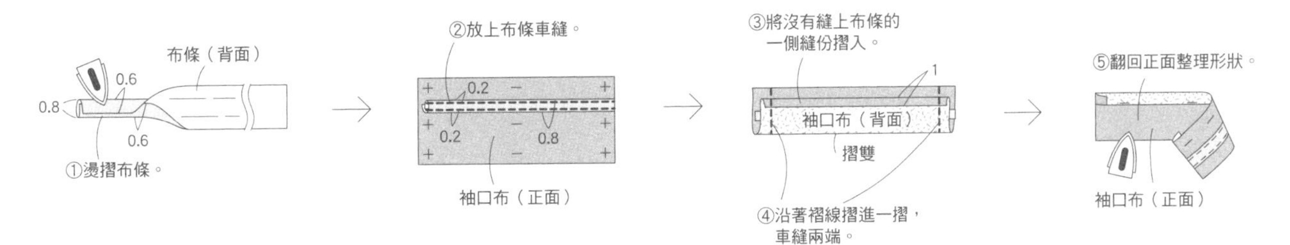
布條（背面）
0.6
0.8
0.6
①燙摺布條。
②放上布條車縫。
0.2
0.2
0.8
袖口布（正面）
③將沒有縫上布條的
一側縫份摺入。
1
袖口布（背面）
摺雙
④沿著褶線摺進一摺，
車縫兩端。
⑤翻回正面整理形狀。
袖口布（正面）

6 縫上袖口布

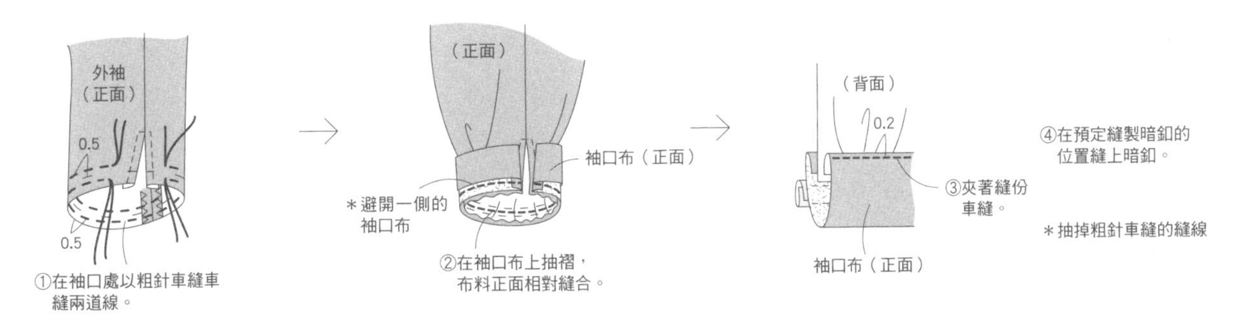
外袖
（正面）
0.5
0.5
①在袖口處以粗針車縫車
縫兩道線。
（正面）
袖口布（正面）
＊避開一側的
袖口布
②在袖口布上抽褶，
布料正面相對縫合。
（背面）
0.2
③夾著縫份
車縫。
袖口布（正面）
④在預定縫製暗釦的
位置縫上暗釦。
＊抽掉粗針車縫的縫線

How to make

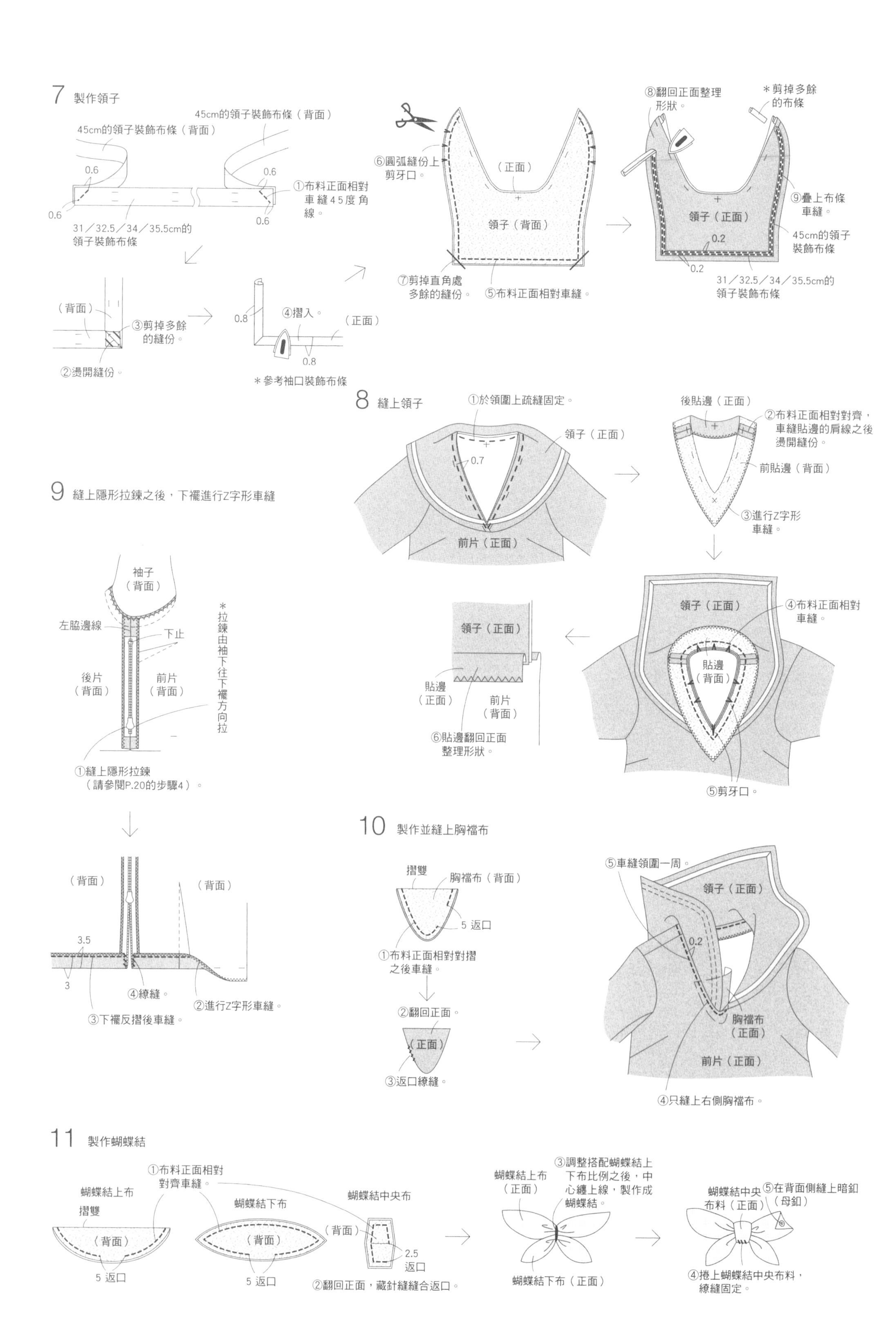

7 製作領子
45cm的領子裝飾布條（背面）
45cm的領子裝飾布條（背面）
0.6
0.6
0.6
0.6
①布料正面相對車縫45度角線。
31／32.5／34／35.5cm的領子裝飾布條
（背面）
③剪掉多餘的縫份。
②燙開縫份。
0.8
④摺入。
（正面）
0.8
＊參考袖口裝飾布條
⑥圓弧縫份上剪牙口。
（正面）
領子（背面）
⑦剪掉直角處多餘的縫份。
⑤布料正面相對車縫。
⑧翻回正面整理形狀。
＊剪掉多餘的布條
⑨疊上布條車縫。
領子（正面）
0.2
0.2
45cm的領子裝飾布條
31／32.5／34／35.5cm的領子裝飾布條
8 縫上領子
①於領圍上疏縫固定。
領子（正面）
0.7
前片（正面）
後貼邊（正面）
②布料正面相對對齊，車縫貼邊的肩線之後燙開縫份。
前貼邊（背面）
③進行Z字形車縫。
領子（正面）
④布料正面相對車縫。
貼邊（背面）
⑤剪牙口。
領子（正面）
貼邊（正面）
前片（背面）
⑥貼邊翻回正面整理形狀。
9 縫上隱形拉鍊之後，下襬進行Z字形車縫
袖子（背面）
左脇邊線
下止
後片（背面）
前片（背面）
＊拉鍊由袖下往下襬方向拉
①縫上隱形拉鍊（請參閱P.20的步驟4）。
（背面）
（背面）
3.5
3
④繚縫。
②進行Z字形車縫。
③下襬反摺後車縫。
10 製作並縫上胸襠布
摺雙
胸襠布（背面）
5 返口
①布料正面相對對摺之後車縫。
②翻回正面。
（正面）
③返口繚縫。
⑤車縫領圍一周。
領子（正面）
0.2
胸襠布（正面）
前片（正面）
④只縫上右側胸襠布。
11 製作蝴蝶結
①布料正面相對對齊車縫。
蝴蝶結上布
摺雙
（背面）
5 返口
蝴蝶結下布
（背面）
5 返口
蝴蝶結中央布
（背面）
2.5 返口
②翻回正面，藏針縫縫合返口。
蝴蝶結上布（正面）
③調整搭配蝴蝶結上下布比例之後，中心纏上線，製作成蝴蝶結。
蝴蝶結下布（正面）
蝴蝶結中央布料（正面）
⑤在背面側縫上暗釦（母釦）
④捲上蝴蝶結中央布料，繚縫固定。

P.25
P.45

五分褲＆半手套

{原寸紙型}

五分褲　紙型4面　I-1 前後褲片
半手套　紙型6面　v-1 主體・v-2 拇指

{完成尺寸} 由左至右為 S／M／L／LL

五分褲
腰圍　61／64／67／70cm　褲長　51／52／53／54cm
半手套
手掌圍　20cm　長度　14cm

{材料}

五分褲
・制服用布　100×140cm（各尺寸共通）
・2cm寬鬆緊帶　70cm（依照腰圍調整）
・針織布專用車線

半手套
・雙向針織布　70×20cm
・針織布專用車線（請一定要使用針織布專用車線）

五分褲

裁布圖

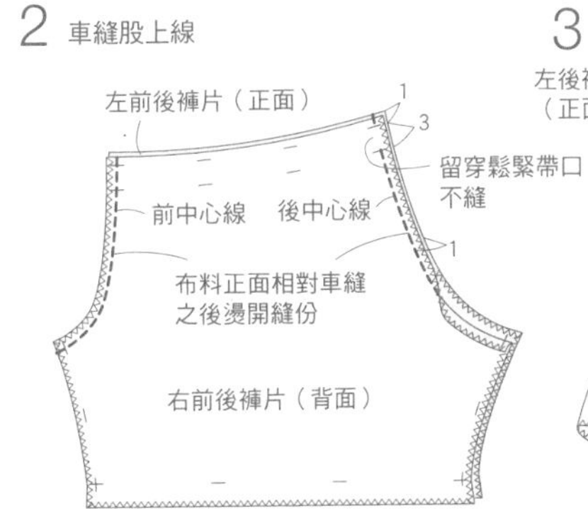
制服用布
摺雙
(4)
前後褲片
（2片）
(3)
140cm
（各尺寸
共通）
100cm

＊（　）內為縫份尺寸，除了指定處之外，縫份皆為1cm。
＊ 代表以Z字形車縫處理縫份。

製作順序

1 參考裁布圖裁剪布料
於指定部位貼上黏著襯，
處理縫份

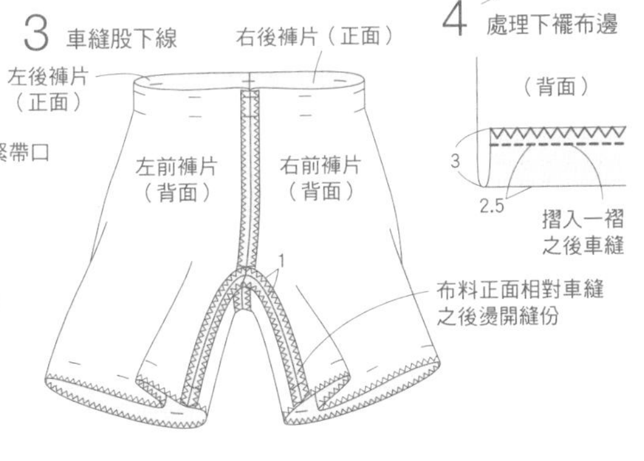
5 車縫腰圍
穿鬆緊帶
2 車縫股上線
3 車縫股下線
4 處理下襬布邊

2 車縫股上線

3 車縫股下線

左前後褲片（正面）
1
3
留穿鬆緊帶口
不縫
前中心線　後中心線
1
布料正面相對車縫
之後燙開縫份
右前後褲片（背面）
右後褲片（正面）
左後褲片
（正面）
左前褲片
（背面）
右前褲片
（背面）
1
布料正面相對車縫
之後燙開縫份
（背面）
3
2.5
摺入一褶
之後車縫

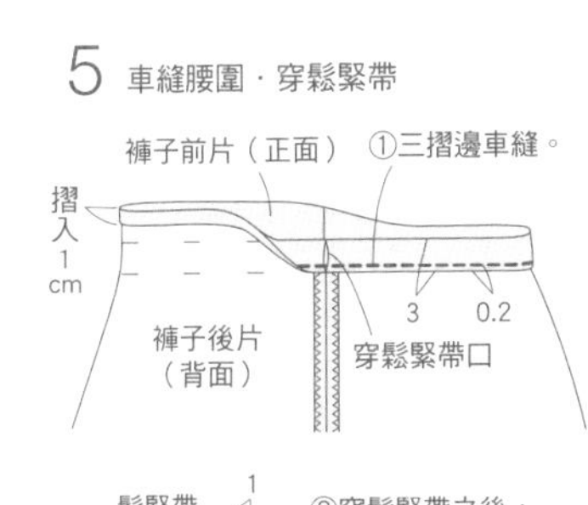
5 車縫腰圍・穿鬆緊帶
褲子前片（正面）
①三摺邊車縫。
摺入
1
cm
3
0.2
褲子後片
（背面）
穿鬆緊帶口

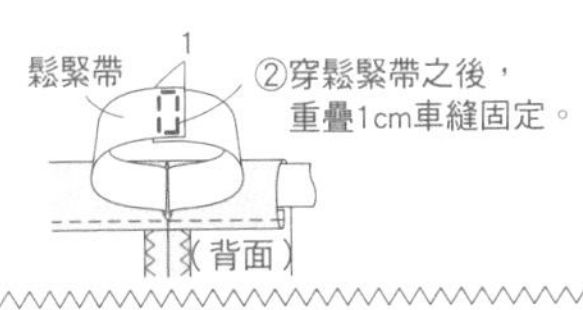
鬆緊帶
1
②穿鬆緊帶之後，
重疊1cm車縫固定。
（背面）

半手套

裁布圖

製作順序

1 參考裁布圖裁剪布料

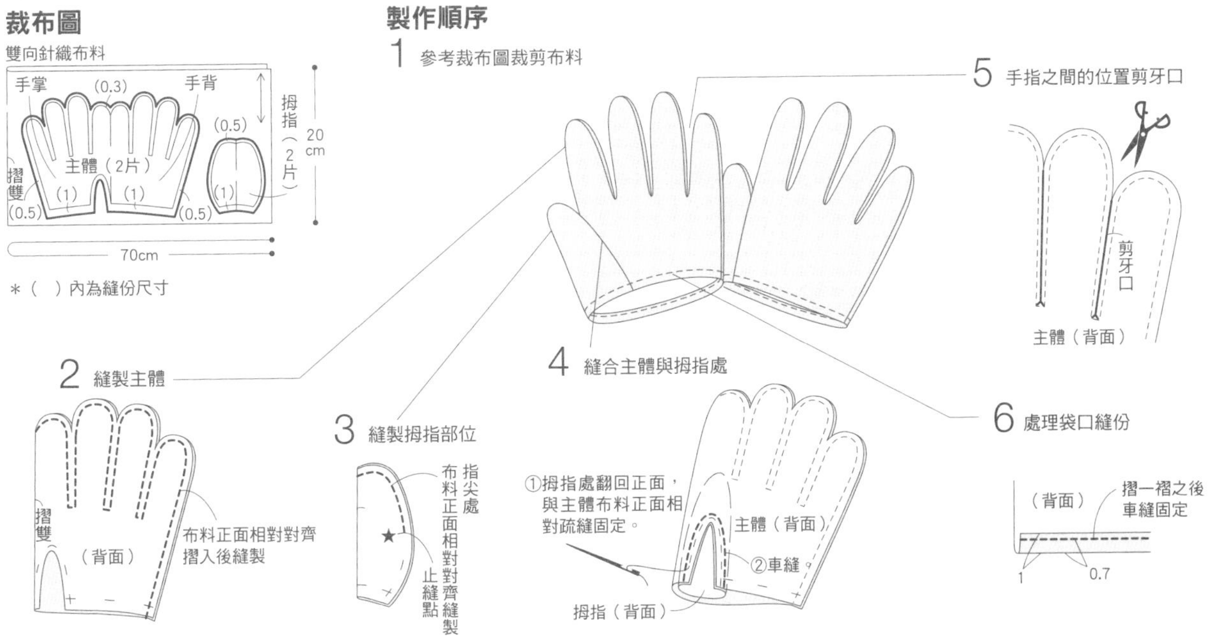
雙向針織布料
手掌
(0.3)
手背
(0.5)
拇指（2片）
20cm
主體（2片）
摺雙
(1)
(1)
(0.5)
(0.5)
(1)
70cm
5 手指之間的位置剪牙口
剪牙口
主體（背面）
2 縫製主體
摺雙
（背面）
布料正面相對對齊
摺入後縫製
3 縫製拇指部位
指尖處
布料正面相對對齊縫製
止縫點
4 縫合主體與拇指處
①拇指處翻回正面，
與主體布料正面相
對疏縫固定。
主體（背面）
②車縫
拇指（背面）
6 處理袋口縫份
（背面）
摺一褶之後
車縫固定
1
0.7

＊（　）內為縫份尺寸

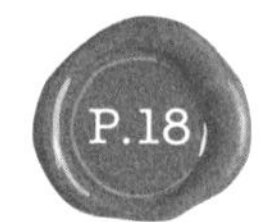

長尾裙

{原寸紙型}

紙型2面　g-1 前片・g-2 前脇邊・g-3 後片・g-4 後脇邊

{完成尺寸} 由左至右為 S／M／L／LL

胸圍　84／87／90／93cm
腰圍　61／64／67／70cm
衣長　前81／82／83／84cm
　　　後中心 113／114／115／116cm（從頸部到下襬）

{材料}

・棉布　110×380cm（各尺寸共通）
・隱形拉鍊　30cm 1條
・裙鉤　1組

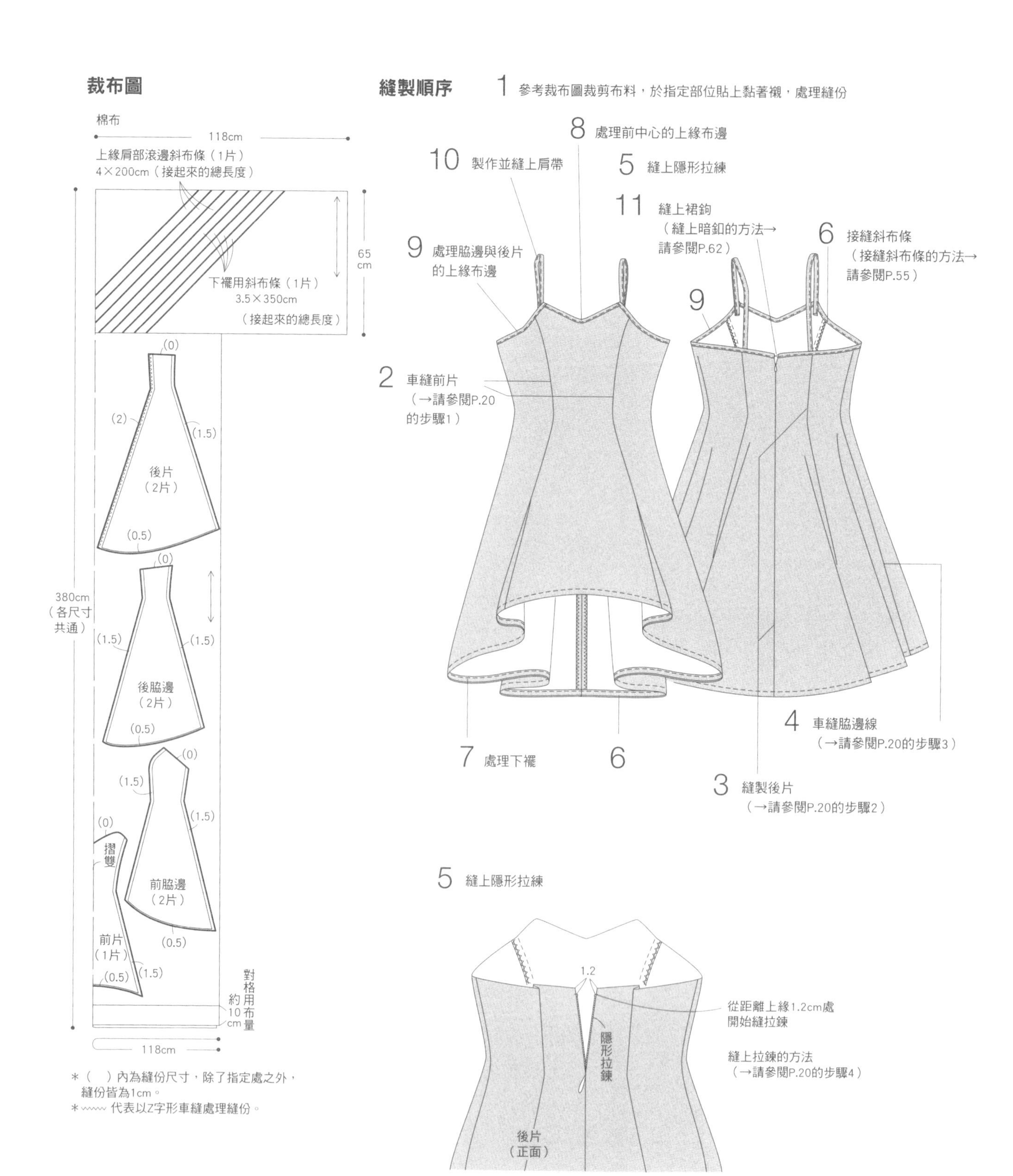

裁布圖
棉布
118cm
上緣肩部滾邊斜布條（1片）
4×200cm（接起來的總長度）
65cm
下襬用斜布條（1片）
3.5×350cm
（接起來的總長度）
後片（2片）
後脇邊（2片）
前脇邊（2片）
前片（1片）
摺雙
380cm（各尺寸共通）
約10cm 對格用布量
118cm
＊（　）內為縫份尺寸，除了指定處之外，縫份皆為1cm。
＊ 代表以Z字形車縫處理縫份。
縫製順序
1 參考裁布圖裁剪布料，於指定部位貼上黏著襯，處理縫份
8 處理前中心的上緣布邊
10 製作並縫上肩帶
5 縫上隱形拉鍊
11 縫上裙鉤（縫上暗釦的方法→請參閱P.62）
9 處理脇邊與後片的上緣布邊
6 接縫斜布條（接縫斜布條的方法→請參閱P.55）
9
2 車縫前片（→請參閱P.20的步驟1）
4 車縫脇邊線（→請參閱P.20的步驟3）
7 處理下襬
6
3 縫製後片（→請參閱P.20的步驟2）
5 縫上隱形拉鍊
1.2
從距離上緣1.2cm處開始縫拉鍊
隱形拉鍊
縫上拉鍊的方法（→請參閱P.20的步驟4）
後片（正面）

7 處理下襬

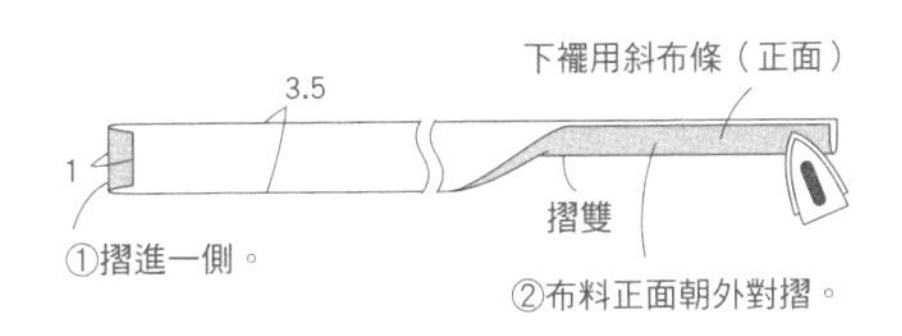

3.5
1
下襬用斜布條（正面）
摺雙
①摺進一側。
②布料正面朝外對摺。

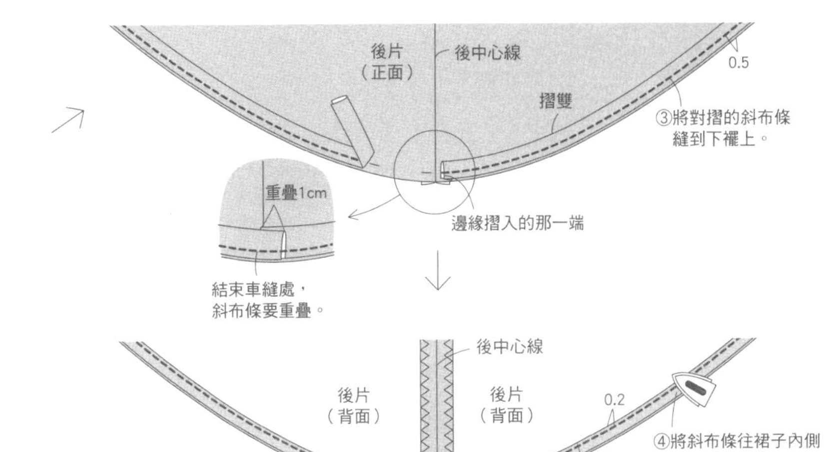

後片
（正面）
後中心線
0.5
摺雙
③將對摺的斜布條
縫到下襬上。
重疊1cm
邊緣摺入的那一端
結束車縫處，
斜布條要重疊。
後中心線
後片
（背面）
後片
（背面）
0.2
④將斜布條往裙子內側
摺入燙壓定型。
1
⑤車縫。
（背面）0.2
斜布條（正面）

8 處理前中心的上緣布邊

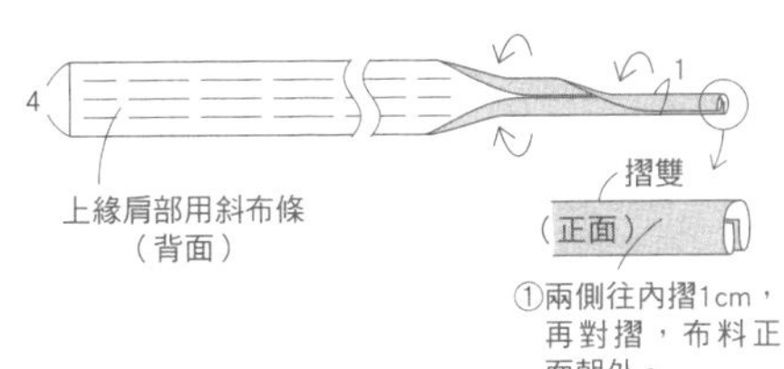

4
1
摺雙
上緣肩部用斜布條
（背面）
（正面）
①兩側往內摺1cm，
再對摺，布料正
面朝外。

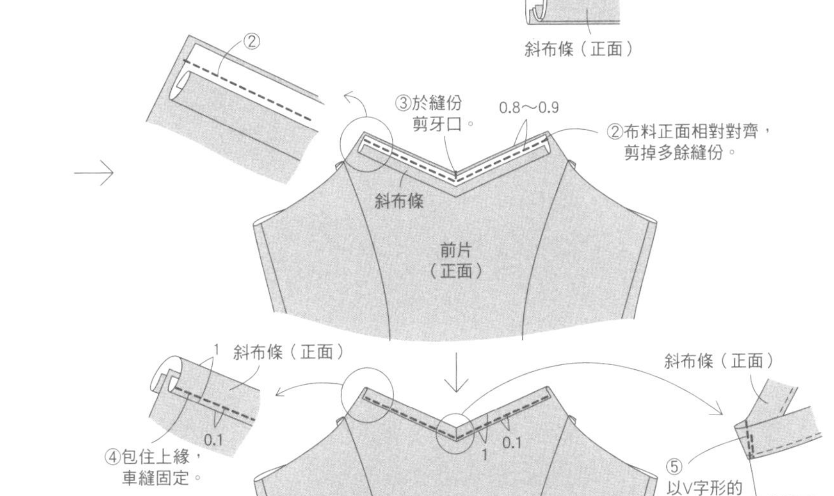

②
③於縫份
剪牙口。
0.8～0.9
②布料正面相對對齊，
剪掉多餘縫份。
斜布條
前片
（正面）
1　斜布條（正面）
0.1
④包住上緣，
車縫固定。
1
0.1
前片
（正面）
斜布條（正面）
⑤
以V字形的
背面側夾住
車縫。
（背面）

9 處理脇邊與後片的上緣布邊

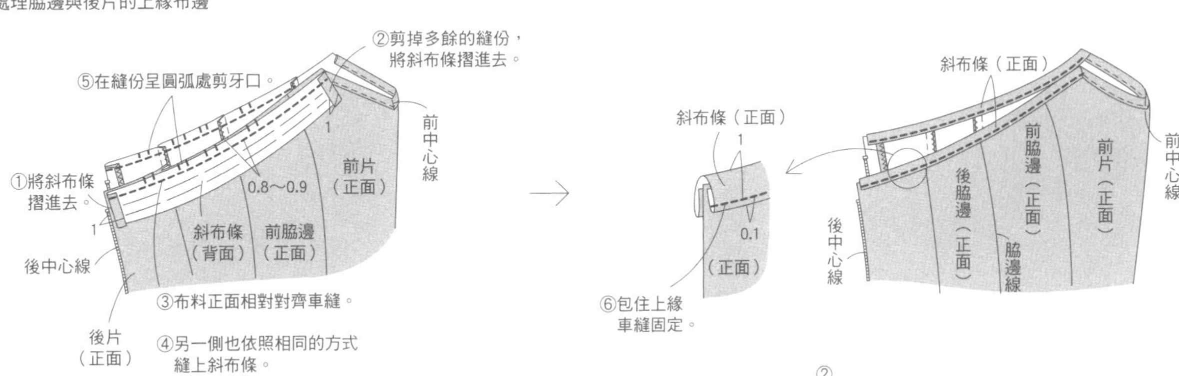

②剪掉多餘的縫份，
將斜布條摺進去。
⑤在縫份呈圓弧處剪牙口。
1
前中心線
①將斜布條
摺進去。
0.8～0.9
前片
（正面）
1
斜布條
（背面）
前脇邊
（正面）
後中心線
③布料正面相對對齊車縫。
後片
（正面）
④另一側也依照相同的方式
縫上斜布條。
斜布條（正面）
斜布條（正面）
1
0.1
（正面）
⑥包住上緣
車縫固定。
後中心線
後脇邊（正面）
前脇邊（正面）
脇邊線
前片（正面）
前中心線

10 製作並縫上肩帶

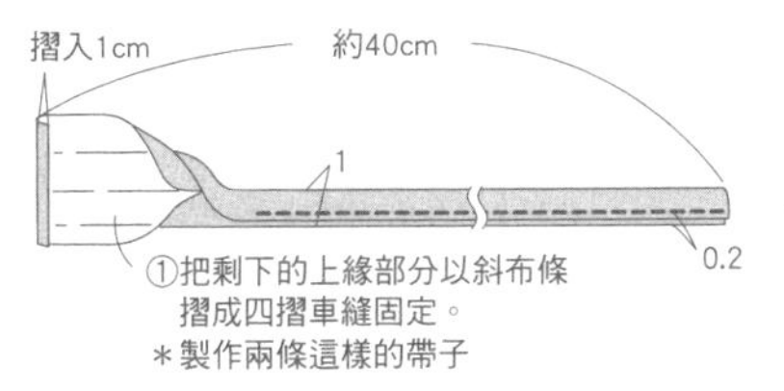

摺入1cm
約40cm
1
0.2
①把剩下的上緣部分以斜布條
摺成四摺車縫固定。
＊製作兩條這樣的帶子

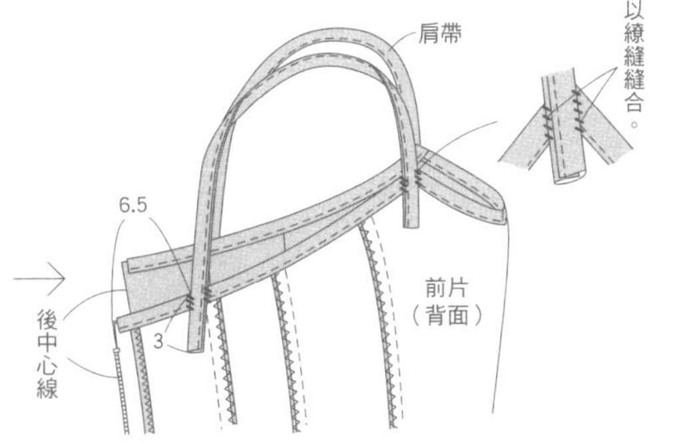

肩帶
②以綠縫縫合。
6.5
後中心線
3
前片
（背面）

11 縫上裙鉤

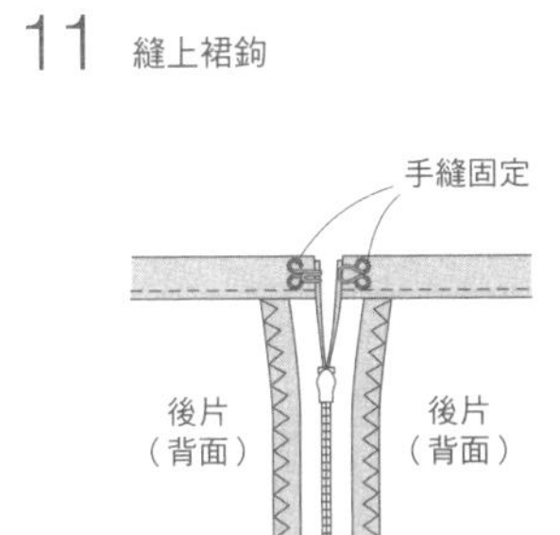

手縫固定
後片
（背面）
後片
（背面）

How to make

P.18

公主袖洋裝

{ 原寸紙型 }

紙型2面　h-1 前片・h-2 前脇邊・h-3 後片・h-4 後脇邊・h-5 前裙片・h-6 後裙片・h-7 上袖・h-8 下袖・h-9 領子

{ 完成尺寸 } 由左至右為 S／M／L／LL

胸圍　84／87／90／93cm
腰圍　61／64／67／70cm
衣長　前81／82／83／84cm

{ 材料 }

・刺繡天鵝絨　110×300／305／310／315cm
・30丹尼的薄紗　100×15cm
・黏著襯　55×20cm
・隱形拉鍊　60cm 1條
・裙鉤　2組

裁布圖

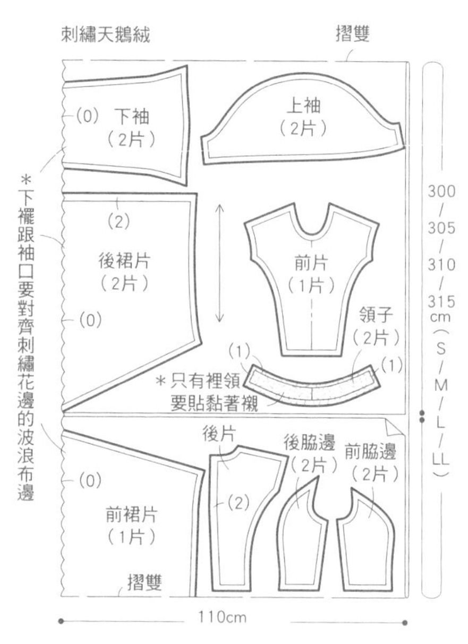
刺繡天鵝絨
摺雙
下袖（2片）
(0)
上袖（2片）
＊下襬跟袖口要對齊刺繡花邊的波浪布邊
(2)
後裙片（2片）
(0)
前片（1片）
領子（2片）
(1)
(1)
＊只有裡領要貼黏著襯
300／305／310／315cm（S／M／L／LL）
後片
(2)
後脇邊（2片）
前脇邊（2片）
(0)
前裙片（1片）
摺雙
110cm

＊（　）內為縫份尺寸，除了指定處之外，縫份皆為1.5cm。
＊ 代表要貼黏著襯。
＊除了會使用單邊波浪布邊的布料之外，紙型都要依布紋線擺置。下袖與裙片的下襬要另加3cm縫份。

縫製順序

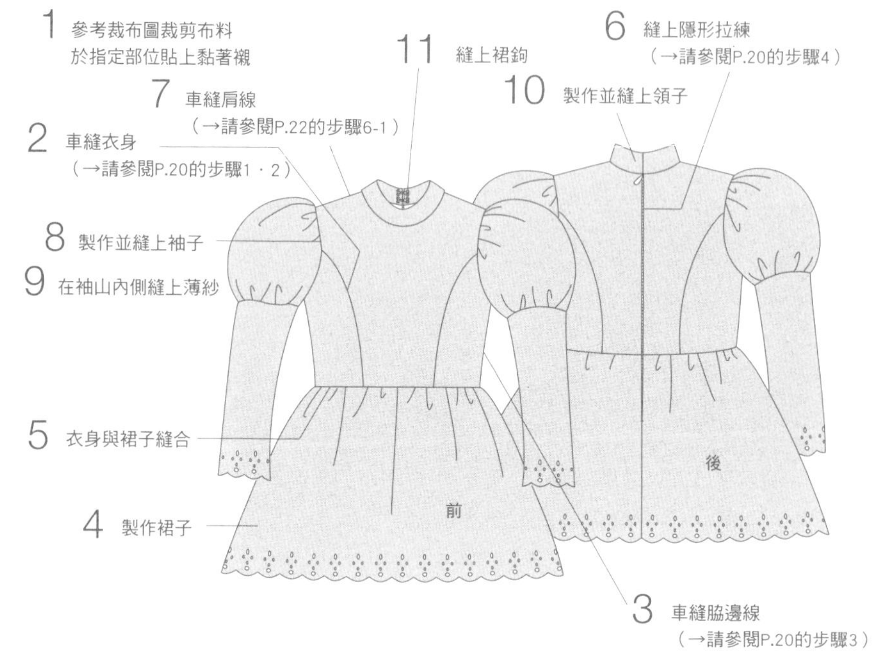
1 參考裁布圖裁剪布料
於指定部位貼上黏著襯
11 縫上裙鉤
6 縫上隱形拉鍊
（→請參閱P.20的步驟4）
7 車縫肩線
（→請參閱P.22的步驟6-1）
10 製作並縫上領子
2 車縫衣身
（→請參閱P.20的步驟1・2）
8 製作並縫上袖子
9 在袖山內側縫上薄紗
5 衣身與裙子縫合
前
後
4 製作裙子
3 車縫脇邊線
（→請參閱P.20的步驟3）

4 製作裙子

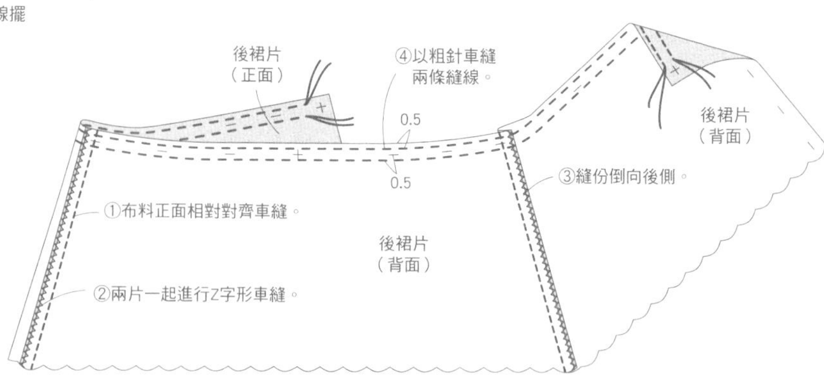
後裙片（正面）
④以粗針車縫兩條縫線。
0.5
0.5
後裙片（背面）
③縫份倒向後側。
①布料正面相對對齊車縫。
後裙片（背面）
②兩片一起進行Z字形車縫。

5 衣身與裙子縫合

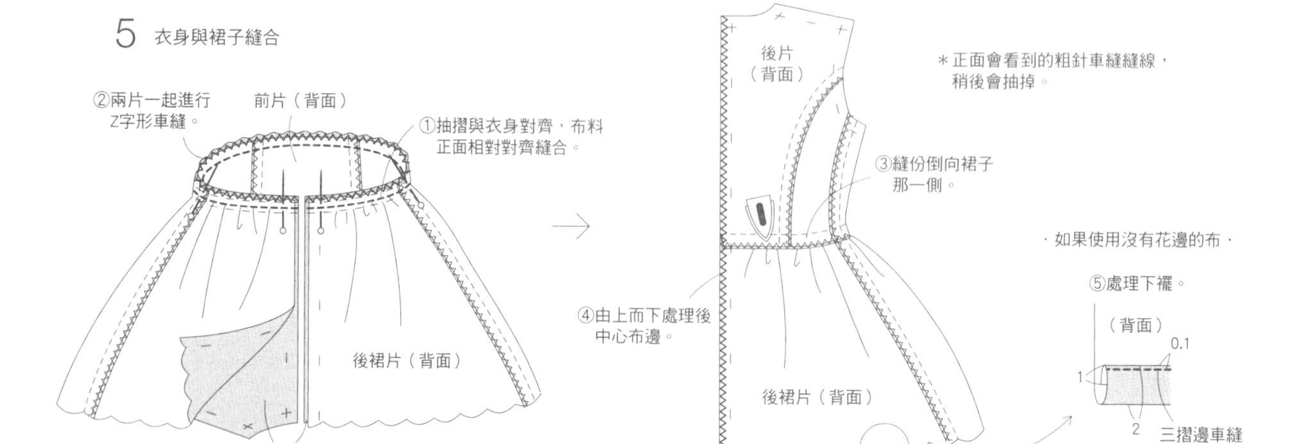
②兩片一起進行Z字形車縫。
前片（背面）
①抽摺與衣身對齊，布料正面相對對齊縫合。
後裙片（背面）
後片（正面）
後片（背面）
＊正面會看到的粗針車縫縫線，稍後會抽掉。
③縫份倒向裙子那一側。
・如果使用沒有花邊的布・
⑤處理下襬。
（背面）
0.1
1
2
三摺邊車縫
④由上而下處理後中心布邊。
後裙片（背面）

8 製作並縫上袖子

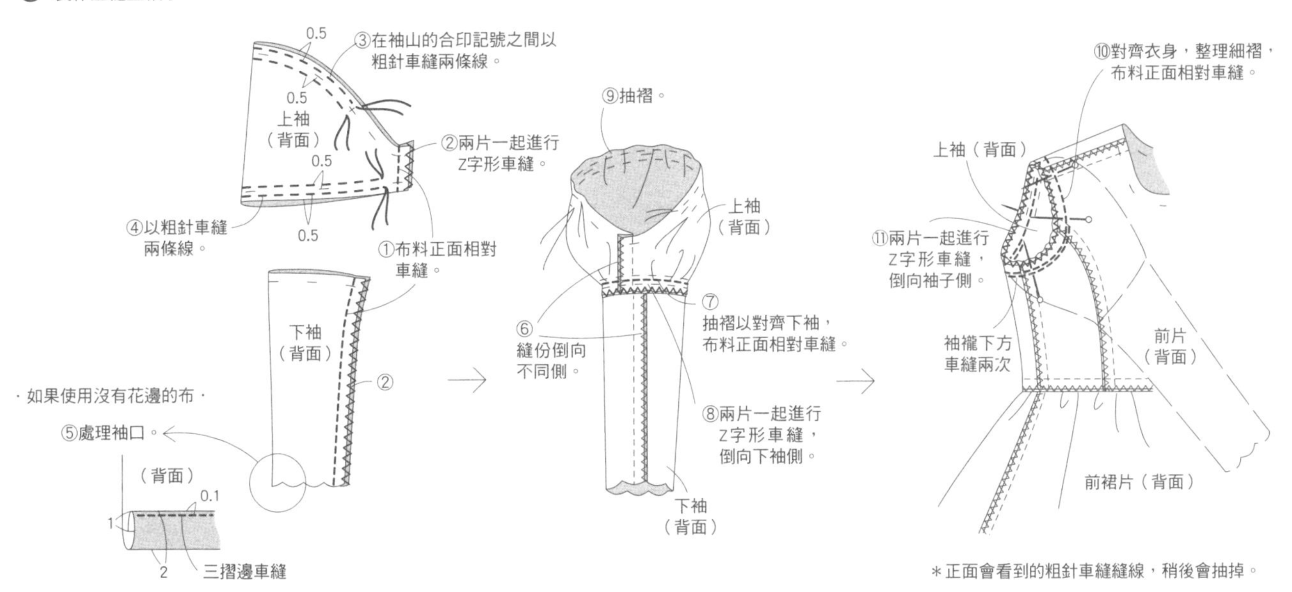

0.5
③在袖山的合印記號之間以粗針車縫兩條線。
0.5
上袖（背面）
0.5
②兩片一起進行Z字形車縫。
④以粗針車縫兩條線。
0.5
①布料正面相對車縫。
下袖（背面）
②
・如果使用沒有花邊的布・
⑤處理袖口。
（背面）
0.1
1
2
三摺邊車縫
⑨抽褶。
上袖（背面）
⑥縫份倒向不同側。
⑦抽褶以對齊下袖，布料正面相對車縫。
⑧兩片一起進行Z字形車縫，倒向下袖側。
下袖（背面）
⑩對齊衣身，整理細褶，布料正面相對車縫。
上袖（背面）
⑪兩片一起進行Z字形車縫，倒向袖子側。
袖襱下方車縫兩次
前片（背面）
前裙片（背面）

＊正面會看到的粗針車縫縫線，稍後會抽掉。

9 在袖山內側縫上薄紗

＊使用較軟的布料，或為了維持袖山蓬鬆的形狀，要在裡側縫上薄紗。

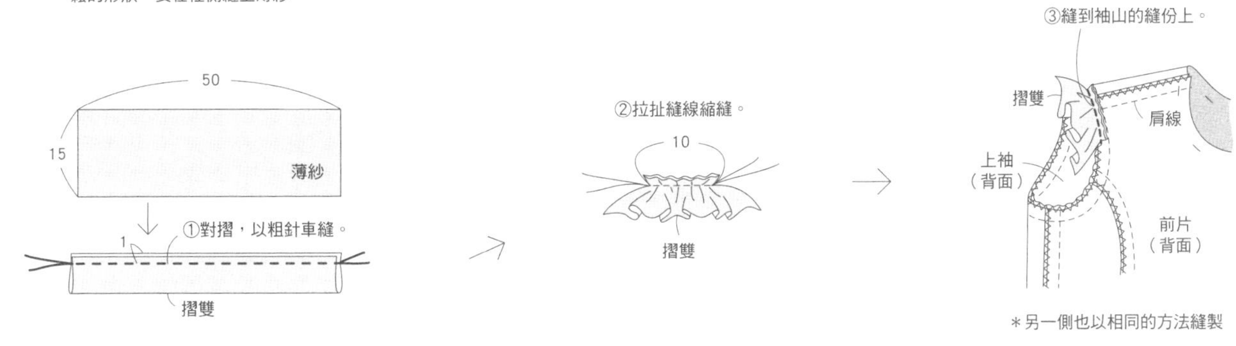

50
15
薄紗
1
①對摺，以粗針車縫。
摺雙
②拉扯縫線縮縫。
10
摺雙
③縫到袖山的縫份上。
摺雙
肩線
上袖（背面）
前片（背面）

＊另一側也以相同的方法縫製

10 製作並縫上領子

11 縫上裙鉤

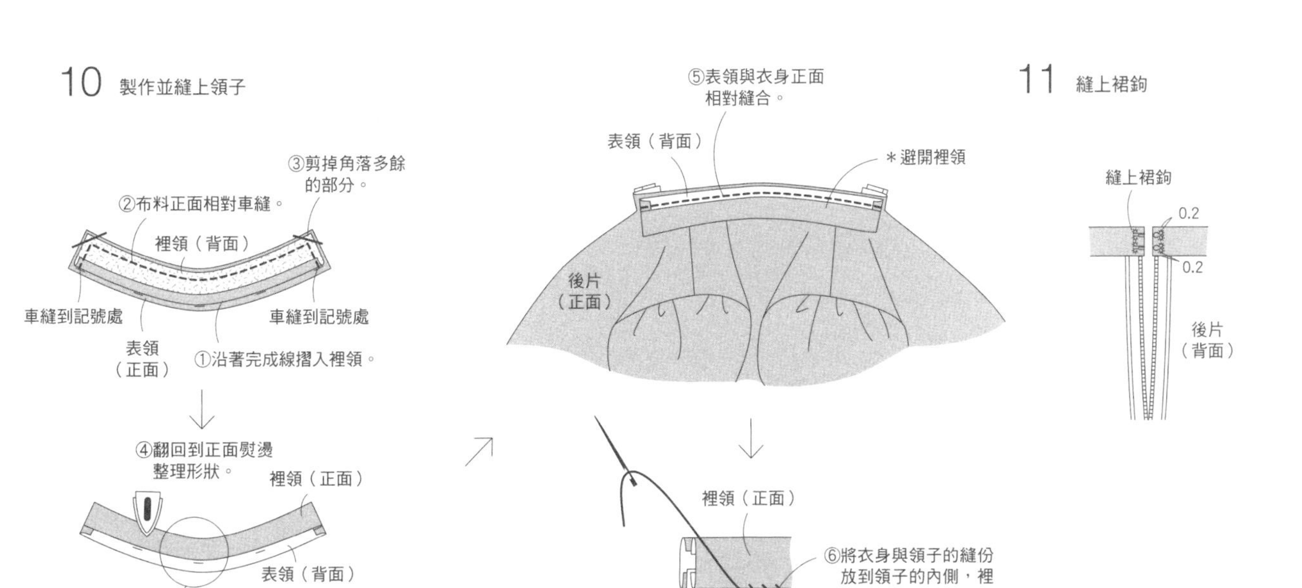

③剪掉角落多餘的部分。
②布料正面相對車縫。
裡領（背面）
車縫到記號處
車縫到記號處
表領（正面）
①沿著完成線摺入裡領。
④翻回到正面熨燙整理形狀。
裡領（正面）
表領（背面）
⑤表領與衣身正面相對縫合。
表領（背面）
＊避開裡領
後片（正面）
裡領（正面）
⑥將衣身與領子的縫份放到領子的內側，裡領進行藏針縫。
衣身（背面）
縫上裙鉤
0.2
0.2
後片（背面）

P.26

T恤・坦克背心

{原寸紙型}

T恤　紙型3面　m-1 前片・m-2 後片・m-3 領圍布・m-4 袖子
坦克背心　紙型3面　n-1 前片・n-2 後片・n-3 領圍布・n-4 袖襱布

{完成尺寸} 由左至右為 S／M／L／LL

胸圍　92／96／98／102cm（T恤與坦克背心尺寸共通）
衣長　62.5／64／65／66.5cm（T恤與坦克背心尺寸共通）

{材料}

T恤
・制服用布　150×100／100／105／110cm
・1cm寬止伸襯布條 30cm
・針織布專用車線

坦克背心
・雙面針織布　150×85／90／90／95cm
・1cm寬止伸襯布條　30cm
・針織布專用車線

T恤

裁布圖

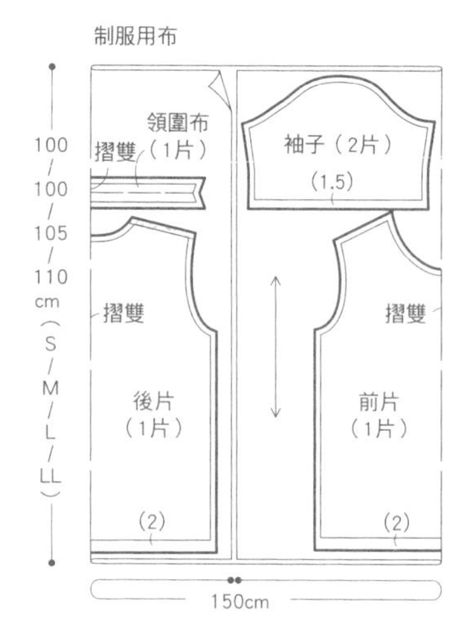
制服用布
100/100/105/110cm（S/M/L/LL）
領圍布（1片）
摺雙
袖子（2片）
(1.5)
摺雙
後片（1片）
摺雙
前片（1片）
(2)
(2)
150cm

＊（　）內為縫份尺寸，除了指定處之外，縫份皆為1cm。
＊▭代表要貼止伸襯布條。

製作順序

1 參考裁布圖裁剪布料，於指定部位貼上止伸襯布條

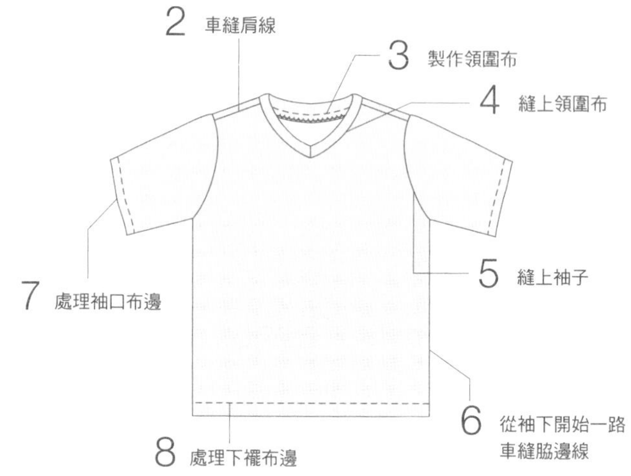
2 車縫肩線
3 製作領圍布
4 縫上領圍布
5 縫上袖子
7 處理袖口布邊
6 從袖下開始一路車縫脇邊線
8 處理下襬布邊

2 車縫肩線

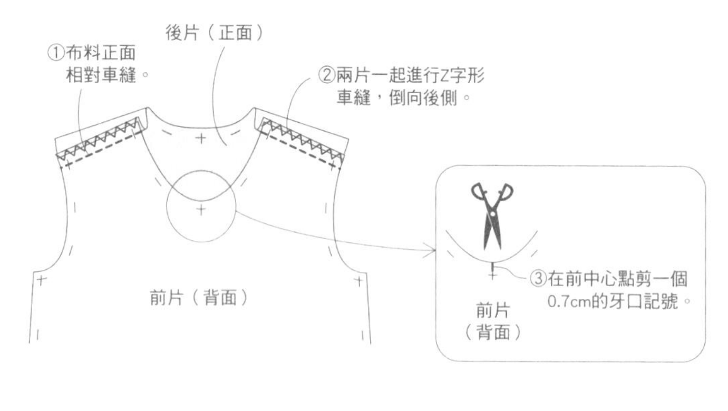
後片（正面）
①布料正面相對車縫。
②兩片一起進行Z字形車縫，倒向後側。
前片（背面）
③在前中心點剪一個0.7cm的牙口記號。
前片（背面）

3 製作領圍布

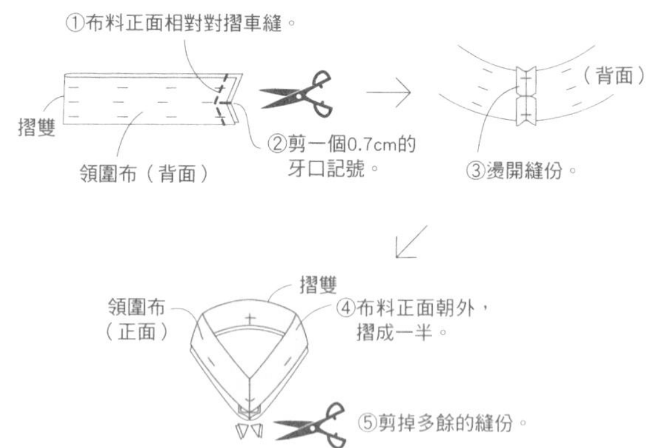
①布料正面相對對摺車縫。
摺雙
領圍布（背面）
②剪一個0.7cm的牙口記號。
（背面）
③燙開縫份。
領圍布（正面）
摺雙
④布料正面朝外，摺成一半。
⑤剪掉多餘的縫份。

4 縫上領圍布

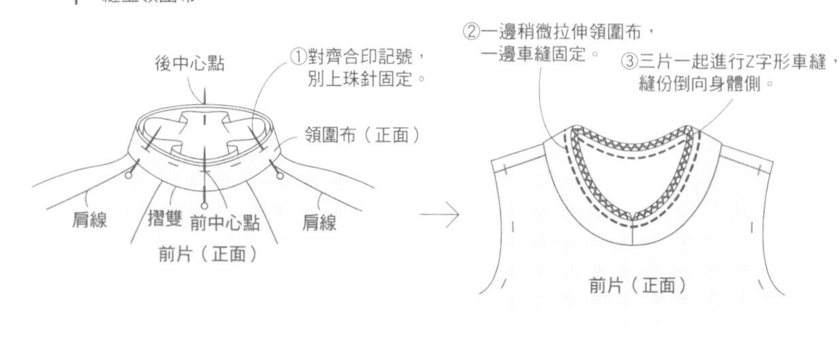
後中心點
①對齊合印記號，別上珠針固定。
領圍布（正面）
肩線
摺雙
前中心點
肩線
前片（正面）
②一邊稍微拉伸領圍布，一邊車縫固定。
③三片一起進行Z字形車縫，縫份倒向身體側。
前片（正面）

5 縫上袖子

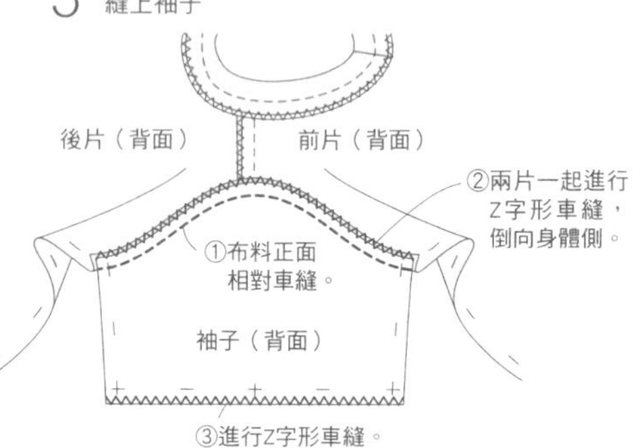
後片（背面）
前片（背面）
①布料正面相對車縫。
②兩片一起進行Z字形車縫，倒向身體側。
袖子（背面）
③進行Z字形車縫。

6 從袖下開始一路車縫脇邊線

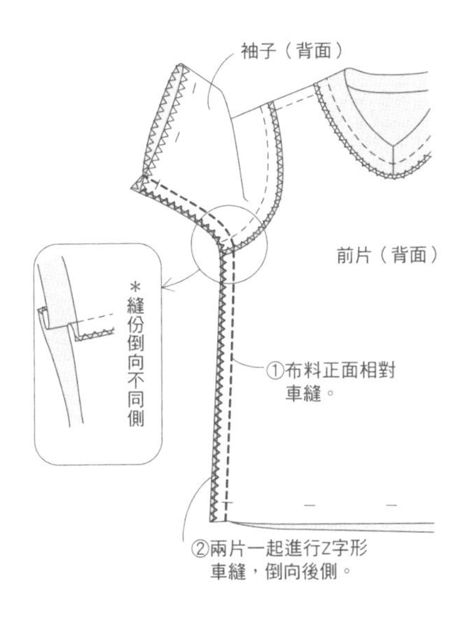

袖子（背面）
前片（背面）
*縫份倒向不同側
①布料正面相對
車縫。
②兩片一起進行Z字形
車縫，倒向後側。

7 處理袖口布邊

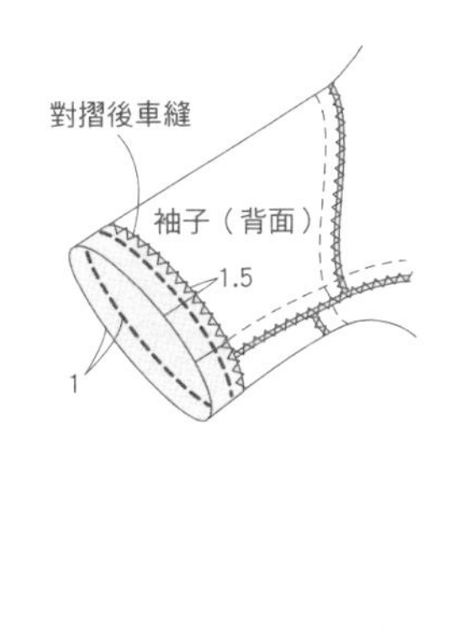

對摺後車縫
袖子（背面）
1.5
1

8 處理下襬布邊

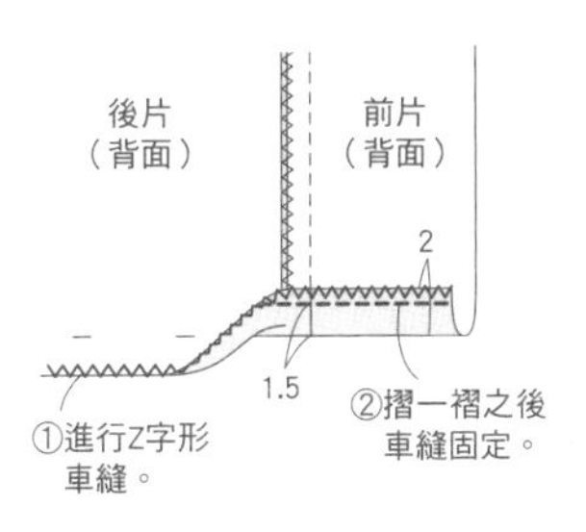

後片
（背面）
前片
（背面）
2
1.5
①進行Z字形
車縫。
②摺一褶之後
車縫固定。

坦克背心

裁布圖

雙面針織布

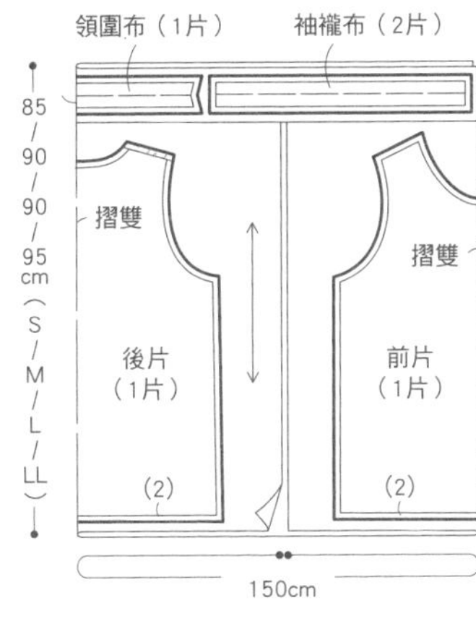

領圍布（1片）
袖襱布（2片）
85/90/90/95cm（S/M/L/LL）
摺雙
後片
（1片）
摺雙
前片
（1片）
(2)
(2)
150cm

＊（　）內為縫份尺寸，除了指定處之外，縫份皆為1cm。

＊代表要貼止伸襯布條。

製作順序

1 參考裁布圖裁剪布料，於指定部位貼上止伸襯布條。

2 車縫肩線
（→參閱P.80）
3 製作領圍布（→參閱P.80）
4 縫上領圍布（→參閱P.80）
6 縫上袖襱布
5 車縫脇邊線
7 處理下襬布邊（→參閱P.81）

5 車縫脇邊線

後片
（正面）
①布料正面
相對車縫。
前片（背面）
②兩片一起進行Z字形車縫，縫份倒向後側。

6 縫上袖襱布

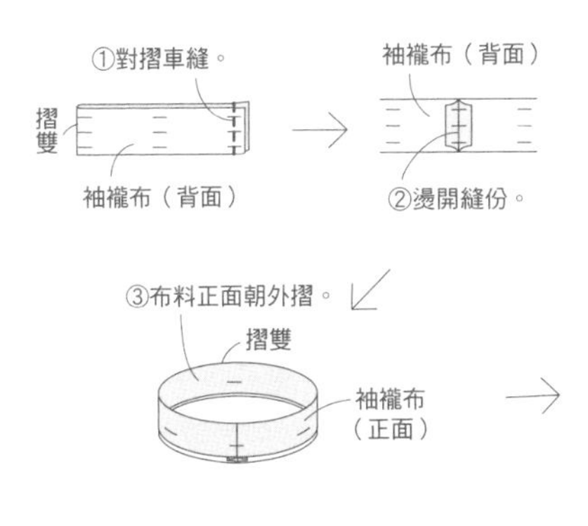

①對摺車縫。
摺雙
袖襱布（背面）
袖襱布（背面）
②燙開縫份。
③布料正面朝外摺。
摺雙
袖襱布
（正面）

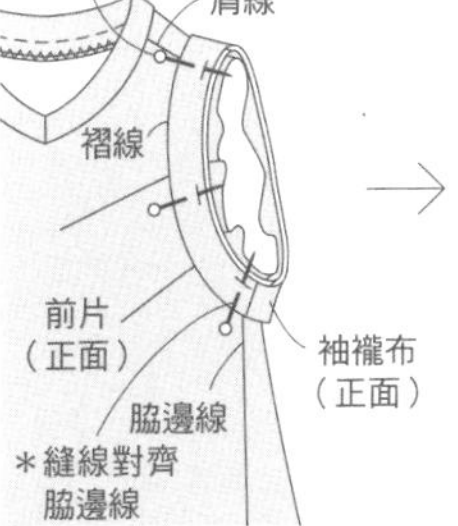

④對齊合印記號，
別上珠針固定。
肩線
摺線
前片
（正面）
脇邊線
袖襱布
（正面）
*縫線對齊
脇邊線

⑥三片一起進行
Z字形車縫，
縫份倒向身體
側。
⑤一邊拉伸袖
襱布一邊車
縫固定。
脇邊線

How to make

P.25

連帽外套

{原寸紙型}

紙型4面　k-1 前片・k-2 後片・k-3 袖子・k-4 帽子・k-5 下襬布・k-6 袖口布
k-7 貼邊

{完成尺寸} 由左至右為 S／M／L／LL

胸圍　98／102／106／109cm
衣長　59／60／61／62cm

{材料}

・聚酯纖維布料（紅）　166×160／160／165／170cm
・聚酯纖維布料（白）　166×55cm（各尺寸共通）
・針織布專用黏著襯　30×60cm
・夾克拉鍊　長度　58／59／60／61cm 1條
・針織布專用車線

裁布圖

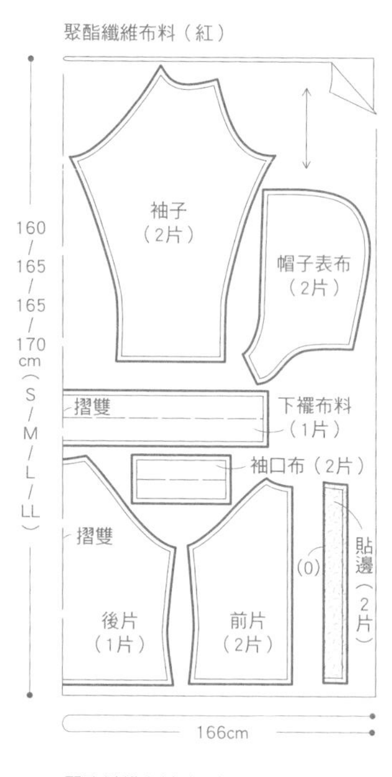

聚酯纖維布料（紅）
160／165／165／170cm（S／M／L／LL）
袖子（2片）
帽子表布（2片）
摺雙
下襬布料（1片）
袖口布（2片）
摺雙
(0)
貼邊（2片）
後片（1片）
前片（2片）
166cm

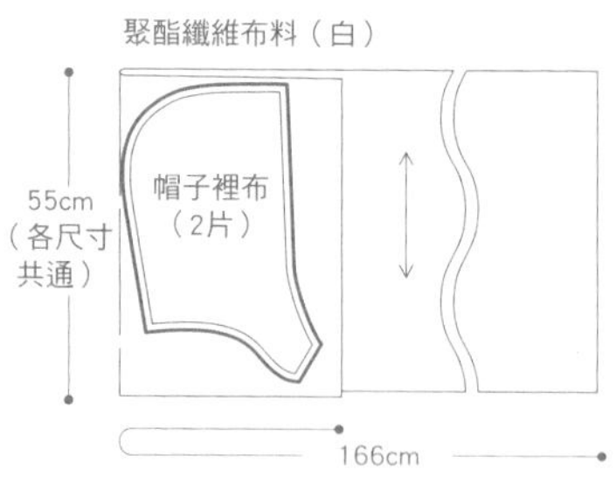

聚酯纖維布料（白）
55cm（各尺寸共通）
帽子裡布（2片）
166cm

＊（　）內為縫份尺寸，除了指定處之外，縫份皆為1cm。
＊▭代表要貼黏著襯。

製作順序

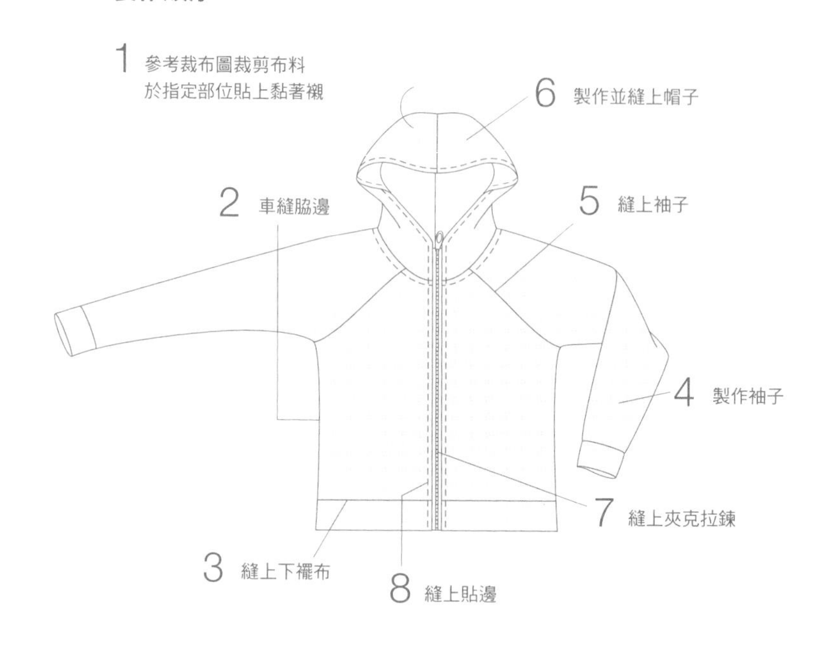

1 參考裁布圖裁剪布料 於指定部位貼上黏著襯
6 製作並縫上帽子
2 車縫脇邊
5 縫上袖子
4 製作袖子
7 縫上夾克拉鍊
3 縫上下襬布
8 縫上貼邊

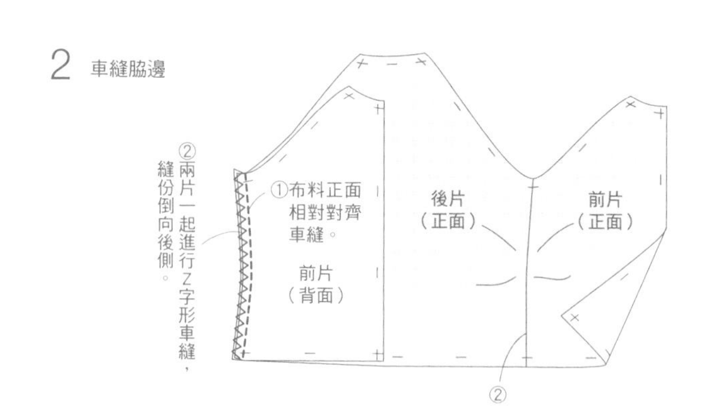

2 車縫脇邊
②兩片一起進行Z字形車縫，縫份倒向後側。
①布料正面相對對齊車縫。
前片（背面）
後片（正面）
前片（正面）
②

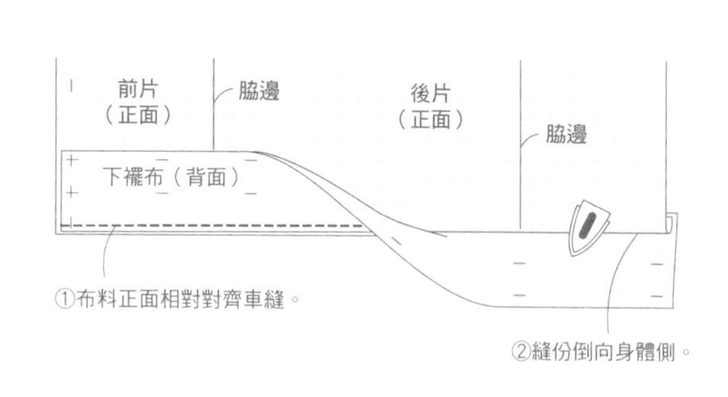

3 縫上下襬布
前片（正面）
脇邊
後片（正面）
脇邊
下襬布（背面）
①布料正面相對對齊車縫。
②縫份倒向身體側。

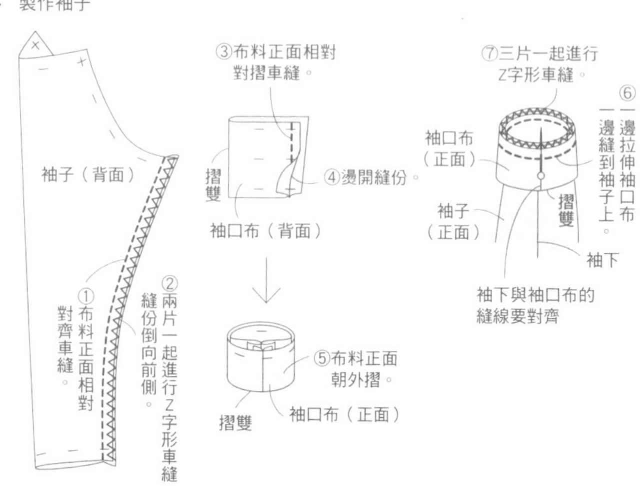

4 製作袖子
袖子（背面）
①布料正面相對對齊車縫。
②兩片一起進行Z字形車縫，縫份倒向前側。
③布料正面相對對摺車縫。
摺雙
④燙開縫份。
袖口布（背面）
⑤布料正面朝外摺。
摺雙
袖口布（正面）
⑦三片一起進行Z字形車縫。
⑥一邊拉伸袖口布一邊縫到袖子上。
袖口布（正面）
袖子（正面）
摺雙
袖下
袖下與袖口布的縫線要對齊

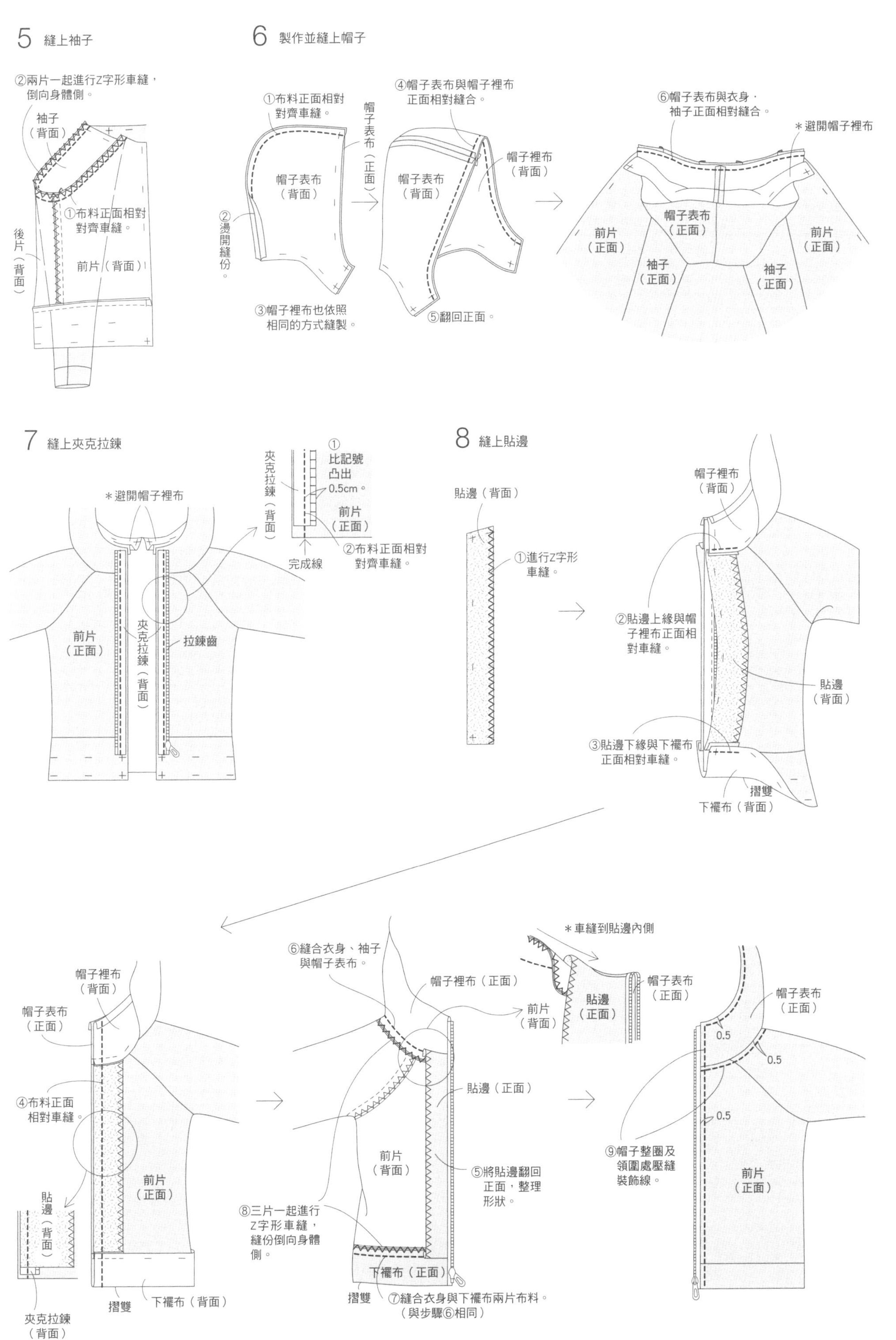
5 縫上袖子
②兩片一起進行Z字形車縫，倒向身體側。
袖子（背面）
①布料正面相對對齊車縫。
後片（背面）
前片（背面）
6 製作並縫上帽子
①布料正面相對對齊車縫。
帽子表布（正面）
帽子表布（背面）
②燙開縫份。
③帽子裡布也依照相同的方式縫製。
④帽子表布與帽子裡布正面相對縫合。
帽子裡布（背面）
⑤翻回正面。
⑥帽子表布與衣身．袖子正面相對縫合。
＊避開帽子裡布
帽子表布（正面）
前片（正面）
袖子（正面）
7 縫上夾克拉鍊
＊避開帽子裡布
前片（正面）
夾克拉鍊（背面）
拉鍊齒
①比記號凸出0.5cm。
②布料正面相對對齊車縫。
完成線
8 縫上貼邊
貼邊（背面）
①進行Z字形車縫。
帽子裡布（背面）
②貼邊上緣與帽子裡布正面相對車縫。
貼邊（背面）
③貼邊下緣與下襬布正面相對車縫。
摺雙
下襬布（背面）
帽子裡布（背面）
帽子表布（正面）
④布料正面相對車縫。
前片（正面）
貼邊（背面）
夾克拉鍊（背面）
⑥縫合衣身、袖子與帽子表布。
帽子裡布（正面）
前片（背面）
貼邊（正面）
⑤將貼邊翻回正面，整理形狀。
⑧三片一起進行Z字形車縫，縫份倒向身體側。
下襬布（正面）
⑦縫合衣身與下襬布兩片布料。（與步驟⑥相同）
＊車縫到貼邊內側
貼邊（正面）
帽子表布（正面）
0.5
⑨帽子整圈及領圍處壓縫裝飾線。
How to make

P.15

魚尾裙

{原寸紙型}

紙型1面　c-1 裙片・c-2 貼邊

{完成尺寸} 由左至右為 S／M／L／LL

腰圍　63／66／69／72cm
臀圍　93／96／99／102cm
裙長　89／90／91／92cm

{材料}

・聚酯纖維斜紋布　147×220cm（各尺寸共通）
・黏著襯　90×20cm
・隱形拉鍊　24cm 1條

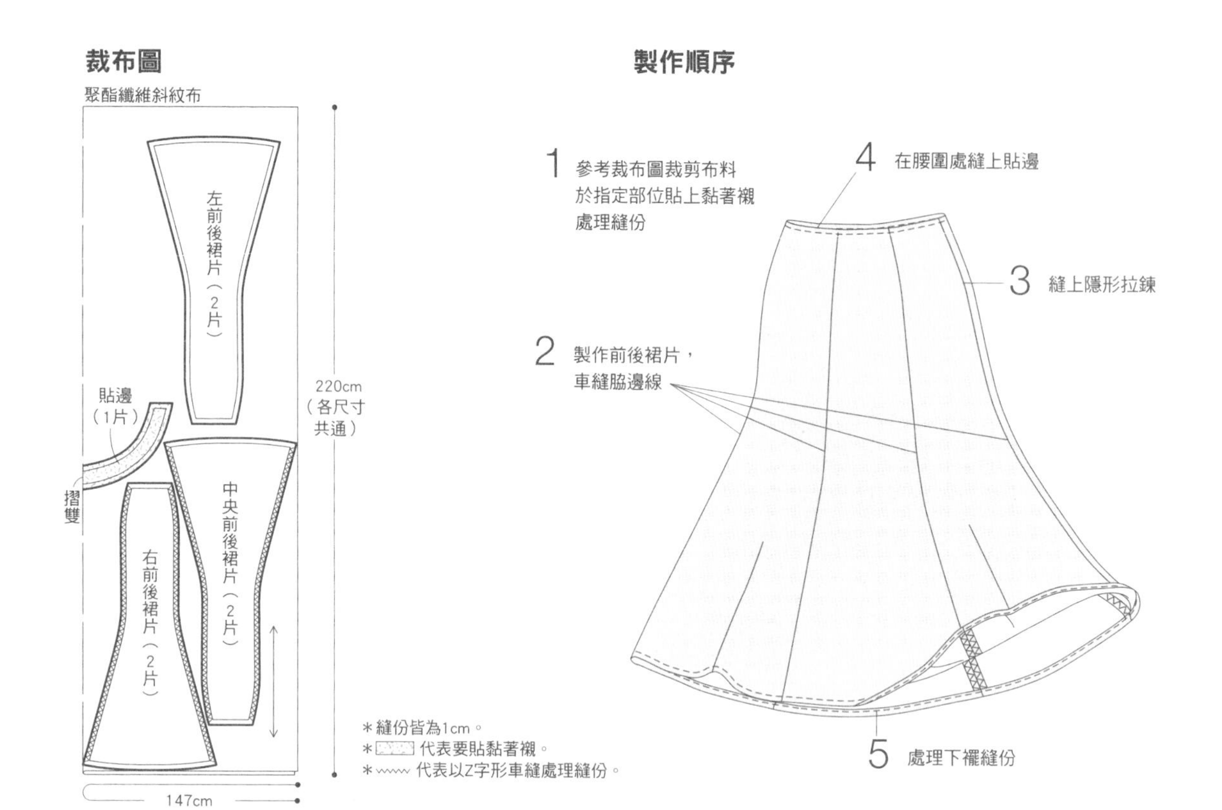
裁布圖
聚酯纖維斜紋布
左前後裙片（2片）
貼邊（1片）
摺雙
中央前後裙片（2片）
右前後裙片（2片）
220cm（各尺寸共通）
147cm
*縫份皆為1cm。
*代表要貼黏著襯。
*代表以Z字形車縫處理縫份。
製作順序
1 參考裁布圖裁剪布料 於指定部位貼上黏著襯 處理縫份
2 製作前後裙片，車縫脇邊線
3 縫上隱形拉鍊
4 在腰圍處縫上貼邊
5 處理下襬縫份

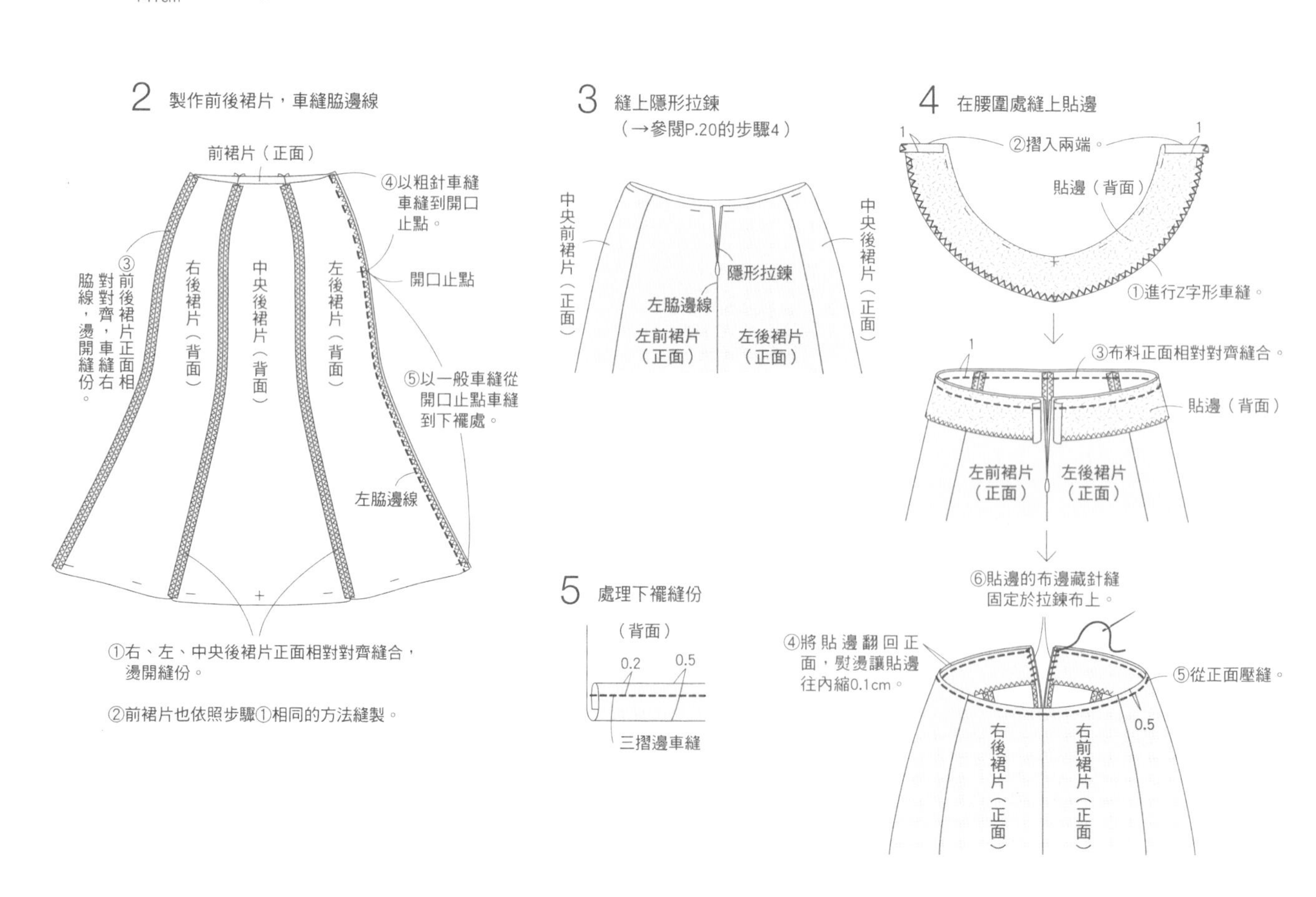
2 製作前後裙片，車縫脇邊線
前裙片（正面）
④以粗針車縫 車縫到開口止點。
開口止點
③前後裙片正面相對對齊，車縫右脇線，燙開縫份。
右後裙片（背面）
中央後裙片（背面）
左後裙片（背面）
⑤以一般車縫從開口止點車縫到下襬處。
左脇邊線
①右、左、中央後裙片正面相對對齊縫合，燙開縫份。
②前裙片也依照步驟①相同的方法縫製。
3 縫上隱形拉鍊
（→參閱P.20的步驟4）
中央前裙片（正面）
中央後裙片（正面）
隱形拉鍊
左脇邊線
左前裙片（正面）
左後裙片（正面）
4 在腰圍處縫上貼邊
②摺入兩端。
貼邊（背面）
①進行Z字形車縫。
③布料正面相對對齊縫合。
貼邊（背面）
左前裙片（正面）
左後裙片（正面）
⑥貼邊的布邊藏針縫固定於拉鍊布上。
④將貼邊翻回正面，熨燙讓貼邊往內縮0.1cm。
⑤從正面壓縫。
右後裙片（正面）
右前裙片（正面）
0.5
5 處理下襬縫份
（背面）
0.2
0.5
三摺邊車縫

立領制服外套

{原寸紙型}

紙型5面　p-1 前片．p-2 後片．p-3 外袖．p-4 內袖．p-5 貼邊
p-6 領子

{完成尺寸} 由左至右為 S／M／L／LL

胸圍　92.5／95.5／98.5／101.5cm
腰圍　84／87／90／93cm
衣長　69／70／71／72cm

{材料}

- 化纖斜紋布料　150×165cm（各尺寸共通）
- 黏著襯　40×80cm
- 直徑2.1cm的金鈕釦　8個
- 直徑1cm的暗釦　2組
- 鉤釦　1組
- 墊肩　1組

裁布圖

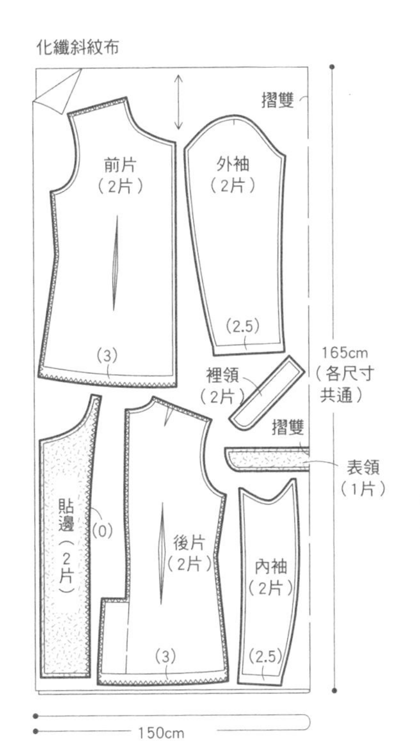
化纖斜紋布
摺雙
前片
（2片）
外袖
（2片）
(2.5)
(3)
裡領
（2片）
165cm
（各尺寸
共通）
摺雙
表領
（1片）
貼邊
（2片）
(0)
後片
（2片）
內袖
（2片）
(3)
(2.5)

150cm

＊除指定處之外，縫份皆為1cm。
＊▒ 代表要貼黏著襯。
＊﹏ 代表以Z字形車縫處理縫份。

製作順序

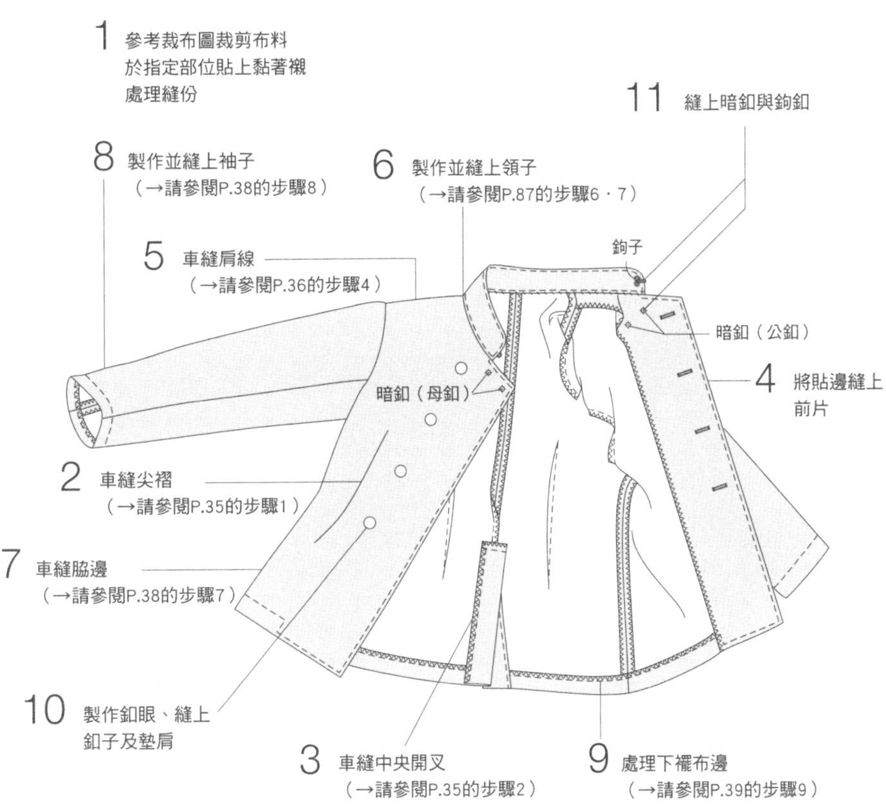
1 參考裁布圖裁剪布料
於指定部位貼上黏著襯
處理縫份
11 縫上暗釦與鉤釦
8 製作並縫上袖子
（→請參閱P.38的步驟8）
6 製作並縫上領子
（→請參閱P.87的步驟6．7）
5 車縫肩線
（→請參閱P.36的步驟4）
鉤子
暗釦（公釦）
4 將貼邊縫上
前片
暗釦（母釦）
2 車縫尖褶
（→請參閱P.35的步驟1）
7 車縫脇邊
（→請參閱P.38的步驟7）
10 製作釦眼、縫上
釦子及墊肩
3 車縫中央開叉
（→請參閱P.35的步驟2）
9 處理下襬布邊
（→請參閱P.39的步驟9）

4 將貼邊縫上前片

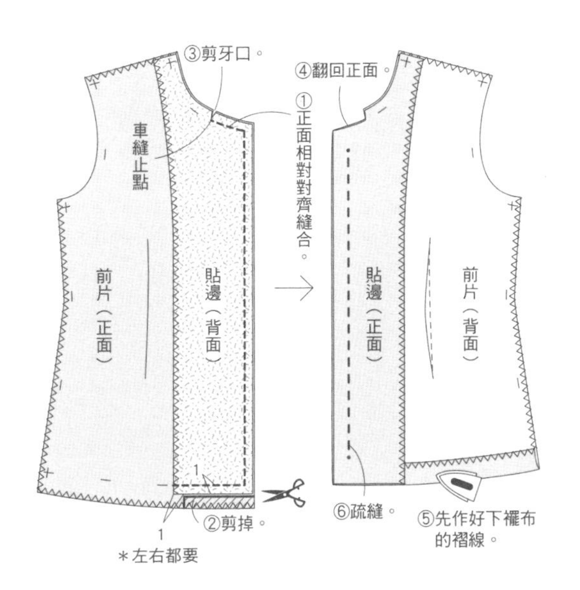
③剪牙口。
④翻回正面。
①正面相對對齊縫合。
車縫止點
前片（正面）
貼邊（背面）
貼邊（正面）
前片（背面）
1
1
②剪掉。
⑥疏縫。
⑤先作好下襬布的褶線。
＊左右都要

11 縫上暗釦與鉤釦

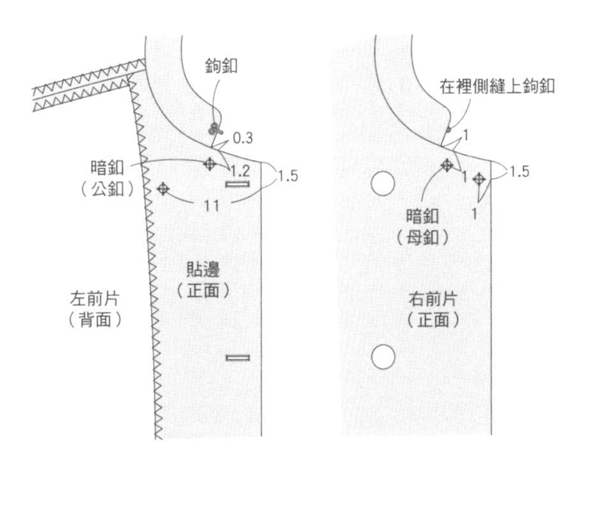
鉤釦
0.3
1.2
1.5
暗釦
（公釦）
11
貼邊
（正面）
左前片
（背面）
在裡側縫上鉤釦
1
1.5
1
1
暗釦
（母釦）
右前片
（正面）

How to make

P.28

領片反摺外套

{ 原寸紙型 }

紙型5面 q-1 前片・q-2 後片・q-3 外袖・q-4 內袖・q-5 貼邊・q-6 領子
q-7 反摺領・q-8 袖口布・q-9 肩章

{ 完成尺寸 } 由左至右為 S／M／L／LL

胸圍 92.5／95.5／98.5／101.5cm
腰圍 84／87／90／93cm
衣長 76.5／77.5／78.5／79.5cm

{ 材料 }

・化纖斜紋布料（藍色） 150×160cm（各尺寸共通）
・化纖斜紋布料（灰色） 150×55cm（各尺寸共通）
・黏著襯 70X90cm
・直徑1.8cm的銀色鈕釦 12個
・墊肩 1組

裁布圖

化纖斜紋布料（藍色）

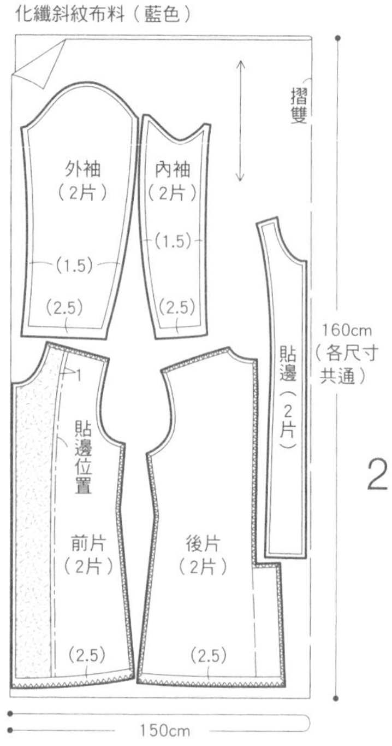

摺雙
外袖（2片）
內袖（2片）
(1.5)
(2.5)
160cm（各尺寸共通）
貼邊（2片）
貼邊位置
前片（2片）
後片（2片）
150cm

化纖斜紋布料（灰色）

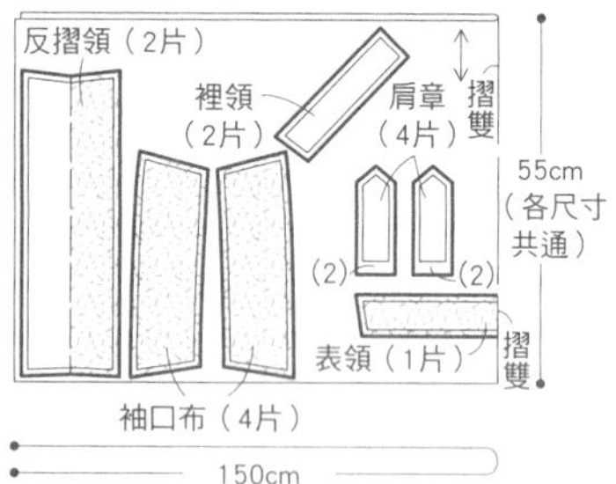

反摺領（2片）
裡領（2片）
肩章（4片）
摺雙
55cm（各尺寸共通）
(2)
表領（1片）
袖口布（4片）
150cm

＊除指定處之外，縫份皆為1cm。
＊▒ 代表要貼黏著襯。
＊～～ 代表以Z字形車縫處理縫份。
＊反摺領，在反摺時為正面的那一面貼上黏著襯。
＊袖口布的部分，只在袖口表布貼黏著襯。

製作順序

1 參考裁布圖裁剪布料 於指定部位貼上黏著襯 處理縫份
6 製作領子
7 縫上領子
8 製作並縫上肩章
5 車縫肩線（→請參閱P.36的步驟4）
9 製作並縫上袖子
2 車縫尖褶（→請參閱P.35的步驟1）
縫上裝飾鈕釦固定
4 製作前片
10 處理下襬布邊（→請參閱P.39的步驟9）
11 縫上鈕釦（→請參閱P.39的步驟10）
3 車縫後中心線，縫製中央開叉（→請參閱P.35的步驟2）

4 製作前片

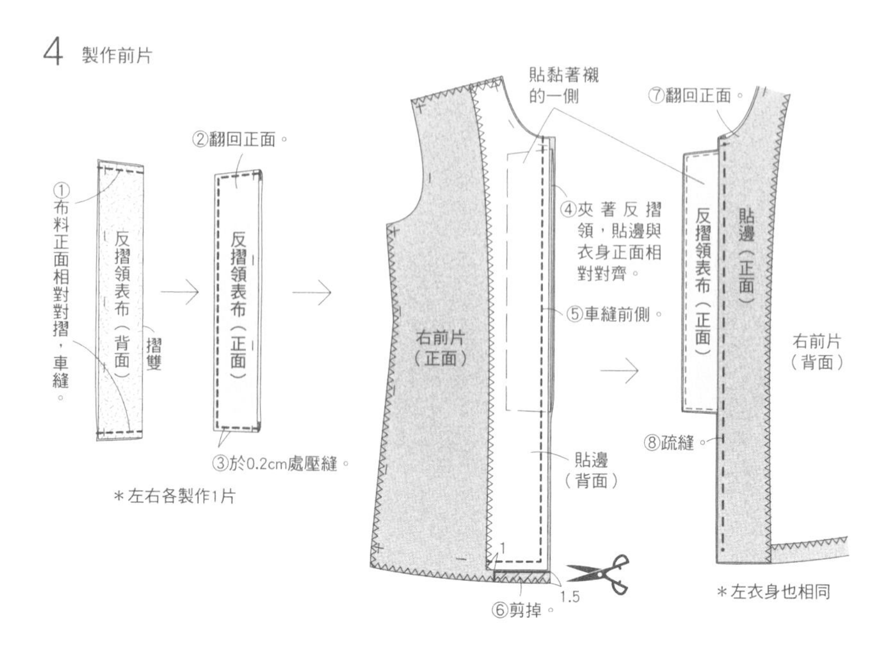

①布料正面相對對摺，車縫。
反摺領表布（背面）
摺雙
②翻回正面。
反摺領表布（正面）
③於0.2cm處壓縫。
＊左右各製作1片
貼黏著襯的一側
④夾著反摺領，貼邊與衣身正面相對對齊。
⑤車縫前側。
右前片（正面）
貼邊（背面）
1
1.5
⑥剪掉。
⑦翻回正面。
反摺領表布（正面）
貼邊（正面）
右前片（背面）
⑧疏縫。
＊左衣身也相同

6 製作領子

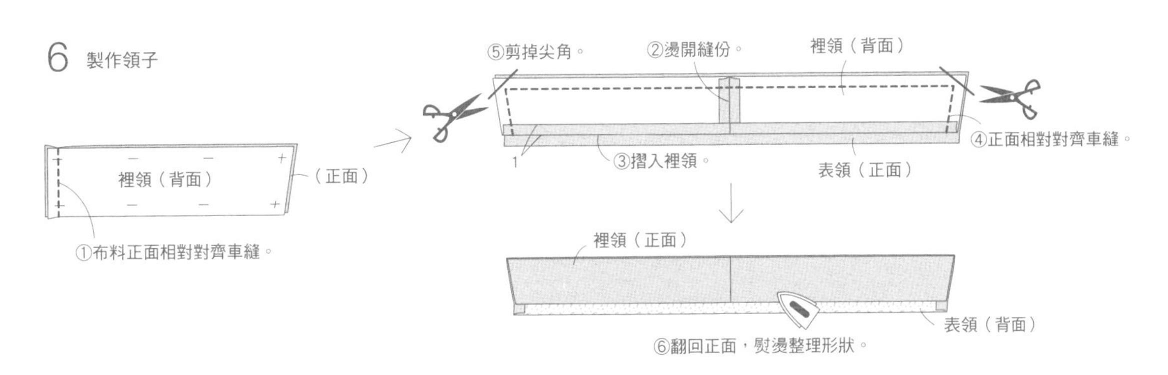

裡領（背面）
（正面）
①布料正面相對對齊車縫。
⑤剪掉尖角。
②燙開縫份。
裡領（背面）
④正面相對對齊車縫。
1
③揩入裡領。
表領（正面）
裡領（正面）
表領（背面）
⑥翻回正面，熨燙整理形狀。

7 縫上領子

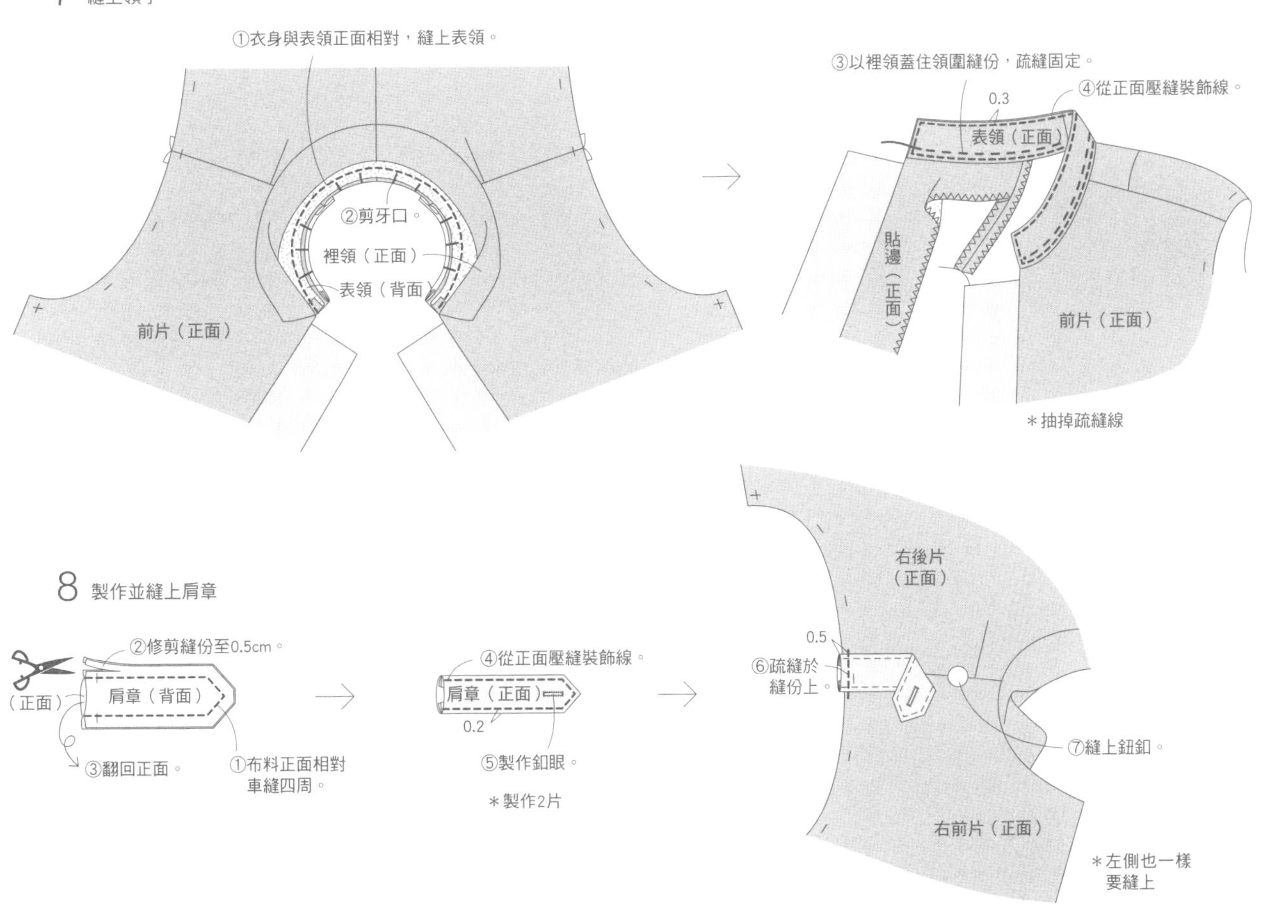

①衣身與表領正面相對，縫上表領。
②剪牙口。
裡領（正面）
表領（背面）
前片（正面）
③以裡領蓋住領圍縫份，疏縫固定。
④從正面壓縫裝飾線。
0.3
表領（正面）
貼邊（正面）
前片（正面）
＊抽掉疏縫線
8 製作並縫上肩章
②修剪縫份至0.5cm。
（正面）
肩章（背面）
③翻回正面。
①布料正面相對車縫四周。
④從正面壓縫裝飾線。
肩章（正面）
0.2
⑤製作釦眼。
＊製作2片
右後片（正面）
0.5
⑥疏縫於縫份上。
⑦縫上鈕釦。
右前片（正面）
＊左側也一樣要縫上

9 製作並縫上袖子

①製作袖子（→請參閱P.38的步驟8）。

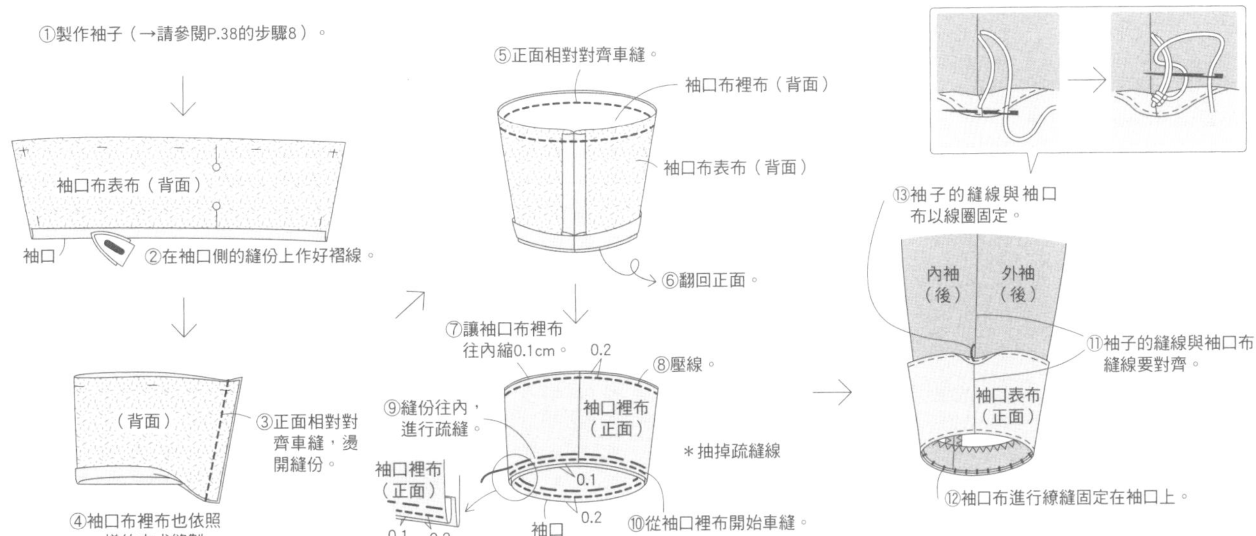

袖口布表布（背面）
袖口
②在袖口側的縫份上作好摺線。
（背面）
③正面相對對齊車縫，燙開縫份。
④袖口布裡布也依照一樣的方式縫製。
⑤正面相對對齊車縫。
袖口布裡布（背面）
袖口布表布（背面）
⑥翻回正面。
⑦讓袖口布裡布往內縮0.1cm。
0.2
⑧壓線。
⑨縫份往內，進行疏縫。
袖口布（正面）
袖口裡布（正面）
0.1
0.2
袖口
⑩從袖口裡布開始車縫。
＊抽掉疏縫線
⑬袖子的縫線與袖口布以線圈固定。
內袖（後）
外袖（後）
⑪袖子的縫線與袖口布縫線要對齊。
袖口表布（正面）
⑫袖口布進行綫縫固定在袖口上。

中國風服裝

【原寸紙型】

紙型6面　r-1 前片・r-2 後片・r-3 袖子

【完成尺寸】

衣長　62cm
袖長　47cm

【材料】

・提花布（藍色）　110×280cm
・提花布（黃色）　70×160cm

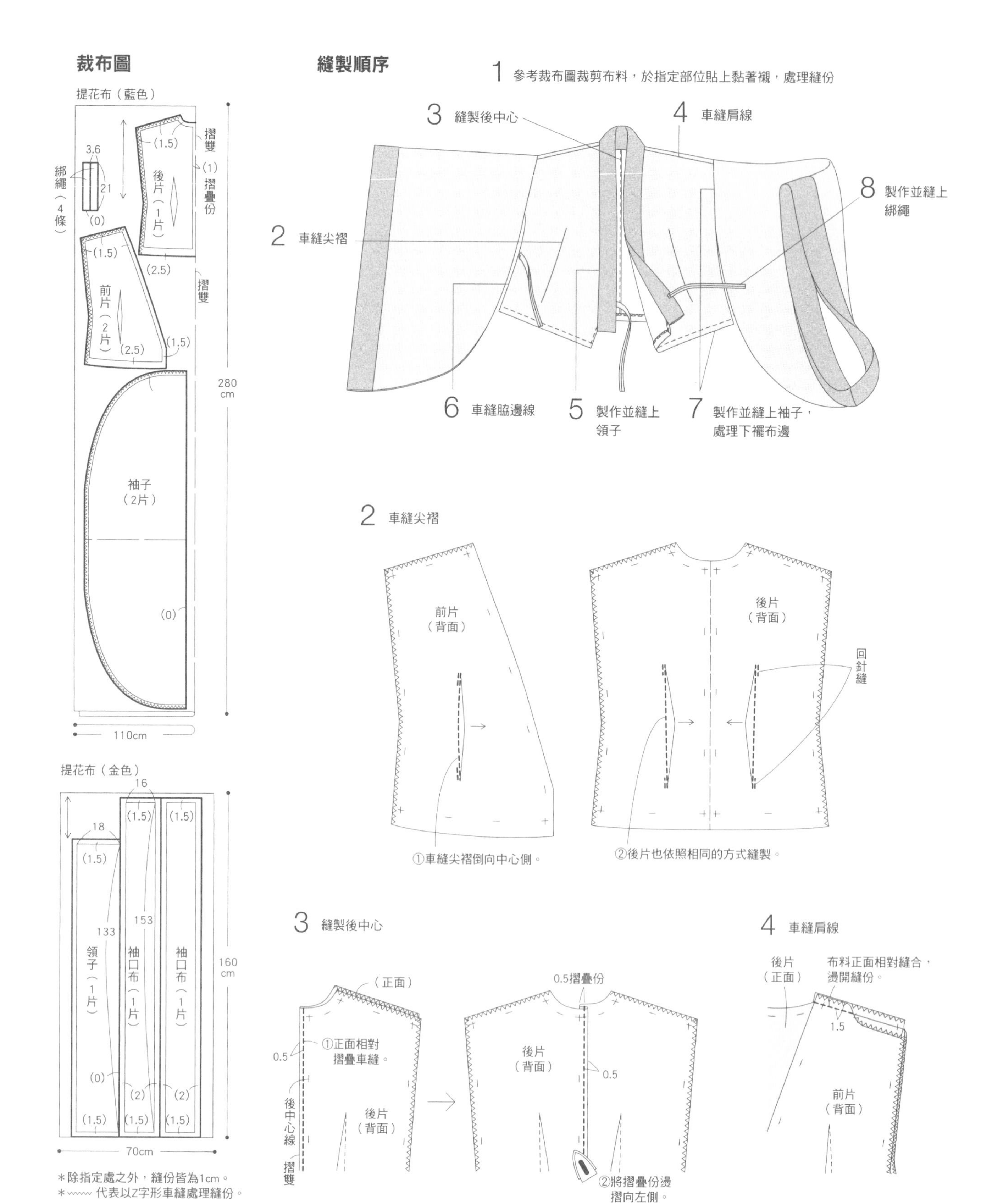

裁布圖
提花布（藍色）
3.6
綁繩（4條）
21
(0)
(1.5)
後片（1片）
摺雙
(1)
摺疊份
(1.5)
(2.5)
前片（2片）
(2.5)
(1.5)
280cm
袖子（2片）
(0)
110cm
提花布（金色）
16
18
(1.5)
(1.5)
(1.5)
133
153
領子（1片）
袖口布（1片）
袖口布（1片）
160cm
(0)
(2)
(2)
(1.5)
(1.5)
(1.5)
70cm
＊除指定處之外，縫份皆為1cm。
＊〰〰 代表以Z字形車縫處理縫份。
縫製順序
1 參考裁布圖裁剪布料，於指定部位貼上黏著襯，處理縫份
3 縫製後中心
4 車縫肩線
8 製作並縫上綁繩
2 車縫尖褶
6 車縫脇邊線
5 製作並縫上領子
7 製作並縫上袖子，處理下襬布邊
2 車縫尖褶
前片（背面）
後片（背面）
回針縫
①車縫尖褶倒向中心側。
②後片也依照相同的方式縫製。
3 縫製後中心
（正面）
0.5
①正面相對摺疊車縫。
後中心線
摺雙
後片（背面）
0.5摺疊份
後片（背面）
0.5
②將摺疊份燙摺向左側。
4 車縫肩線
後片（正面）
布料正面相對縫合，燙開縫份。
1.5
前片（背面）

5 製作並縫上領子

6 車縫脇邊線

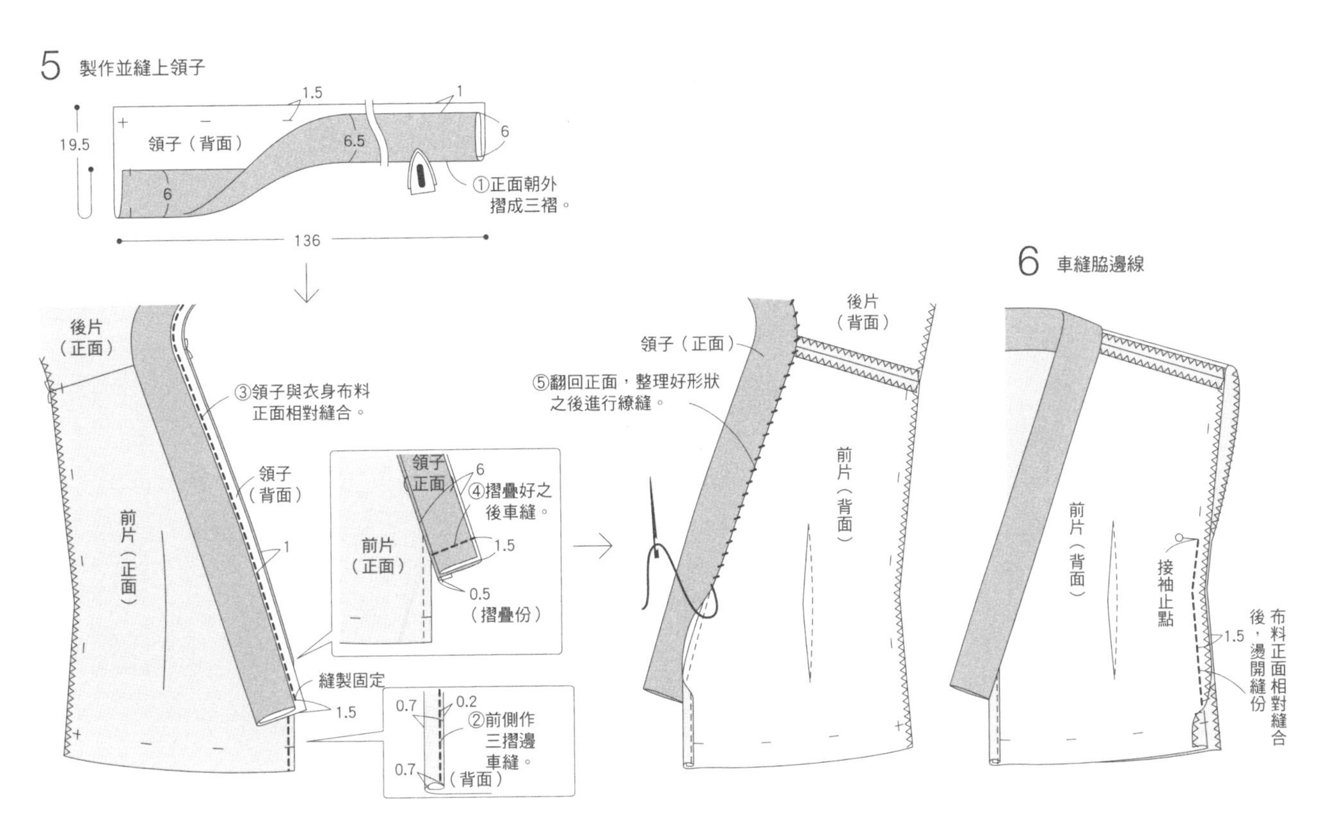

1.5
1
19.5
領子（背面）
6.5
6
6
①正面朝外
摺成三褶。
136
後片
（正面）
③領子與衣身布料
正面相對縫合。
領子
（背面）
前片
（正面）
1
領子
（正面）
6
④摺疊好之
後車縫。
前片
（正面）
1.5
0.5
（摺疊份）
縫製固定
1.5
0.7
0.2
②前側作
三摺邊
車縫。
0.7
（背面）
領子（正面）
⑤翻回正面，整理好形狀
之後進行繚縫。
後片
（背面）
前片
（背面）
前片
（背面）
接袖止點
1.5
布料正面相對縫合
後，燙開縫份

7 製作並縫上袖子，處理下襬布邊。

8 製作並縫上綁繩

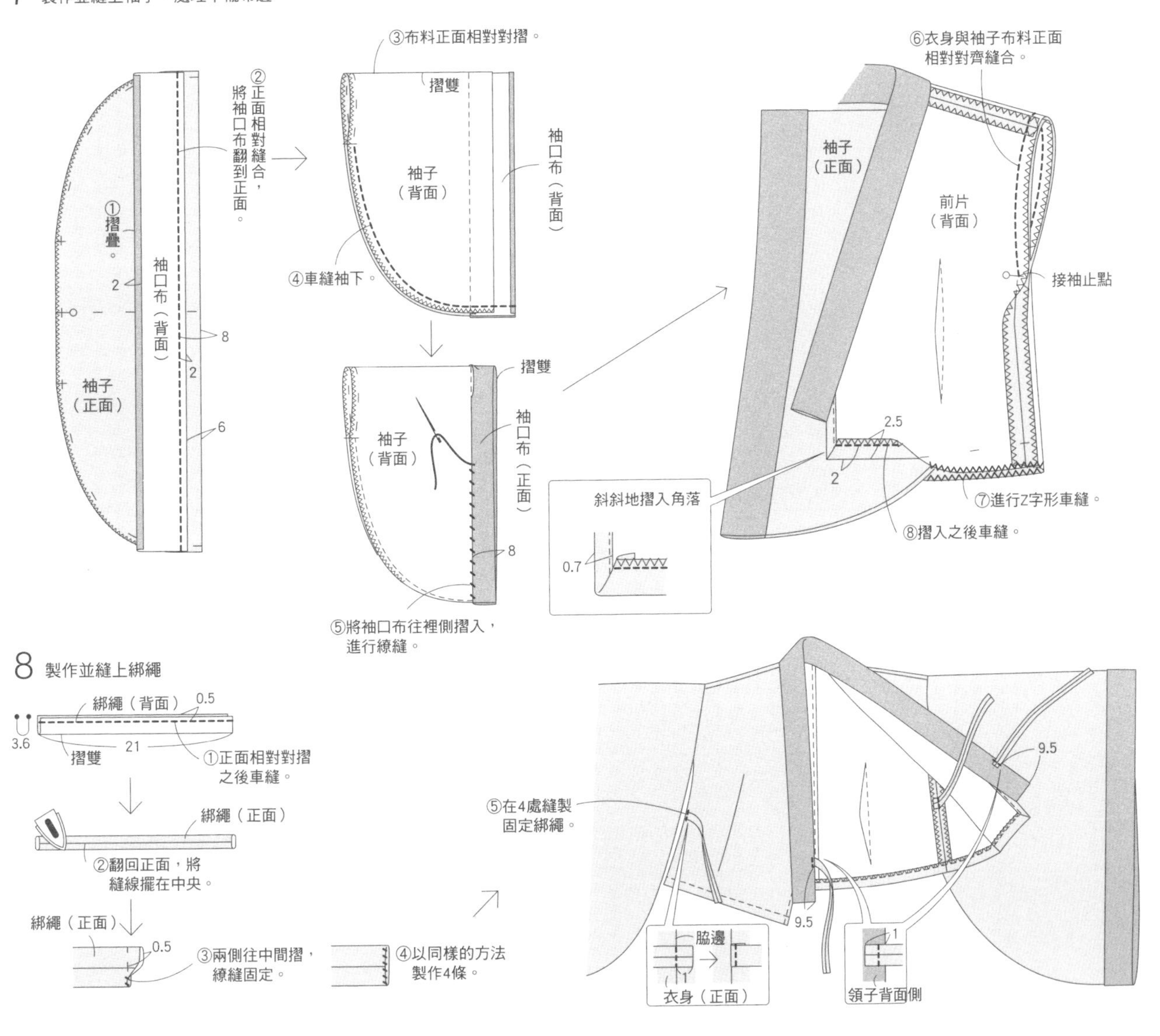

①摺疊。
2
袖口布（背面）
袖子
（正面）
②正面相對縫合，將袖口布翻到正面。
8
2
6
③布料正面相對對摺。
摺雙
袖子
（背面）
袖口布（背面）
④車縫袖下。
摺雙
袖子
（背面）
袖口布（正面）
8
⑤將袖口布往裡側摺入，
進行繚縫。
⑥衣身與袖子布料正面
相對對齊縫合。
袖子
（正面）
前片
（背面）
接袖止點
2.5
2
斜斜地摺入角落
0.7
⑦進行Z字形車縫。
⑧摺入之後車縫。
綁繩（背面）
0.5
3.6
21
摺雙
①正面相對對摺
之後車縫。
綁繩（正面）
②翻回正面，將
縫線擺在中央。
綁繩（正面）
0.5
③兩側往中間摺，
繚縫固定。
④以同樣的方法
製作4條。
⑤在4處縫製
固定綁繩。
9.5
9.5
脇邊
1
衣身（正面）
1
領子背面側

How to make

和服

{ 完成尺寸 }

衣長　97cm

{ 材料 }

・牛奶絲　110×300cm

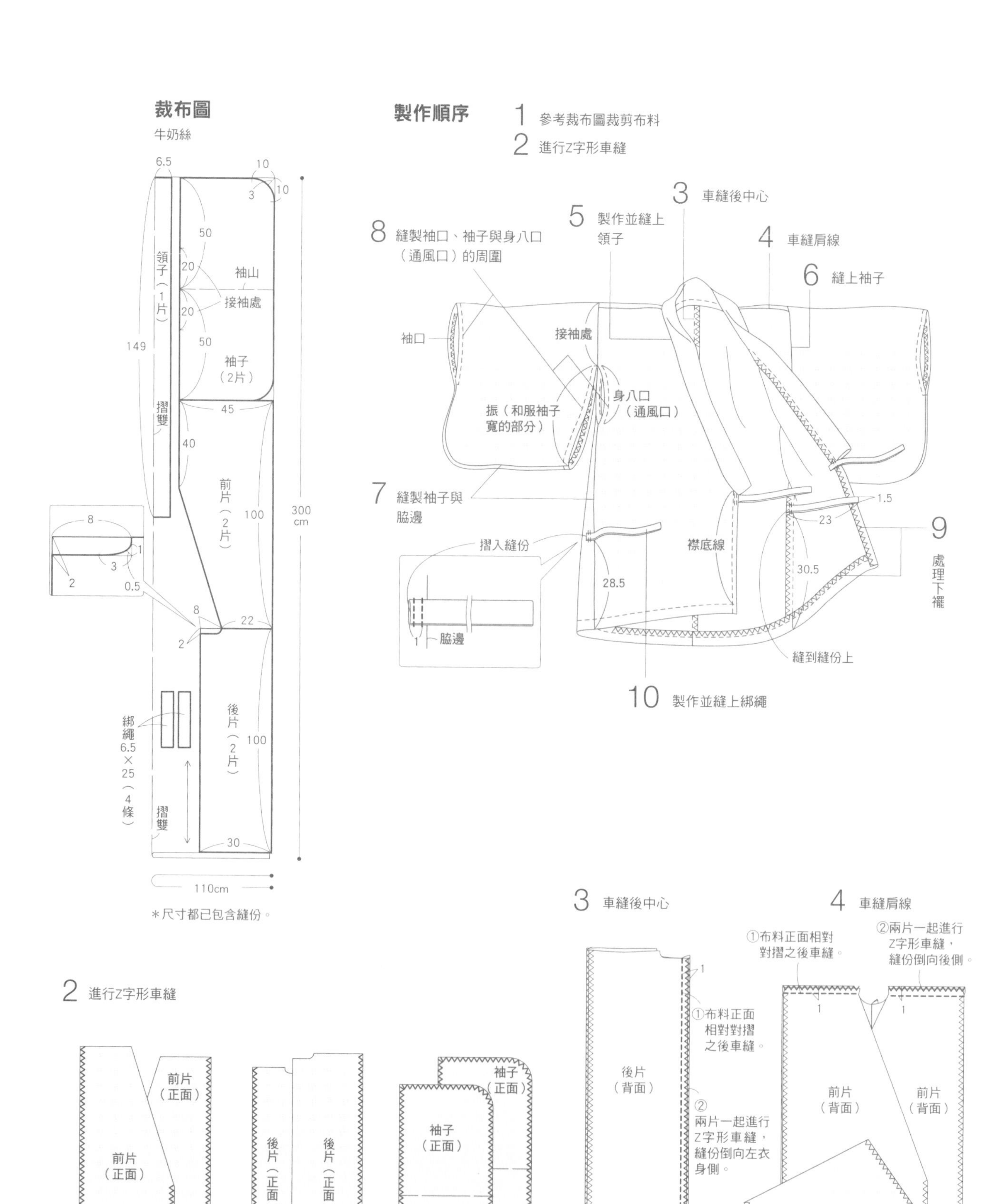

裁布圖
牛奶絲
領子（1片）
摺雙
袖山
接袖處
袖子（2片）
前片（2片）
後片（2片）
綁繩 6.5×25（4條）
摺雙
110cm
300cm
＊尺寸都已包含縫份。
製作順序
1 參考裁布圖裁剪布料
2 進行Z字形車縫
3 車縫後中心
4 車縫肩線
5 製作並縫上領子
6 縫上袖子
7 縫製袖子與脇邊
8 縫製袖口、袖子與身八口（通風口）的周圍
9 處理下襬
10 製作並縫上綁繩
袖口
接袖處
振（和服袖子寬的部分）
身八口（通風口）
摺入縫份
脇邊
襟底線
縫到縫份上
2 進行Z字形車縫
前片（正面）
後片（正面）
袖子（正面）
3 車縫後中心
①布料正面相對對摺之後車縫。
②兩片一起進行Z字形車縫，縫份倒向左衣身側。
後片（背面）
（正面）
4 車縫肩線
①布料正面相對對摺之後車縫。
②兩片一起進行Z字形車縫，縫份倒向後側。
前片（背面）
後片（正面）

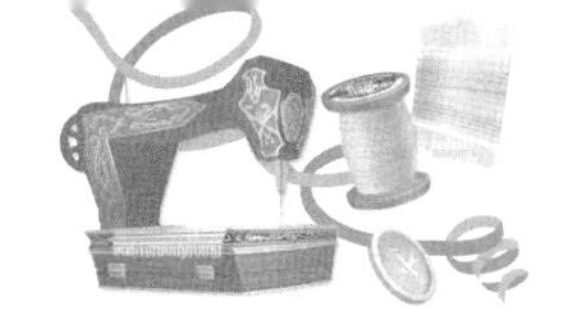

5 製作並縫上領子

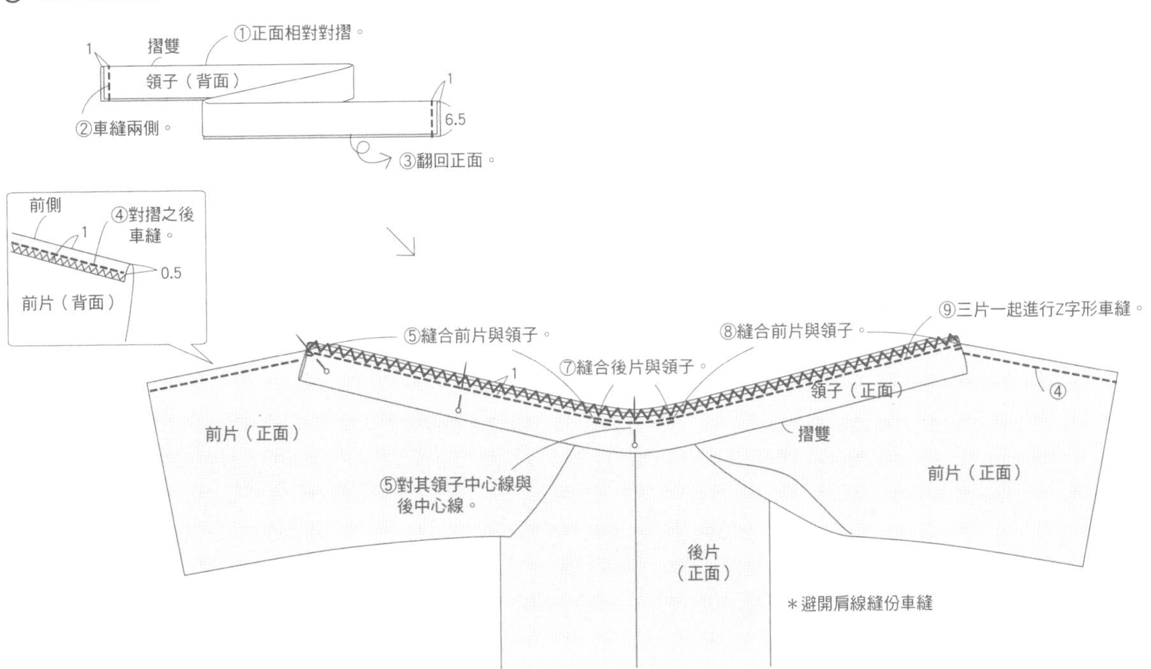

1
摺雙
①正面相對對摺。
領子（背面）
1
6.5
②車縫兩側。
③翻回正面。
前側
④對摺之後
車縫。
1
0.5
前片（背面）
⑤縫合前片與領子。
⑧縫合前片與領子。
⑨三片一起進行Z字形車縫。
1
⑦縫合後片與領子。
領子（正面）
④
前片（正面）
摺雙
前片（正面）
⑤對其領子中心線與
後中心線。
後片
（正面）
＊避開肩線縫份車縫

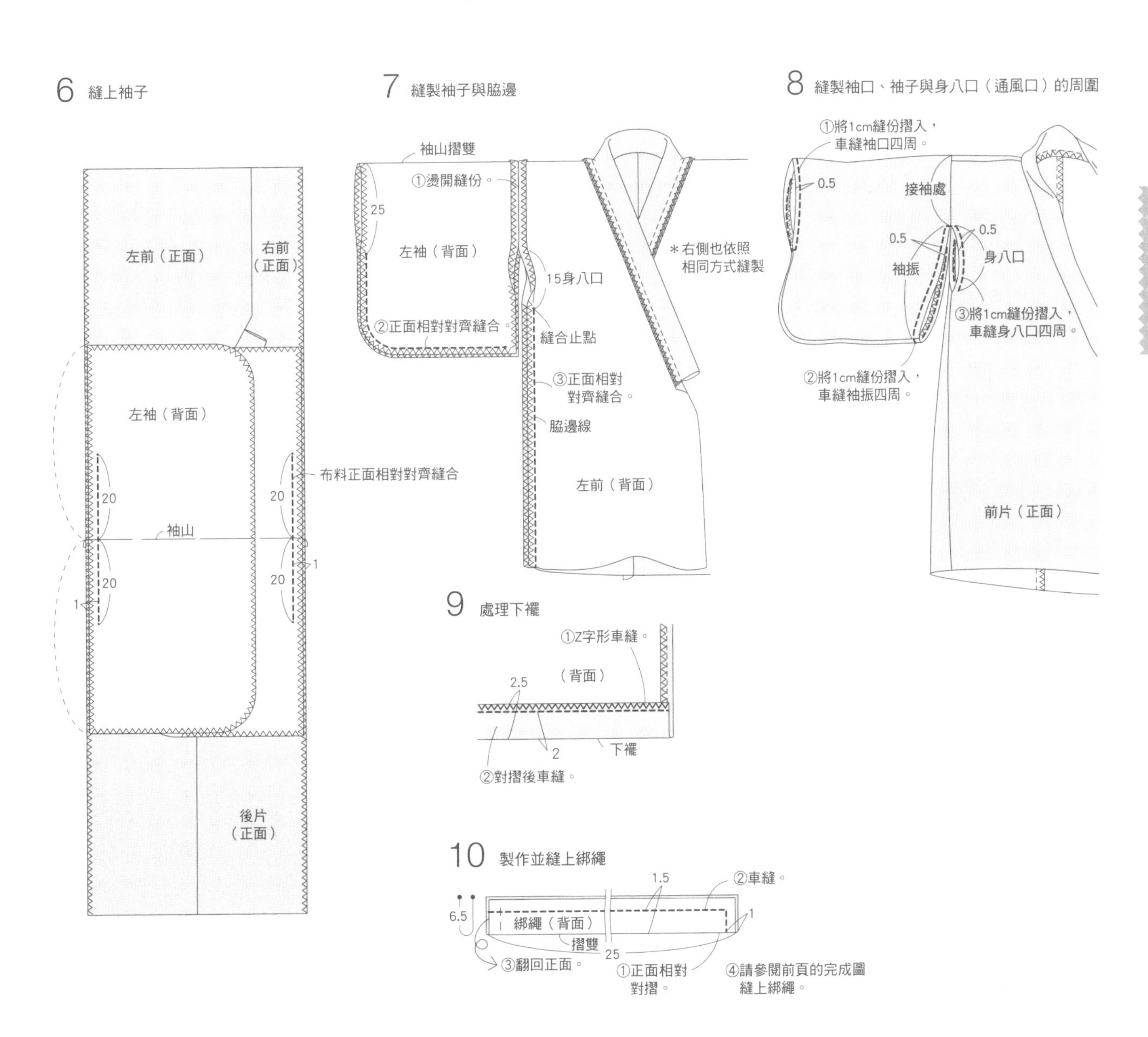

6 縫上袖子
左前（正面）
右前
（正面）
左袖（背面）
布料正面相對對齊縫合
20
20
袖山
20
20
1
1
後片
（正面）
7 縫製袖子與脇邊
袖山摺雙
①燙開縫份。
25
左袖（背面）
15身八口
＊右側也依照
相同方式縫製
②正面相對對齊縫合。
縫合止點
③正面相對
對齊縫合。
脇邊線
左前（背面）
8 縫製袖口、袖子與身八口（通風口）的周圍
①將1cm縫份摺入，
車縫袖口四周。
0.5
接袖處
0.5
0.5
袖振
身八口
③將1cm縫份摺入，
車縫身八口四周。
②將1cm縫份摺入，
車縫袖振四周。
前片（正面）
9 處理下襬
①Z字形車縫。
（背面）
2.5
2
下襬
②對摺後車縫。
10 製作並縫上綁繩
1.5
②車縫。
6.5
1
綁繩（背面）
摺雙
25
③翻回正面。
①正面相對
對摺。
④請參閱前頁的完成圖
縫上綁繩。

How to make

P.43

袴

{ 完成尺寸 }

衣長　93.5cm

{ 材料 }

・牛奶絲　110×180cm

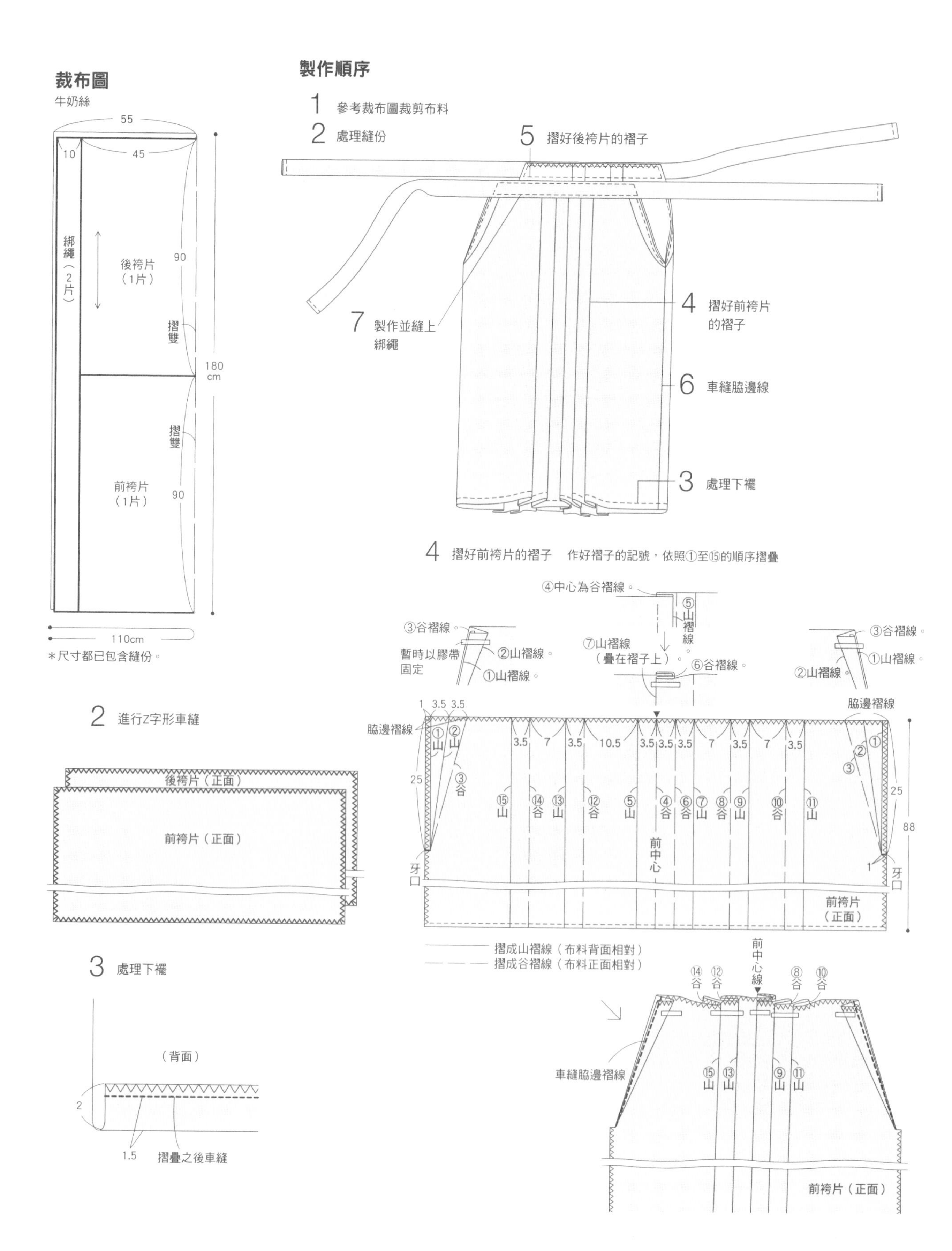

裁布圖
牛奶絲
55
45
10
綁繩（2片）
後袴片（1片）
90
摺雙
180cm
摺雙
前袴片（1片）
90
110cm
＊尺寸都已包含縫份。
製作順序
1 參考裁布圖裁剪布料
2 處理縫份
5 摺好後袴片的褶子
4 摺好前袴片的褶子
7 製作並縫上綁繩
6 車縫脇邊線
3 處理下襬
2 進行Z字形車縫
後袴片（正面）
前袴片（正面）
3 處理下襬
（背面）
2
1.5
摺疊之後車縫
4 摺好前袴片的褶子　作好褶子的記號，依照①至⑮的順序摺疊
④中心為谷褶線。
⑤山褶線
⑦山褶線（疊在褶子上）
⑥谷褶線。
③谷褶線。
暫時以膠帶固定
②山褶線。
①山褶線。
③谷褶線。
①山褶線。
②山褶線。
脇邊褶線
脇邊褶線
25
88
牙口
前中心
前袴片（正面）
摺成山褶線（布料背面相對）
摺成谷褶線（布料正面相對）
前中心線
車縫脇邊褶線
前袴片（正面）

5 摺好後袴片的褶子

作好褶子的記號，依照①至⑪的順序摺疊。

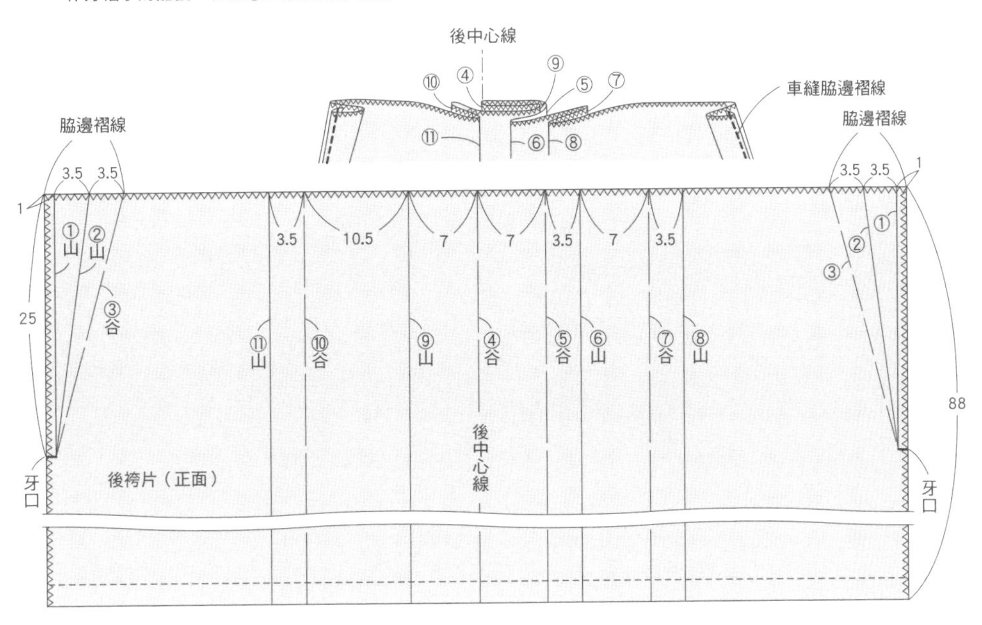
後中心線
⑩
④
⑨
⑤
⑦
車縫脇邊褶線
脇邊褶線
⑪
⑥
⑧
脇邊褶線
3.5
3.5
1
①山
②山
③谷
25
3.5
10.5
7
7
3.5
7
3.5
⑪山
⑩谷
⑨山
④谷
⑤谷
⑥山
⑦谷
⑧山
後中心線
後袴片（正面）
牙口
3.5
3.5
1
①
②
③
88
牙口

6 車縫脇邊線

7 製作並縫上綁繩

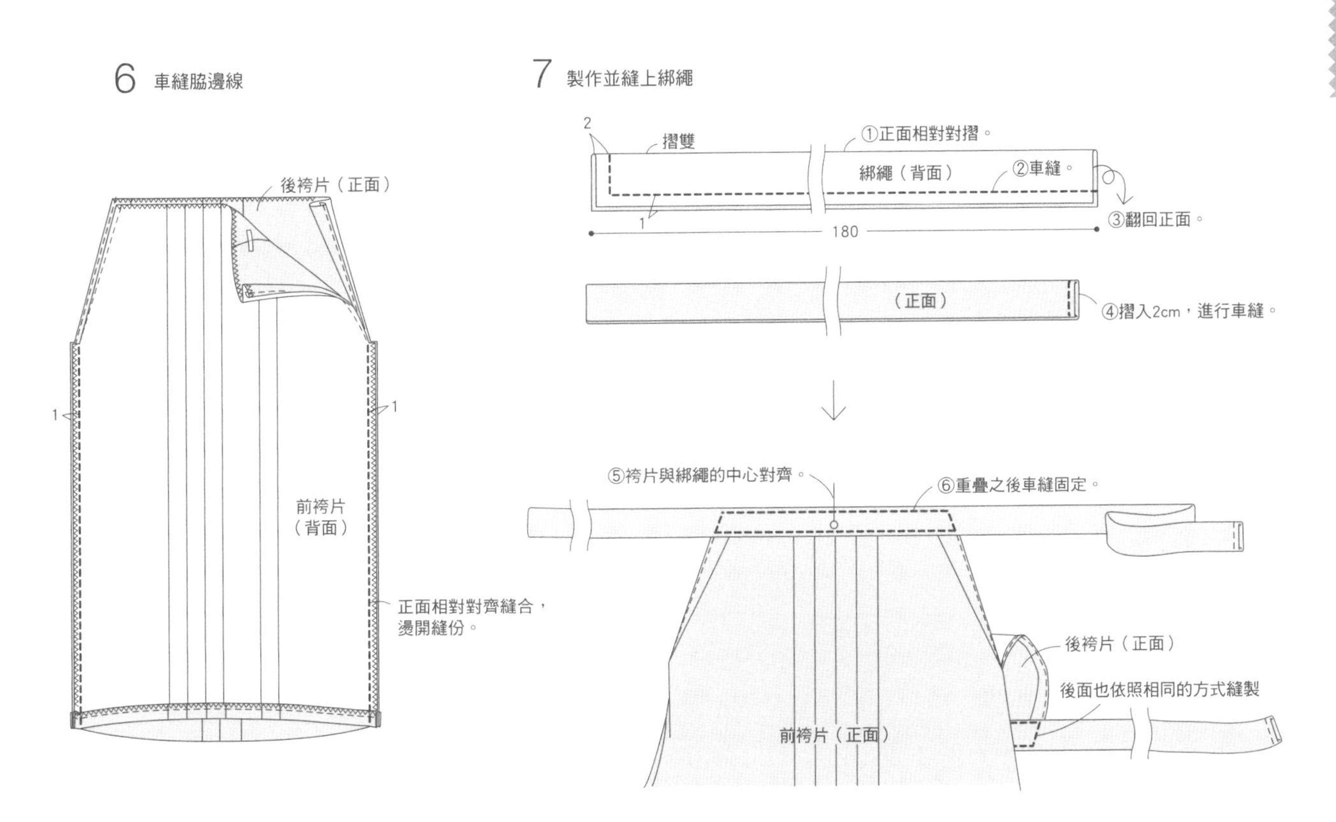
後袴片（正面）
1
1
前袴片（背面）
正面相對對齊縫合，
燙開縫份。
2
摺雙
①正面相對對摺。
綁繩（背面）
②車縫。
1
180
③翻回正面。
（正面）
④摺入2cm，進行車縫。
⑤袴片與綁繩的中心對齊。
⑥重疊之後車縫固定。
後袴片（正面）
後面也依照相同的方式縫製
前袴片（正面）

P.45

和服袖・袖套

｛原寸紙型｝

袖套　紙型6面　y-1 主體

｛完成尺寸｝

和服袖　袖寬 41cm　袖長60cm
袖套　長度 25.5cm

｛材料｝

和服袖
・縐綢　80×130cm・棉布（日式圖樣）80×20cm
・黏著襯　80×20cm
・2cm寬的鬆緊帶　60cm（依照手臂尺寸調整）

袖套
・棉布（胭脂色）80×35cm・棉布（日式圖樣）80×35cm
・黏著襯　80×35cm・2cm寬的魔鬼氈 20cm
・鬆緊繩　20cm

和服袖

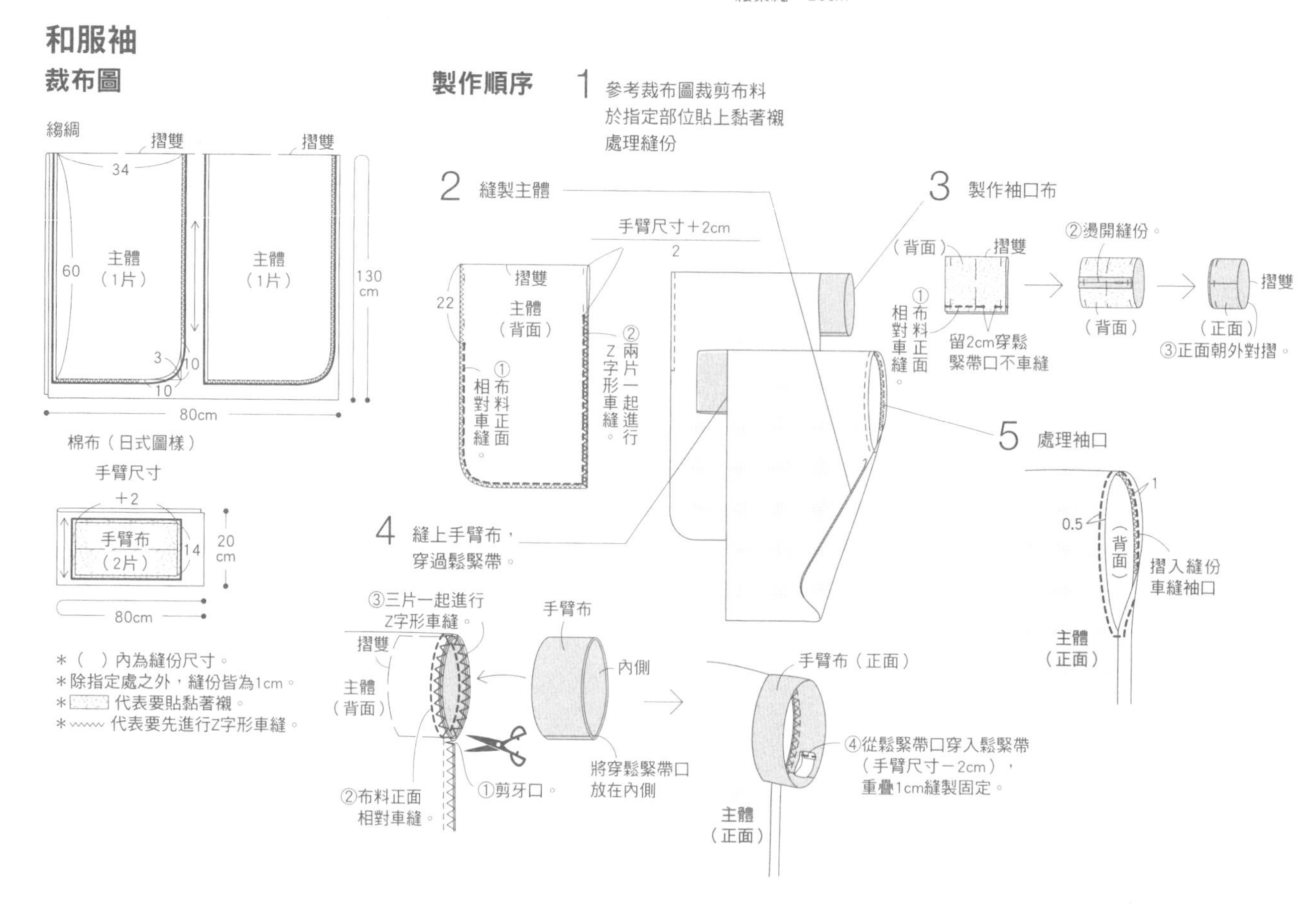
裁布圖
縐綢
摺雙
34
60
主體
（1片）
3
10
10
80cm
130 cm
棉布（日式圖樣）
手臂尺寸
+2
手臂布
（2片）
14
20 cm
80cm
＊（　）內為縫份尺寸。
＊除指定處之外，縫份皆為1cm。
＊　代表要貼黏著襯。
＊　代表要先進行Z字形車縫。
製作順序
1 參考裁布圖裁剪布料
於指定部位貼上黏著襯
處理縫份
2 縫製主體
手臂尺寸＋2cm
2
22
主體
（背面）
①布料正面相對車縫。
②兩片一起進行Z字形車縫。
3 製作袖口布
（背面）
①布料正面相對車縫。
留2cm穿鬆緊帶口不車縫
②燙開縫份。
（正面）
③正面朝外對摺。
5 處理袖口
0.5
1
（背面）
摺入縫份車縫袖口
主體
（正面）
4 縫上手臂布，穿過鬆緊帶。
③三片一起進行Z字形車縫。
手臂布
內側
②布料正面相對車縫。
①剪牙口。
將穿鬆緊帶口放在內側
手臂布（正面）
④從鬆緊帶口穿入鬆緊帶（手臂尺寸－2cm），重疊1cm縫製固定。

袖套

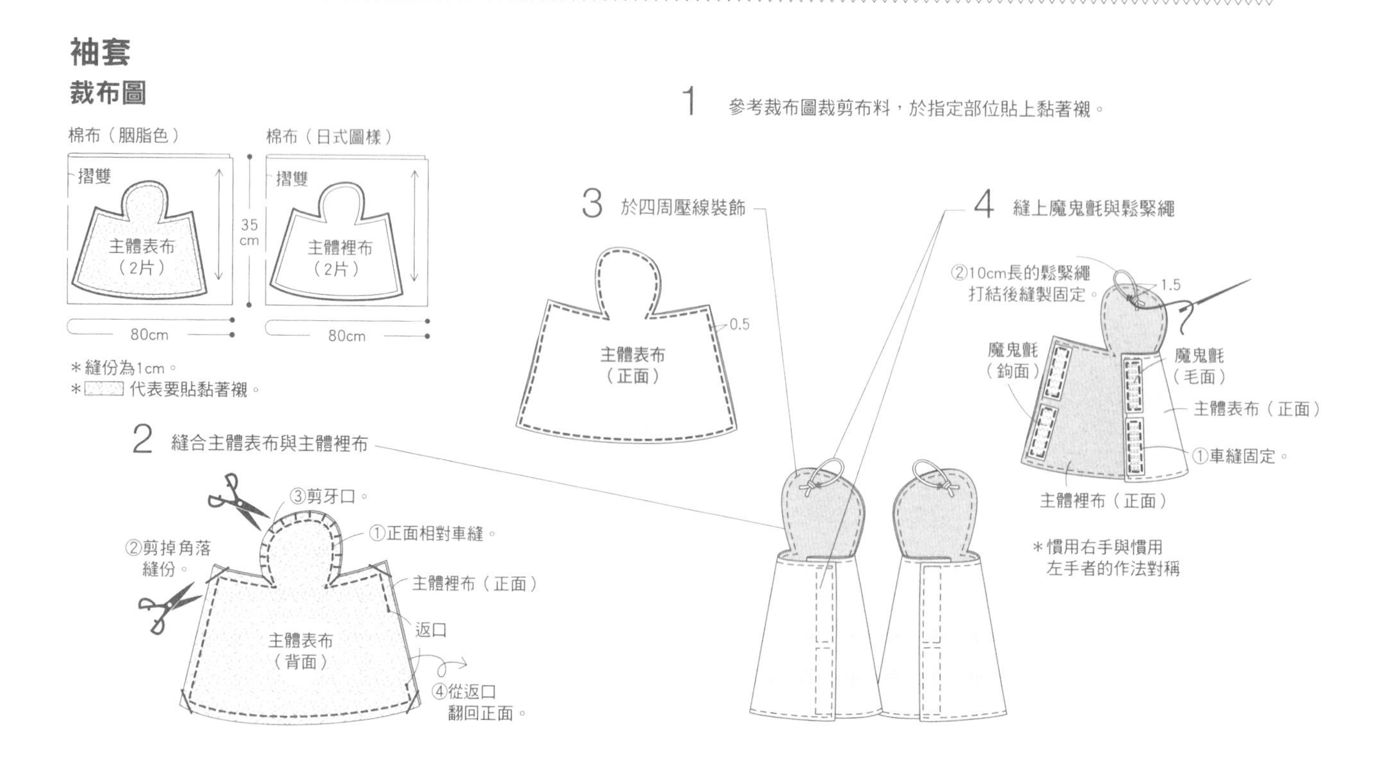
裁布圖
棉布（胭脂色）
摺雙
主體表布
（2片）
80cm
35 cm
棉布（日式圖樣）
主體裡布
（2片）
80cm
＊縫份為1cm。
＊　代表要貼黏著襯。
1 參考裁布圖裁剪布料，於指定部位貼上黏著襯。
2 縫合主體表布與主體裡布
③剪牙口。
①正面相對車縫。
②剪掉角落縫份。
主體裡布（正面）
主體表布
（背面）
返口
④從返口翻回正面。
3 於四周壓線裝飾
0.5
主體表布
（正面）
4 縫上魔鬼氈與鬆緊繩
②10cm長的鬆緊繩打結後縫製固定。
1.5
魔鬼氈
（鉤面）
魔鬼氈
（毛面）
主體表布（正面）
①車縫固定。
主體裡布（正面）
＊慣用右手與慣用左手者的作法對稱

軟呢帽

{ 原寸紙型 }

紙型6面　w-1 帽冠・w-2 前側帽冠・w-3 後側帽冠・w-4 帽沿

{ 完成尺寸 }

頭圍　60cm

{ 材料 }

- 羊毛布（格紋）150×40cm
- 棉質細平布（印花）110×40cm
- 厚黏著襯　100×40cm
- 2cm寬的止汗帶　65cm

裁布圖

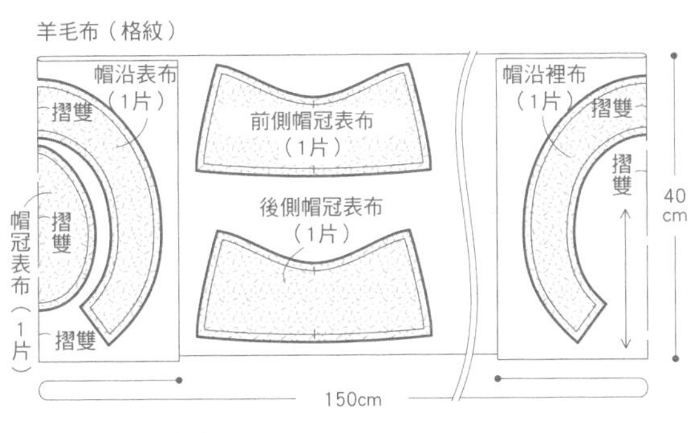

羊毛布（格紋）
帽沿表布（1片）
摺雙
前側帽冠表布（1片）
後側帽冠表布（1片）
帽冠表布（1片）
帽沿裡布（1片）
40cm
150cm

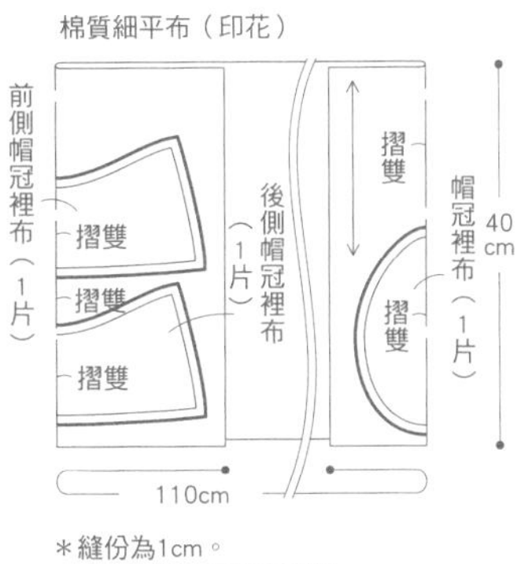

棉質細平布（印花）
前側帽冠裡布（1片）
摺雙
後側帽冠裡布（1片）
帽冠裡布（1片）
40cm
110cm

＊縫份為1cm。
＊▒ 代表要貼黏著襯。

製作順序

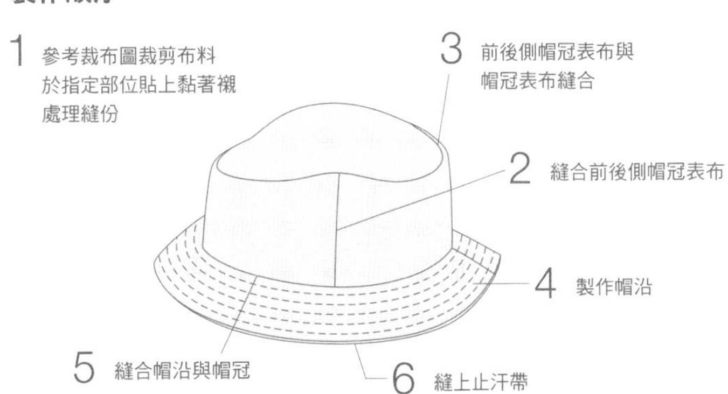

1 參考裁布圖裁剪布料於指定部位貼上黏著襯處理縫份
3 前後側帽冠表布與帽冠表布縫合
2 縫合前後側帽冠表布
4 製作帽沿
5 縫合帽沿與帽冠
6 縫上止汗帶

2 縫合前後側帽冠表布

＊裡布也依照相同的方式縫製

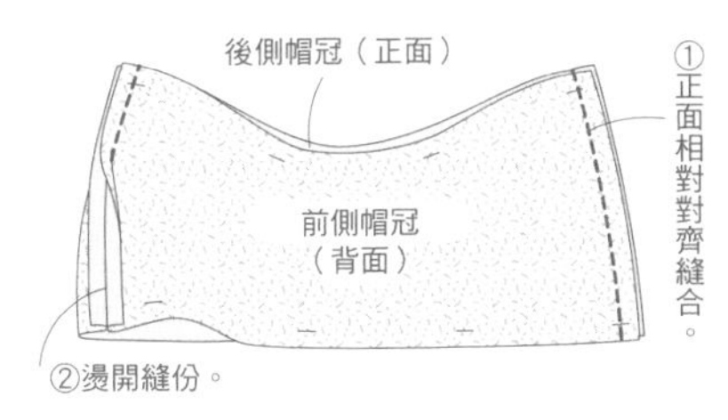

後側帽冠（正面）
前側帽冠（背面）
①正面相對對齊縫合。
②燙開縫份。

3 前後側帽冠表布與帽冠表布縫合

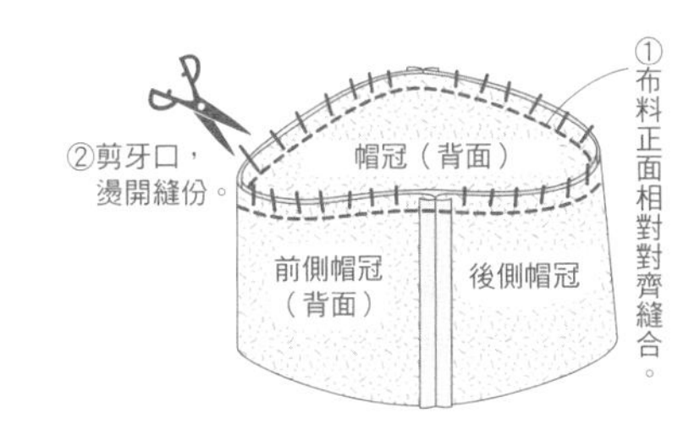

②剪牙口，燙開縫份。
帽冠（背面）
①布料正面相對對齊縫合。
前側帽冠（背面）
後側帽冠

4 製作帽沿

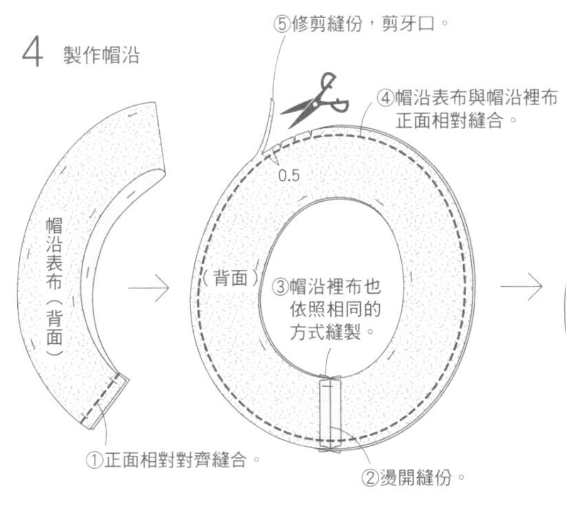

⑤修剪縫份，剪牙口。
④帽沿表布與帽沿裡布正面相對縫合。
⑥翻回正面壓線。
0.5
0.7
0.7
帽沿表布（背面）
①正面相對對齊縫合。
（背面）
③帽沿裡布也依照相同的方式縫製。
②燙開縫份。

5 縫合帽沿與帽冠

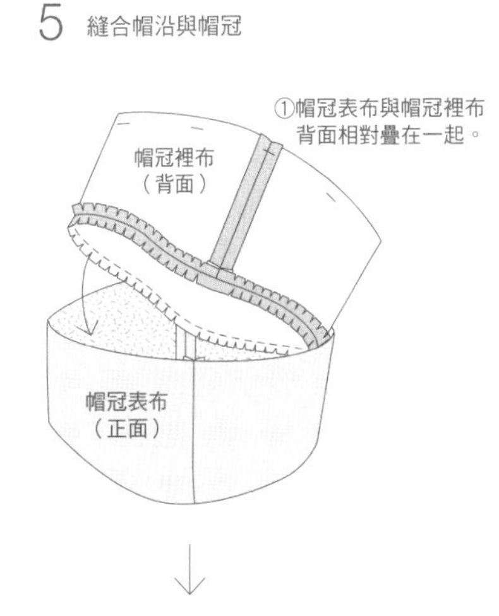

①帽冠表布與帽冠裡布背面相對疊在一起。
帽冠裡布（背面）
帽冠表布（正面）

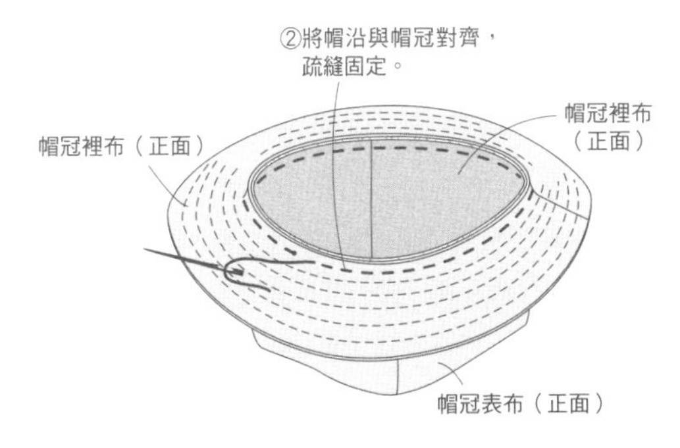

②將帽沿與帽冠對齊，疏縫固定。
帽冠裡布（正面）
帽冠裡布（正面）
帽冠表布（正面）

6 縫上止汗帶

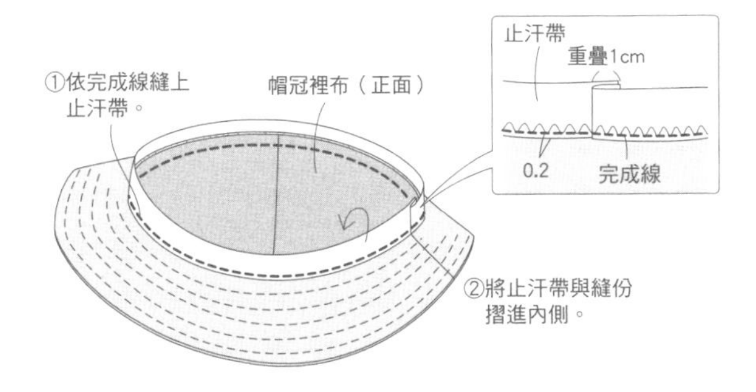

①依完成線縫上止汗帶。
帽冠裡布（正面）
止汗帶
重疊1cm
0.2
完成線
②將止汗帶與縫份摺進內側。

國家圖書館出版品預行編目 (CIP) 資料

Coser 必看的 Cosplay 手作服 × 道具製作術 / 日本 Vogue 社著 ; 苡蔓譯 . – 二版 . -- 新北市 : 雅書堂文化 , 2019.03
面 ;　公分 . -- (Sewing 縫紉家 ; 07)
ISBN 978-986-302-479-8 (平裝)

1. 縫紉 2. 衣飾 3. 手工藝

426.3　108001830

Sewing 縫紉家 07

Coser 必看の Cosplay 手作服×道具製作術

作　　者／日本 Vogue 社
譯　　者／苡蔓
發 行 人／詹慶和
總 編 輯／蔡麗玲
執行編輯／劉蕙寧
編　　輯／蔡毓玲・黃璟安・陳姿伶・李宛真・陳昕儀
執行美編／陳麗娜
美術編輯／周盈汝・韓欣恬
內頁排版／造極
出 版 者／雅書堂文化事業有限公司
發 行 者／雅書堂文化事業有限公司
郵撥帳號／ 18225950 戶名：雅書堂文化事業有限公司
地　　址／新北市板橋區板新路 206 號 3 樓
電　　話／ (02)8952-4078
傳　　真／ (02)8952-4084
網　　址／ www.elegantbooks.com.tw
電子郵件／ elegant.books@msa.hinet.net

2019 年 03 月二版一刷　定價 480 元

SUGUNI TSUKURERU COS ISHO COSPLAY ISHO SEISAKU BOOK

Photographer: Noriaki Moriya, Yuki Morimura
Illustration: Itsu Kagara, miya
Original Japanese edition published in Japan by Nihon Vogue Co., Ltd.
Traditional Chinese translation rights arranged with Nihon Vogue Co., Ltd.
through Keio Cultural Enterprise Co., Ltd.

經銷／易可數位行銷股份有限公司
地址／新北市新店區寶橋路 235 巷 6 弄 3 號 5 樓
電話／ (02)8911-0825
傳真／ (02)8911-0801

Staff

攝影／森谷則秋・森村友紀
版面設計／アトム★スタジオ
作法解說・繪圖／しかのるーむ
插畫／香柄溢（封面・目錄）
miya（P.14・P.17・P.24・P.27・P.44）
紙型放版／クレイワークス
編輯協力／倉田敬子・清水真生・鈴木愛子
編輯／加藤みゆ紀

服裝設計

- cosmode 東京都荒川区東日暮里 6-58-2 大谷ビル
  TEL: 03-3801-1200　http://www.cosmode.jp/
- USAKO の洋裁工房　http://yousai.net/
- おさかなまんぼう　http://www.osakanamanbou
- 宵の星　http://yoinohoshi.forzandojp.com/
- GYAKUYOGA　http://gyakuyoga.hobby-web.n
- 留衣工房　http://louis.atelier.in/
- 岡本伊代
- 野沢恵里佳
- neconoco

Girls

Boys

World

Accessories

Cosplay

Girls

Boys

World

Accessories

Cosplay